辽宁科技大学学术著作出版基金资助

行波振动理论和减振理论及其在创新产品设计中的应用

孙艳平　张德臣　赵宝生　著

北　京
冶　金　工　业　出　版　社
2021

内 容 提 要

本书研究机器的振动机理，阐述了各种减振理论和高速旋转结构的行波振动理论。利用有限元法对圆锯片和圆孔锯锯片进行模态分析，得到了圆锯片和圆孔锯锯片的固有频率和固有模态；研究了开槽、夹层阻尼对圆锯片和圆孔锯锯片振动的影响，以及圆锯片和圆孔锯锯片的行波振动，阐明了开槽后圆锯片和圆孔锯锯片的减振降噪机理；研究了多种工况下开槽和夹层阻尼对圆锯片和圆孔锯锯片行波振动的影响，设计了减振降噪的圆锯片和圆孔锯锯片。首次推导了有阻尼情况下共振阶段安装减振器的大型振动机械对于基础的动负荷的计算公式，建立了共振阶段安装摩擦式阻尼器振动筛的力学模型，得到了共振阶段的振幅和对基础的动负荷，以及减振器质量和振动机械的质量最优质量比值，创新设计产品“洗衣机隔振装置”及其动力减振理论、黏弹性阻尼减振理论、冲击和颗粒阻尼减振理论，连续体振动及减振方法，为创新设计提供了理论依据。

本书可供机械专业高校师生及工程技术人员阅读参考。

图书在版编目(CIP)数据

行波振动理论和减振理论及其在创新产品设计中的应用/孙艳平，张德臣，赵宝生著．—北京：冶金工业出版社，2020.5（2021.11 重印）

ISBN 978-7-5024-8479-8

Ⅰ.①行…　Ⅱ.①孙…　②张…　③赵…　Ⅲ.①减振—振动理论—应用—工业产品—产品设计　Ⅳ.①TB472

中国版本图书馆 CIP 数据核字（2020）第 055782 号

行波振动理论和减振理论及其在创新产品设计中的应用

出版发行　冶金工业出版社　　**电　　话**　(010)64027926
地　　址　北京市东城区嵩祝院北巷 39 号　　**邮　　编**　100009
网　　址　www.mip1953.com　　**电子信箱**　service@mip1953.com

责任编辑　曾　媛　美术编辑　郑小利　版式设计　孙跃红
责任校对　李　娜　责任印制　李玉山

北京建宏印刷有限公司印刷
2020 年 5 月第 1 版，2021 年 11 月第 2 次印刷
710mm×1000mm　1/16；12.25 印张；237 千字；182 页
定价 75.00 元

投稿电话　(010)64027932　投稿信箱　tougao@cnmip.com.cn
营销中心电话　(010)64044283
冶金工业出版社天猫旗舰店　yjgycbs.tmall.com
（本书如有印装质量问题，本社营销中心负责退换）

前　言

振动是生产和生活中的常见现象，工程中的振动会影响到机器设备的使用寿命、仪器仪表的使用性能和操作人员的正常工作，还会造成建筑结构的损坏。振动不仅会破坏结构强度，还会引起结构噪声，所以必须减小和控制振动。减小和控制振动的方法有多种，例如防止共振、设置辅助性的质量弹簧系统（安装动力减振器）等。对机器振动分析是以振动理论为基础，以振动参数为目标，应用先进的分析方法研究机器设备的动态特性，其理论研究方法和数值分析已在各种机械行业中得到广泛应用。

本书对各种机器工作中存在的振动进行分析，研究机器的振动机理，阐述了各种减振理论和高速旋转结构的行波振动理论。利用有限元法对圆锯片和圆孔锯锯片进行模态分析，得到了圆锯片和圆孔锯锯片的固有频率和固有模态；研究了开槽、夹层阻尼对圆锯片和圆孔锯锯片振动的影响；研究了圆锯片和圆孔锯锯片的行波振动，阐明了开槽后圆锯片和圆孔锯锯片的减振降噪机理；研究了多种工况下开槽和夹层阻尼对于圆锯片和圆孔锯锯片行波振动的影响，设计了减振降噪的圆锯片和圆孔锯锯片。首次推导了有阻尼情况下共振阶段安装减振器的大型振动机械对于基础的动负荷的计算公式，建立了共振阶段安装摩擦式阻尼器振动筛的力学模型，得到了共振阶段的振幅和对基础的动负荷，得到了减振器质量和振动机械的质量最优质量比值，创新设计产品“洗衣机隔振装置”。研究了动力减振理论、黏弹性阻尼减振理论、冲击和颗粒阻尼减振理论，以及连续体振动及减振方法，为创新设计提供了理论依据。

本书共分9章，第1章论述了机械阻抗的基本概念，用复指数表示简谐振动，分析了机电相似问题；在简谐激励作用下定义了机械阻抗，分析力—电流相似。

第 2 章进行单自由度振动系统导纳分析，进行了位移导纳特性分析；从导纳（阻抗）曲线识别系统的固有动态特性，近似勾画导纳曲线。

第 3 章进行多自由度振动系统导纳分析，分析了机械矩阵和导纳矩阵，接地约束系统的原点导纳和跨点导纳特性，以及自由—自由系统的导纳特性，推导了导纳函数的实模态展开式。

第 4 章研究旋转圆锯片和圆孔锯锯片行波振动理论及其应用，对直径 1350mm 和直径 830mm 圆锯片进行了模态分析，研究了圆锯片行波振动；对圆孔锯锯片的行波振动进行了模态分析，研究了底盘带流线型消音槽的圆孔锯锯片振动模态；设计了创新产品“减振圆孔锯锯片”。

第 5 章研究安装减振器的振动机械动力学分析及其应用，以典型振动机械振动筛为例，分析单自由度振动筛动力学特征，以及安装减振器大型振动筛的动力学特征；研究安装减振器的大型振动筛最优质量比的理论；进行设计了创新产品“洗衣机隔振装置”。

第 6 章研究了动力减振理论及其应用，对无阻尼动力减振器和有阻尼动力减振器进行了理论研究；列举了动力减振器在创新产品设计应用实例，设计了创新产品“一种减振轻便的碾碎装置”和“一种减振冰钏子包”；对圆弧轨道动力减振器进行了理论研究，列举了圆弧轨道动力减振器在创新产品设计应用实例，设计了创新产品“一种减小摆动升降晾衣架”和“一种减振防滑的行车记录仪支撑装置”。

第 7 章研究了黏弹性阻尼减振理论及其应用，对黏弹阻尼材料及其实施进行了研究，研究了自由阻尼结构和约束阻尼结构，以及复合夹层板基本理论；列举了约束阻尼结构在创新产品设计中应用实例，设计了创新产品“一种减振降噪圆锯片”和“一种便利的减振手动果秧分离装置”。

第 8 章研究了冲击和颗粒阻尼减振理论及其应用，对单体冲击阻尼减振理论进行了研究；列举了单体冲击阻尼减振在创新产品设计应用实例，设计了创新产品“一种便利的减振防漏核桃破壳装置”和“一种脚踏式减振药碾子”；介绍了颗粒阻尼减振理论，分析了豆包减振器的减振特性和设计要点；列举了颗粒阻尼减振在创新产品设计应用实例，设计了创新产品“一种减振便利的捣碎装置”和“一种输送流体管道的多方位减振装置”。

第9章研究了杆梁连续体振动及减振方法，研究了杆的纵向振动理论；分析了杆类创新产品的纵向振动控制实例，设计了创新产品“一种减振的小气泡鱼池供氧装置”；分析了梁的弯曲振动理论，列举了梁类创新产品的弯曲振动控制实例，设计了创新产品“一种减震大锤”和“一种抗震防倾翻的长廊”。

本书由辽宁科技大学孙艳平、张德臣和赵宝生编著。本书的编写分工如下：孙艳平绘制第1章到第9章的图形，编辑整理第6章到第9章有关部分，以及校对本书成稿；张德臣教授指导硕士研究生樊勇、孙传涛、王艳天和张科丙进行圆锯片的振动理论研究和有限元模拟分析，编辑整理第1章和第2章的理论部分，编辑第4章到第9章有关部分；赵宝生教授编辑整理第3章理论部分，对于本书的编写给予指导，为本书的顺利出版奠定了基础。本书面向工科研究生、科研技术人员和广大设计工作者，写作过程中尽量保证基础理论完整性，避免复杂公式的推导，力求简单、精练、易懂，在创新产品设计中尽量保证产品的创新性和实用性。

本书内容具有一定的理论性，也具有一定的创新性和实用性，在科学研究和撰写过程中，贯彻了辽宁省校企联盟的思想，多次与鞍钢重型机械有限公司技术研发中心联合攻克技术难关，促进了辽宁科技大学与企业联盟的发展，同时也感谢鞍钢重型机械有限公司技术研发中心白楠高级工程师，给予的技术支持；本书的出版也促进了学校内部学科之间的联合攻关和协调发展，为国家和地方产业结构调整和技术转型升级提供了有力支撑。

感谢辽宁科技大学有关校领导以及科技处、高新技术研究院和机械工程与自动化学院领导的鼓励和支持，感谢辽宁科技大学学术著作出版基金资助。

由于作者水平所限，不足之处在所难免，衷心希望读者批评指正。

著 者

2019年9月

目　录

1 机械阻抗的概念

机械阻抗方法是根据机械振动系统和正弦交流电路之间具有相似关系，将研究电路的一些方法移植到机械振动系统中而逐渐形成的。它们的运动可以用类似的常微分方程描述。随着自动控制理论的发展，机械振动系统中的机械阻抗概念又扩大而成为传递函数，就更为抽象概括。为了使读者了解机械阻抗概念的物理意义以及方法的发展过程，专门设置这一章。同时，具有一些机—电相似的知识，对于研究机电相互转换理论，并且对设计研究这种系统也是有用的。

线性机械振动系统，在简谐激振作用下，其振动响应也是简谐的，响应的频率和激振的频率相同，响应的振幅和相位则与系统的参数有关。在机械阻抗方法中，简谐函数如用复数、指数的形式表示，能使公式推导简捷，概念清楚，故多被采用。

1.1 简谐振动的复指数表示

1.1.1 旋转矢量表示法

设
$$y = A\sin(\omega t + \alpha) \tag{1-1}$$
表示沿 y 轴方向在原点附近的 m 点的运动。式中 A 为振幅，ω 为圆频率（每秒弧度数，单位是1/s，其数值可理解为 2π 秒内振动的次数）。α 为初相位弧度数，$\omega t+\alpha$ 为对应任意时刻 t 的相位弧度数。利用半径为 A，初相位为 α，角速度为 ω，做匀速圆周运动的 P 点的运动，可以说明 m 点做简谐运动时的概念。显然 P 点在 y 轴上投影点的运动，就是 m 沿 y 轴的运动，如图1-1（a）所示。这时 ω 相当于匀角速度。于是

$f = \dfrac{\omega}{2\pi}$——每秒振动（匀速转动）的次数，单位Hz；

$T = \dfrac{1}{f}$——振动周期，单位s。

简谐运动的速度和加速度，通过对式（1-1）求时间 t 的导数，得
$$\dot{y} = \frac{\mathrm{d}y}{\mathrm{d}t} = A\omega\cos(\omega t + \alpha) = A\omega\sin\left(\omega t + \alpha + \frac{\pi}{2}\right) \tag{1-2}$$

$$\ddot{y}=\frac{\mathrm{d}^2y}{\mathrm{d}t^2}=-A\omega^2\sin(\omega t+\alpha)=A\omega^2\sin(\omega t+\alpha+\pi) \tag{1-3}$$

P 点的运动也可用幅值为 A、初始相位为 α、任意相位角为 $\omega t+\alpha$ 的旋转矢量端点 P 的运动表示。同样，P 点的速度和加速度可以用旋转矢量 $\boldsymbol{A\omega}$、$\boldsymbol{A\omega^2}$表示，它们与矢量 $\boldsymbol{A}$ 的固有相位差为 π/2 和 π。于是式（1-1）~式（1-3）表示的 m 点的位移、速度和加速度可以看成三个以 ω 逆时针旋转的矢量在 y 轴的投影，如图 1-1（b）所示。

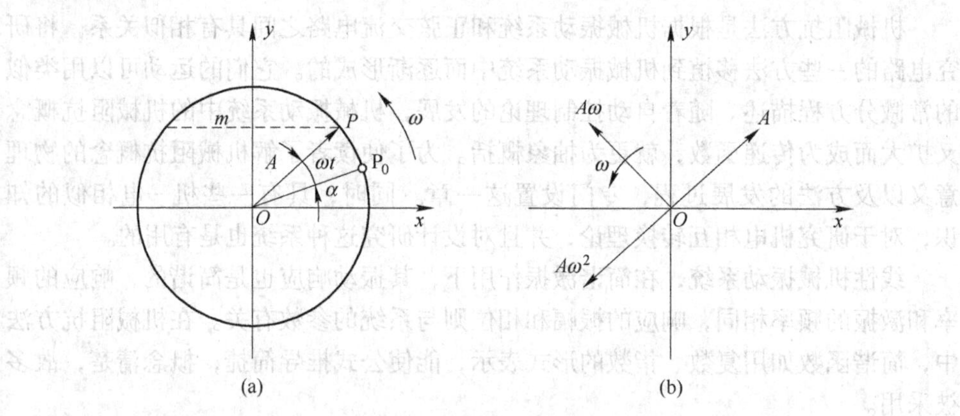

图 1-1　旋转矢量示意图

1.1.2　复数表示法

平面上的矢量可以用复数表示。取水平轴为实数轴，取铅垂轴为虚数轴，则复数：

$$z=x+\mathrm{i}y \tag{1-4}$$

代表复数平面上一个点 A 的位置。$\mathrm{i}=\sqrt{-1}$ 是虚数单位，有时也用 j 表示。x 与 y 分别为实部、虚部，且均为实数。

复数矢量示意图如图 1-2 所示。平面上点 $\boldsymbol{A}$ 的位置，也可以用矢量 $\boldsymbol{OA}$ 表示，矢量 $\boldsymbol{OA}$ 的模，即等于复数的模 $|z|$，矢量的位置用幅角 φ 表示，取逆时针为正。于是复数的模及幅角与复数的实部 x 和虚部 y 之间的关系为：

$$OA=|z|=\sqrt{x^2+y^2} \qquad \tan\varphi=\frac{y}{x}$$

$$x=|z|\cos\varphi \quad y=|z|\sin\varphi \tag{1-5}$$

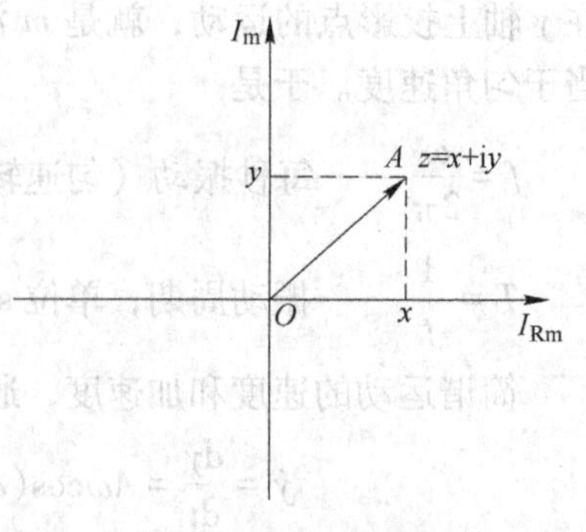

图 1-2　复数矢量示意图

复数也可以用模及幅角来表示，即：

$$z = |z|\angle\varphi \tag{1-6}$$

由欧拉公式：

$$e^{i\varphi} = \cos\varphi + i\sin\varphi \tag{1-7}$$

则，

$$z = |z|e^{i\varphi} = |z|\cos\varphi + i|z|\sin\varphi \tag{1-8}$$

下面用复指数表示简谐振动。

取复数的幅值等于振幅，复数的幅角等于相角，则有：

$$|z| = A, \varphi = \omega t + \alpha \tag{1-9}$$

于是 $z = x + iy = A\cos(\omega t + a) + iA\sin(\omega t + \alpha)$

$$x = A\cos(\omega t + a) = \mathrm{Re}(z)$$

$$y = A\sin(\omega t + \alpha) = \mathrm{Im}(z) \tag{1-10}$$

即复数的实部和虚部全是简谐振动。上述式（1-1）表示的简谐振动在这里正是复数的虚部。由欧拉公式：

$$\begin{aligned} z &= Ae^{i(\omega t+\alpha)} \\ &= Ae^{i\omega t}\cdot e^{i\alpha} \\ &= (Ae^{i\alpha})\cdot e^{i\omega t} \\ &= \tilde{A}e^{i\omega t} \end{aligned} \tag{1-11}$$

式中，$\tilde{A} = Ae^{i\alpha}$，$\tilde{A}$ 既表示旋转矢量的幅值，又表示它的相位差，称为复数振幅。这样的表示法在研究若干个同频率振动的旋转矢量间的关系时，比较方便。

1.1.3 单位旋转因子

根据复数乘法定理，矢量在复平面内的转动，可以看成与单位旋转因子的乘积。

定义：模等于单位 1，幅角等于 φ 的复数，称为单位旋转因子。记为 $e^{i\varphi} = 1\angle\varphi$。

任意复数与单位旋转因子的乘积，等于将原来的复数逆时针旋转 φ 角度。如 $A = |a|e^{i\varphi_a}$ 与单位旋转因子 $e^{i\varphi}$ 之积：

$$A\cdot e^{i\varphi} = |a|e^{i\varphi_a}\cdot e^{i\varphi} = |a|e^{i(\varphi_a+\varphi)}$$

当 φ 为特殊角度 $\varphi = \pi/2$、$-\pi/2$、π 时，由欧拉公式（1-7）得：

$$e^{i\varphi} = \cos\varphi + i\sin\varphi$$

有：

$$e^{i\frac{\pi}{2}} = \cos\frac{\pi}{2} + i\sin\frac{\pi}{2} = i$$

$$e^{i\left(-\frac{\pi}{2}\right)} = \cos\left(-\frac{\pi}{2}\right) + i\sin\left(-\frac{\pi}{2}\right) = -i$$

$$e^{i\pi} = \cos\pi + i\sin\pi = -1 \tag{1-12}$$

式中 i——逆时针旋转 $\pi/2$ 的旋转因子；

-i——顺时针旋转 π/2 的旋转因子；

-1——逆（顺）时针旋转 π 的旋转因子。

又 $\frac{1}{\mathrm{i}}=\frac{\mathrm{i}}{\mathrm{i}\cdot\mathrm{i}}=-\mathrm{i}$，相当于顺时针转 π/2 的旋转因子。

这样，表示简谐振动的位移、速度和加速度旋转矢量之间的关系可以表示为：

$$z = A\mathrm{e}^{\mathrm{i}(\omega t+\alpha)} \tag{1-13}$$

$$\dot{z} = \mathrm{i}A\omega\mathrm{e}^{\mathrm{i}(\omega t+\alpha)} \tag{1-14}$$

$$\ddot{z} = -\mathrm{i}A\omega^2\mathrm{e}^{\mathrm{i}(\omega t+\alpha)} \tag{1-15}$$

$\dot{z}$ 比 z 超前 π/2，$\ddot{z}$ 比 z 超前 π。

位移、速度和加速度旋转矢量之间的关系，如图 1-3 所示。

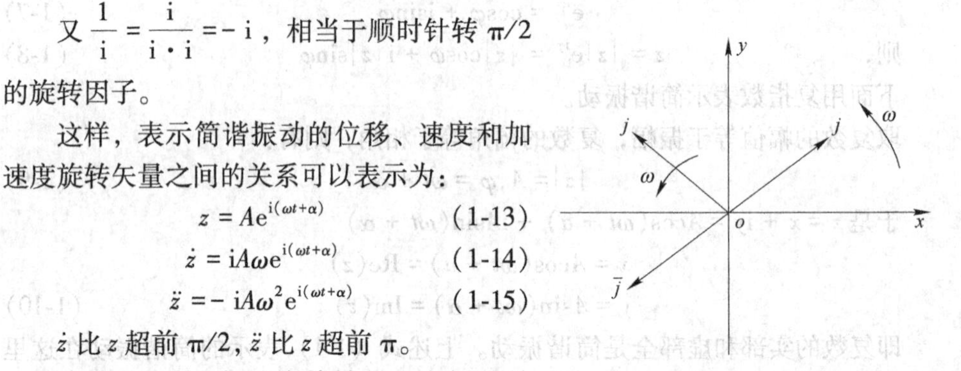

图 1-3　用旋转矢量表示的位移、速度、加速度示意图

1.2　机电相似

1.2.1　串联谐振电路

设串联谐振电路由已知的电阻 R、电感 L 和电容 C 组成，如图 1-4 所示。两端受有简谐谐振电压 $U=|U_{\mathrm{m}}|\sin(\omega t+\varphi_u)$ 的作用，试求回路中的稳态回路电流和回路阻抗。

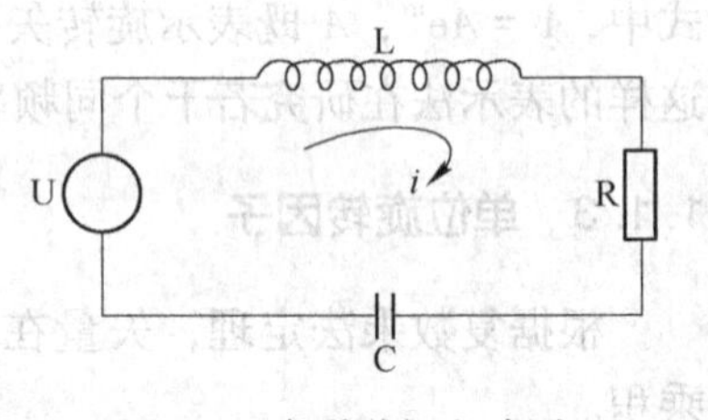

图 1-4　串联谐振电路图

由于线性系统稳态响应的频率和激励频率相同，故设回路稳态电流为：

$$i = |I_{\mathrm{m}}|\sin(\omega t+\varphi_{\mathrm{i}}) \tag{1-16}$$

根据基尔霍夫电压定律：电路的任一闭合回路中，在每一瞬时各元件上电压差的代数和为零，即：

$$\sum u_i = 0 \tag{1-17}$$

$$u = u_{\mathrm{R}} + u_{\mathrm{L}} + u_{\mathrm{C}}$$

式中，u_{R}、u_{L} 和 u_{C} 分别为电阻、电感和电容两端的电位差，下面分别求出这些值。将电压、电流及其导数和积分的简谐量用复指数表示：

$$u = |u_{\mathrm{m}}|\mathrm{e}^{\mathrm{j}\varphi_u}\mathrm{e}^{\mathrm{j}\omega t} \tag{1-18}$$

$$i = |I_{\mathrm{m}}|\mathrm{e}^{\mathrm{j}\varphi_{\mathrm{i}}}\mathrm{e}^{\mathrm{j}\omega t} \tag{1-19}$$

$$\frac{\mathrm{d}i}{\mathrm{d}t} = |I_{\mathrm{m}}|\omega\sin\left(\omega t+\varphi_{\mathrm{i}}+\frac{\pi}{2}\right)$$

$$= |I_{\mathrm{m}}|\omega^{\mathrm{j}\left(\varphi_{\mathrm{i}}+\frac{\pi}{2}\right)}\mathrm{e}^{\mathrm{j}\omega t}$$

$$= \mathrm{j}\,|I_\mathrm{m}|\,\omega \mathrm{e}^{\mathrm{j}\varphi_\mathrm{i}}\mathrm{e}^{\mathrm{j}\omega t} \tag{1-20}$$

$$\int_0^t i\mathrm{d}t = \int_0^t |I_\mathrm{m}|\,\mathrm{e}^{\mathrm{j}\varphi_\mathrm{i}}\mathrm{e}^{\mathrm{j}\omega t}\mathrm{d}t$$

$$= \frac{1}{\mathrm{j}\omega}|I_\mathrm{m}|\,\mathrm{e}^{\mathrm{j}\varphi_\mathrm{i}}\mathrm{e}^{\mathrm{j}\omega t} \tag{1-21}$$

于是在电阻、电感和电容两端的电位差分别为：

$$u_\mathrm{R} = R \cdot i = R\,|I_\mathrm{m}|\,\mathrm{e}^{\mathrm{j}\varphi_\mathrm{i}}\mathrm{e}^{\mathrm{j}\omega t} \tag{1-22}$$

$$u_\mathrm{L} = L\frac{\mathrm{d}i}{\mathrm{d}t} = \mathrm{j}\omega L\,|I_\mathrm{m}|\,\mathrm{e}^{\mathrm{j}\varphi_\mathrm{i}}\mathrm{e}^{\mathrm{j}\omega t} \tag{1-23}$$

$$u_\mathrm{C} = \frac{1}{C}\int_0^t i\mathrm{d}t = \frac{1}{\mathrm{j}\omega C}|I_\mathrm{m}|\,\mathrm{e}^{\mathrm{j}\varphi_\mathrm{i}}\mathrm{e}^{\mathrm{j}\omega t} \tag{1-24}$$

可见，u_R 与电流同相位，u_L 超前电流 90°，u_C 则落后电流 90°。代入式（1-17）中，两端消去 $\mathrm{e}^{\mathrm{j}\omega t}$ 得：

$$L\frac{\mathrm{d}i}{\mathrm{d}t} + Ri + \frac{1}{C}\int_0^t i\mathrm{d}t = u \tag{1-25}$$

$$\left[R + \mathrm{j}\left(\omega L - \frac{1}{\omega C}\right)\right]|I_\mathrm{m}|\,\mathrm{e}^{\mathrm{j}\varphi_\mathrm{i}} = |u_\mathrm{m}|\,\mathrm{e}^{\mathrm{j}\varphi_\mathrm{u}} \tag{1-26}$$

于是，

$$Z(\omega) = R + \mathrm{j}\left(\omega L - \frac{1}{\omega C}\right) = \frac{|u_\mathrm{m}|\,\mathrm{e}^{\mathrm{j}\varphi_\mathrm{u}}}{|I_\mathrm{m}|\,\mathrm{e}^{\mathrm{j}\varphi_\mathrm{i}}} = \frac{\tilde{u}}{\tilde{I}} \tag{1-27}$$

称 $Z(\omega)$ 为复阻抗。当回路参数已知时，是 ω 的函数。$\tilde{u} = u_\mathrm{m}\angle\varphi_\mathrm{u}$，$\tilde{I} = I_\mathrm{m} < \varphi_\mathrm{i}$ 为激励电压及响应电流的复振幅。即复阻抗 Z 为电路端电压的复振幅与电路中电流复振幅之比。简言之，为输入电压（复量）与输出电流（复量）之比。于是电流可表示为：

$$|I_\mathrm{m}|\angle\varphi_\mathrm{i} = \frac{|u_\mathrm{m}|\angle\varphi_\mathrm{u}}{|Z_\mathrm{m}|\varphi_\mathrm{Z}} \tag{1-28}$$

复阻抗也可以写成模角及幅角的形式：

$$|Z_\mathrm{m}| = \sqrt{R^2 + \left(\omega L - \frac{1}{\omega C}\right)^2} \tag{1-29}$$

$$\varphi_\mathrm{u} = \tan^{-1}\left(\frac{\omega L - \dfrac{1}{\omega C}}{R}\right) \tag{1-30}$$

利用矢量图表示这些量之间的关系，如图 1-5 所示，图中表示元件的阻抗：

Z_R ——电阻的阻抗与电流同相，数值等于 R；

X_L ——电感的阻抗比电流超前 90°，数值等于 ωL，记为 $\mathrm{j}\omega L$；

X_C ——电容的阻抗比电流落后 90°，其数值等于 $1/\omega C$，记为 $1/\mathrm{j}\omega C$ 或 $-\mathrm{j}/\omega C$。

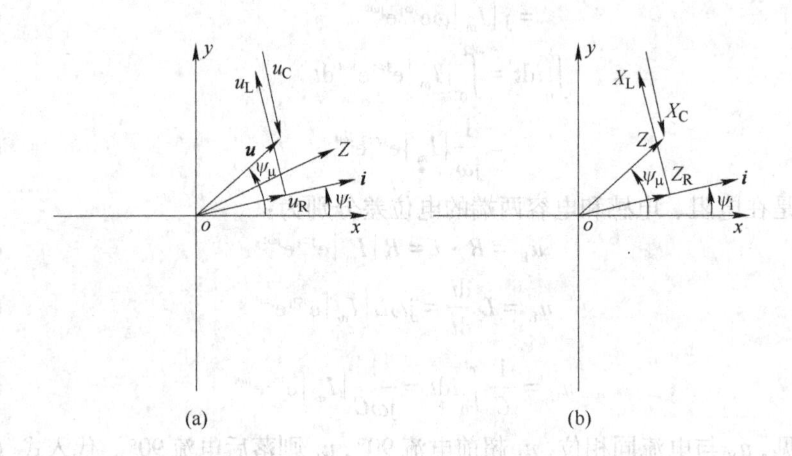

图 1-5 回路中各元件中的电压降（a）和阻抗（b）的矢量关系图

1.2.2 力—电压相似

这是机—电间的第一类相似，也是直接相似，是以机械阻抗与电路阻抗间的模拟建立起的相似关系。

两个本质不同的物理系统，如果能用同一个方程描述时，就说这两个系统是相似系统。利用相似关系，非电系统可以化为相似的电路系统研究，这样有不少优点：能将复杂的系统化为便于分析的电路图，然后用电路中已有的理论，如网格理论、阻抗理论等，来分析这个实际系统，从而预知某个系统的特性。同时，还可以用实际电路模拟原有物理系统，通过实验掌握电路的特性，从而预知原物理系统的特性。这种模拟电路更换元件方便，常常用来研究参数变化对系统的影响。

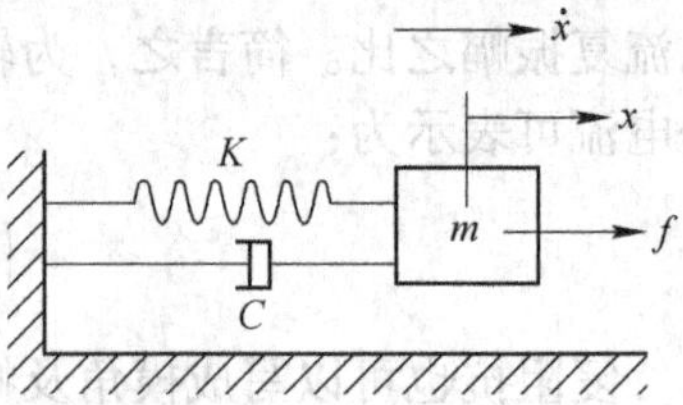

图 1-6 弹簧质点阻尼振子运动示意图

如图 1-6 所示，建立弹簧质点阻尼振子的运动方程。由达朗贝尔原理：任意时刻施加于质点上的惯性力与作用于质点上的激励力 f、弹簧力 f_K 和阻尼力 f_C 满足平衡方程，即：

$$\sum f_i = 0$$

或

$$f_m + f_C + f_K + f = 0 \tag{1-31}$$

式中，$f_m = -m\dfrac{d^2x}{dt^2}$ 为质点的惯性力；$f_C = -c\dot{x}$ 为阻尼器对质点的阻尼力；$f_K = -kx = -k\int_0^t \dot{x}dt$ 为作用给质点的弹簧力；$f = |F|e^{j\omega t}$ 为作用于质点的简谐激励力。

将这些力代入式（1-31）中，得到：

$$m\frac{d\dot{x}}{dt}+C\dot{x}+K\int_0^t\dot{x}dt=f \tag{1-32}$$

$$L\frac{di}{dt}+Ri+\frac{1}{C}\int_0^t idt=u \tag{1-33}$$

又因 $i=\frac{dq}{dt},\ \ddot{x}=\frac{d\dot{x}}{dt},\ \int_0^t\dot{x}dt=x$

故有：

$$\left.\begin{aligned}L\ddot{q}+R\dot{q}+\frac{1}{C}q=u\\ m\ddot{x}+C\dot{x}+Kx=f\end{aligned}\right\} \tag{1-34}$$

已知激励力为简谐力，故响应的频率也相等，且具有相位差，设

$$\dot{x}=|\dot{X}_m|e^{j(\omega t+\varphi_v)}=|\dot{X}_m|e^{j\varphi_v}e^{j\omega t} \tag{1-35}$$

则

$$\dot{X}=j|X_m|\omega e^{j(\omega t+\varphi_v)} \tag{1-36}$$

$$X=\int\dot{x}dt=\frac{|X_m|}{j\omega}e^{j(\omega t+\varphi_v)} \tag{1-37}$$

分别代入上式中，并消去 $e^{j\omega t}$，得：

$$\left[C+j\left(\omega m-\frac{K}{\omega}\right)\right]|X_m|e^{j\varphi_v}=|F|e^{j0} \tag{1-38}$$

所以，

$$ZV(\omega)=\left[C+j\left(\omega m-\frac{K}{\omega}\right)\right]=\frac{F\angle 0}{|\dot{X}_m|\angle\varphi_v}=\frac{\tilde{f}}{\tilde{\dot{X}}} \tag{1-39}$$

式中，$ZV(\omega)$ 是机械阻抗（速度阻抗）等于简谐激励力的复振幅与速度响应复振幅之比。当参数 m、C、K 一定时，是激励频率 ω 的函数。

从上面可以看出，由弹簧 K、阻尼 C 和质量 m 组成的机械系统，与 R-L-C 串联谐振系统的运动，可用同样的微分方程式（1-34）描述，是相似系统。它们在各种量之间是相似的，见表 1-1。

表 1-1　各量相似对应关系

机械系统		电路系统
力 f	⟷	电压 u
速度 $\dot{X}$	⟷	电流 i
质量 m	⟷	电感 L

续表 1-1

机械系统		电路系统
阻尼 C	↔	电阻 R
弹簧刚度 K	↔	电容导数 $1/C$
速度阻抗 ZV	↔	电路阻抗 Z

在叙述中常把这样一组机—电间的相似关系，简称为力—电压和速度—电流相似。

1.3 简谐激励作用下机械阻抗的定义

1.3.1 机械阻抗

按照电路中阻抗的概念可以建立机械振动系统中机械阻抗的概念。根据简谐激励作用时，稳态输出量可以是位移、速度或加速度，机械阻抗又分为位移阻抗、速度阻抗和加速度阻抗三种。

位移阻抗是每单位位移响应所需要的激振力，也叫做动刚度（Dynamic Stiffness），记为：

$$ZD = \frac{\tilde{F}}{\tilde{X}} = \frac{|F|\angle\varphi_{\mathrm{F}}}{|X_{\mathrm{m}}|\angle\varphi_{\mathrm{X}}} = \frac{\text{激励力的复振幅}}{\text{响应位移的复振幅}} \tag{1-40}$$

动刚度的物理概念较明显，静刚度表示每单位变形所需之外的力。动刚度则表示每单位动态变形所需之简谐式动态力。

机械系统是由弹簧质量组成，所具有动态特性动刚度与频率有关，机床在各种转速下工作，机床的动刚度对切削质量有影响。

速度阻抗是每单位速度响应所需要的简谐激振力，由机电相似所直接导出来的阻抗，故称机械阻抗（Mechanical Impedance），记为：

$$ZV = \frac{\tilde{F}}{\dot{\tilde{X}}} = \frac{|F|\angle\varphi_{\mathrm{F}}}{|\dot{X}_{\mathrm{m}}|\angle\varphi_{\mathrm{V}}} = \frac{\text{激励力的复励力}}{\text{响应速度的复振幅}} \tag{1-41}$$

加速度阻抗是每单位加速度响应所需要的简谐激振力，具有质量的单位，也称视在质量（Apparent Mass），记为：

$$ZA = \frac{\tilde{F}}{\ddot{\tilde{X}}} = \frac{|F|\angle\varphi_{\mathrm{F}}}{|\ddot{X}_{\mathrm{m}}|\angle\varphi_{\mathrm{a}}} = \frac{\text{激励力的复振幅}}{\text{响应加速度的复振幅}} \tag{1-42}$$

阻抗这一概念不仅由相似关系而来，更具有实际的物理意义。它表示单位响应所需要的激振力（包括相位），机械阻抗是频率的函数。阻抗值越大表明系统对应某个频率振动时的阻力越大，即抵抗动态激励产生变形的能力也越大。

对于同一机械系统，在某给定简谐激励作用下，同一点的三种阻抗值有着确定的关系。

设简谐激振力

$$f = |F| e^{j(\omega t + \varphi_f)} \tag{1-43}$$

系统上某点的位移响应

$$X = |X_m| e^{j(\omega t + \varphi_d)} \tag{1-44}$$

则速度响应和加速度响应分别为：

$$\dot{X} = j\omega |X_m| e^{j(\omega t + \varphi_d)} = j\omega X \tag{1-45}$$

$$\ddot{X} = (j\omega)^2 |X_m| e^{j(\omega t + \varphi_d)} = -\omega^2 X \tag{1-46}$$

各响应相差一个因子 $j\omega$，则三种阻抗之间也相差一个因子 $1/j\omega$。

$$ZD = \frac{|F| \angle \varphi_f}{|X_m| \angle \varphi_d} = \frac{|F|}{|X_m|} \angle (\varphi_f - \varphi_d) \tag{1-47}$$

$$ZV = \frac{|F| \angle \varphi_f}{j\omega |X_m| \angle \varphi_d} = \frac{1}{j\omega} ZD = -j \frac{ZD}{\omega} \tag{1-48}$$

$$ZA = \frac{|F| \angle \varphi_f}{j\omega |X_m| \angle \varphi_d} = \frac{1}{j\omega} ZV = -\frac{1}{\omega^2} ZD \tag{1-49}$$

三种阻抗间的确定关系，为实际测量提供了方便，只要测出一种阻抗即可得知其余两种阻抗。

1.3.2　机械导纳（Mechanical Mobility）

电学中取电阻的倒数称为导纳，代表电导率。结构力学中，取刚度的倒数称为柔度，代表不同构件的柔软程度。单位力产生的变形越大，则柔度越大。同样，可以取机械阻抗的倒数称为机械导纳，位移阻抗的倒数称为位移导纳，表示动柔度（Receptance）。这样，从正反两方面认识问题，可以增进理解，也为研究带来了方便。

位移导纳是每单位激励力引起的位移响应，记为：

$$MD = \frac{|X_m| \angle \varphi_d}{|F| \angle \varphi_f} \tag{1-50}$$

速度导纳是每单位激振力引起的速度响应，记为：

$$MV = \frac{|\dot{X}_m| \angle \varphi_V}{|F| \angle \varphi_f} = \frac{j\omega |X_m| \angle \varphi_d}{|F| \angle \varphi_f} = j\omega MD \tag{1-51}$$

加速度导纳也成为惯性率是每单位激振力引起的加速度响应，记为：

$$MA = \frac{|\ddot{X}_m| \angle \varphi_d}{|F| \angle \varphi_f} = \frac{(j\omega)^2 |X_m| \angle \varphi_d}{|F| \angle \varphi_f} = -\omega^2 MD \tag{1-52}$$

三种导纳的关系，仅相差一个 $j\omega$ 因子，知其中一个便可推知其余，如图 1-7 所示。

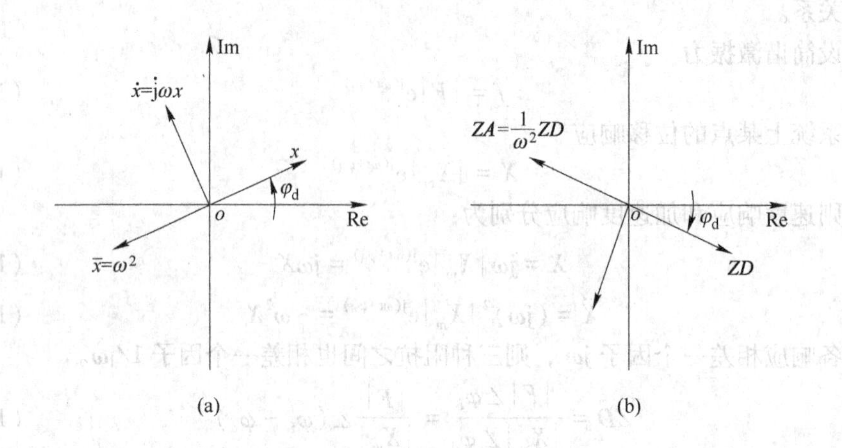

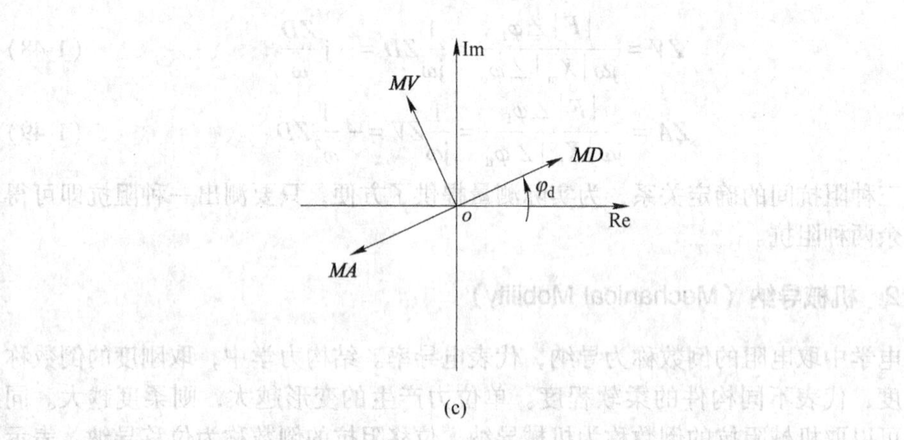

图 1-7　三种导纳的关系图

（a）某点响应的位移、速度和加速度矢量；

（b）当激励力相位为零时，某点对应的三种阻抗矢量；（c）某点的三种导纳矢量

机械导纳也有着明显的物理意义，表示单位简谐激振力引起的响应（包括相位），机械导纳是频率的函数。导纳值越大，则表示在所对应的频率下振动力的阻力越小，即很小的激振力能引起很大的变形。

由于简谐激振力与它对机械系统所引起的响应之间都存在相位关系，所以，阻抗（导纳）常用复量函数或矢量函数表示。

1.3.3　原点阻抗（导纳）和传递阻抗（导纳）

单点激振时作用于机械系统上只有一个激振力，会引起全系统上各点的响应。因此，在考虑阻抗（导纳）概念时，必须明确是哪一点激励以及哪一点响应的问题，于是有：

（1）驱动点阻抗（Driving Point Impedance），即在激振点的阻抗，定义为：

$$\text{驱动点阻抗} = \frac{\text{驱动点激振力}}{\text{驱动点在力方向的响应量}} \tag{1-53}$$

也叫原点阻抗。

（2）传递阻抗（Transfer Impedance）：

$$\text{传递阻抗} = \frac{\text{驱动点激振力}}{\text{其他点的响应量}} \tag{1-54}$$

机械阻抗（导纳）是激励频率 ω 的函数，对于已知的常系数线性系统是一个确定的函数，能用来描述在频率领域内该系统的动态特性。于是简谐激振作用下，系统的输入、输出及机械阻抗之间有着完全确定的关系，可用方框图 1-8 来表示。

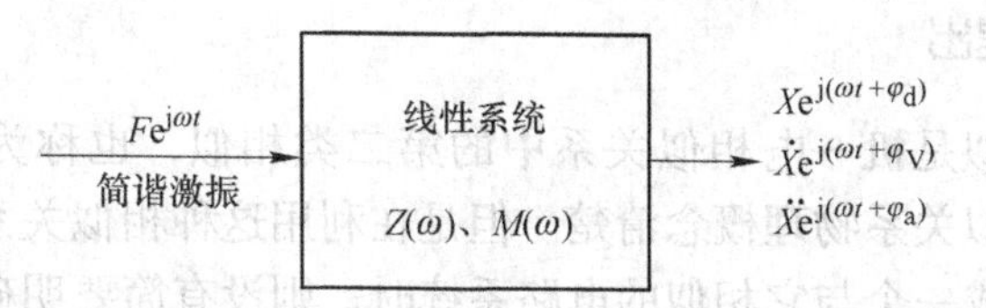

图 1-8 简谐激振作用下，系统的输入、输出及机械阻抗之间关系示意图

目前机械振动中，常习惯用导纳函数 $M(\omega)$，因为它就是频率响应函数，常用 $H(\omega)$ 表示。实际上对机械系统的激励，可以是任意形式的 $f=F(t)$。对于线性系统来说，输入和输出 $X(t)$ 信息之间的关系与系统本身特性之间，依然是确定的。取拉氏变换，有：

$$H(s) = \frac{L[X(t)]}{L[f(t)]} = \frac{X(s)}{F(s)} \tag{1-55}$$

$H(s)$ 称为系统的传递函数，L 是拉普拉斯变换符号，即系统的传递函数为输出和输入的拉普拉斯变换之比。式中，

$$X(s) = L[X(t)] = \int_0^\infty X(t)\mathrm{e}^{-st}\mathrm{d}t \tag{1-56}$$

$$F(s) = L[F(t)] = \int_0^\infty F(t)\mathrm{e}^{-st}\mathrm{d}t \tag{1-57}$$

$s=\sigma+\mathrm{j}\omega$ 是复数。

令 $s=\mathrm{j}\omega$，这时传递函数称为频率响应函数。记为 $H(\mathrm{j}\omega)$ 或 $H(\omega)$，拉氏变换变为富氏变换。即频响函数为初始条件为零时，输出与输入的富氏变换之比。

$$H(j\omega)\ \text{或}\ H(\omega) = \frac{F[X(t)]}{F[F(t)]} = \frac{X(\omega)}{F(\omega)} \tag{1-58}$$

其中，

$$F(\omega) = F[F(t)] = \int_0^\infty F(t)\mathrm{e}^{-\mathrm{j}\omega t}\mathrm{d}t \tag{1-59}$$

$$X(\omega)=F[X(t)]=\int_0^{\infty}X(t)\mathrm{e}^{-\mathrm{j}\omega t}\mathrm{d}t \tag{1-60}$$

由于当 $t<0$ 时，有 $F(t)=0, X(t)=0$。所以，富氏变换的积分下限为 $-a$，而在此处取为零。

频率响应函数或位移导纳函数，在机械振动理论中，实际上就是幅频响应和相频响应曲线。它在频率域中描述了系统的动态特性。上述激励、响应和频率响应函数的确定关系，使得我们有可能从实测系统的输入和输出信号来研究系统的动态特性，识别系统中的参数，这就发展成为当前结构动力学中的试验模态参数识别技术，成为研究结构力学不可缺少的手段。

1.4　力—电流相似

1.4.1　问题的提出

力—电流相似是机—电相似关系中的第二类相似，也称为逆相似或导纳模拟。力—电压相似关系物理概念清楚。但是在利用这种相似关系，试图把整个机械振动系统变换成一个与它相似的电路系统时，则没有简要明确的规律可循。例如，图 1-9（a）中的机械系统与图 1-9（b）中的电路属于力—电流相似。描述 m_1 及 L_1 回路的运动方程分别为：

$$m_1\frac{\mathrm{d}\dot{x}_1}{\mathrm{d}t}+(C_1+C_2)\dot{x}_1-C_1\dot{x}_2=f \tag{1-61}$$

$$L_1\frac{\mathrm{d}i_1}{\mathrm{d}t}+(R_1+R_2)-R_1 i_2=u \tag{1-62}$$

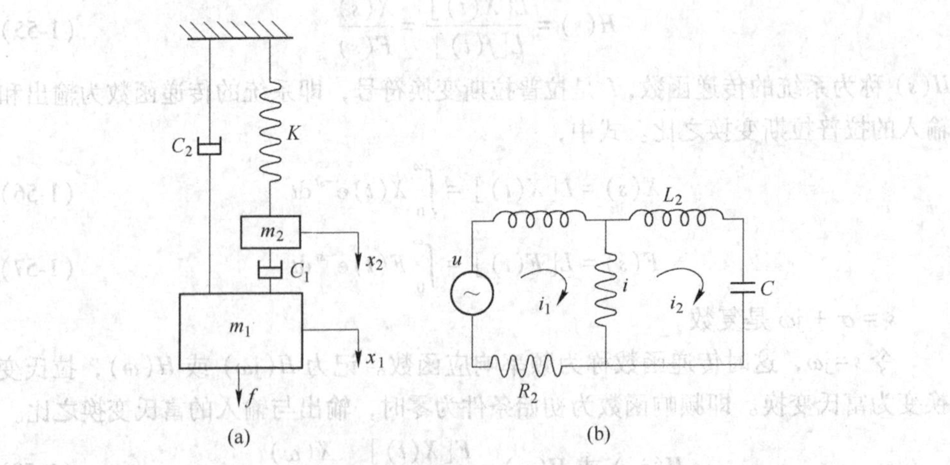

图 1-9　二自由度的弹簧质量系统（a）和振动系统相似的电路系统（b）

显然，这两个方程是相似的。然而，怎样由机械系统得到图 1-9（b）的电流呢？1938 年 F. A. Firesstone 提出了力—电流相似关系，利用这种关系能够建立一些简单规律，很容易将一个机械系统转化成一个与之相似的机械网络，进而得到力和电流相似意义下的电路图。

研究 G—L—C 的并联电路，如图 1-10 所示。根据克希霍夫电流定律：在网络的任一节点，所有流出的电流等于所有流入的电流。用代数量表示后，即：

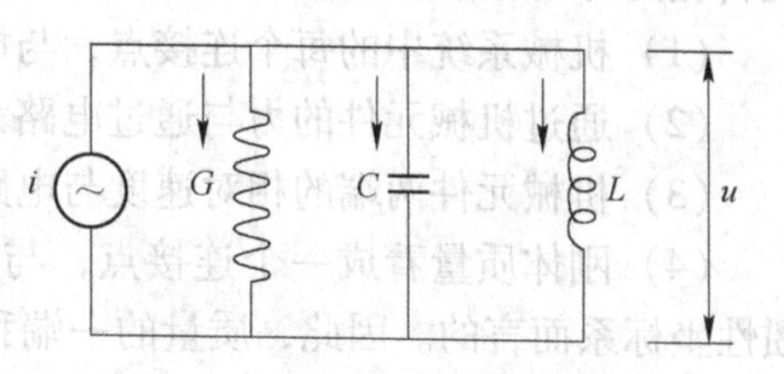

图 1-10 G—L—C 并联电路

$$\sum_{k=1}^{n} i_k = 0 \qquad (1\text{-}63)$$

式中 $G = \dfrac{1}{R}$——电阻的倒数称为电导；

$C\dfrac{\mathrm{d}u}{\mathrm{d}t}$——稳态条件下电容中的电流；

$G_{\mathrm{u}} = \dfrac{U}{R}$——电阻中的稳态电流；

$\dfrac{1}{L}\int_0^t u\mathrm{d}t$——电感中的稳态电流。

三支路电流 i 的和等于电源电流，得

$$\left.\begin{aligned} C\frac{\mathrm{d}U}{\mathrm{d}t} + Gu + \frac{1}{L}\int_0^t u\mathrm{d}t = i \\ L\frac{\mathrm{d}i}{\mathrm{d}t} + Ri + \frac{1}{C}\int_0^t i\mathrm{d}t = u \\ m\frac{\mathrm{d}x}{\mathrm{d}t} + C\dot{x} + K\int_0^t \dot{x}\mathrm{d}t = f \end{aligned}\right\} \qquad (1\text{-}64)$$

对比这三个方程式，从数学形式上看都相似，于是得到第二类机电相似，见表 1-2。

表 1-2 第二类机电相似关系

机械系统		电路系统
力 f	⟷	电流 i
速度 $\dot{X}$	⟷	电压 u
位移 X	⟷	磁通 Φ
质量 m	⟷	电容 C
阻尼 C	⟷	电导 G
弹簧刚度 K	⟷	电感 L

每一组相似的对应关系，常取前两项作为代表，即力—电流，速度—电压相似关系。利用这种相似关系，通过下面的对应规律，能较为容易地把一个机械系统转化为与之相似的电路网络。

(1) 机械系统中的每个连接点，与电路中的节点相对应。

(2) 通过机械元件的力与通过电路元件的电流相对应，把力看成力流。

(3) 机械元件两端的相对速度与电路元件两端的电位差相对应。

(4) 刚体质量看成一个连接点，与电容相对应。由于质量的速度是对地面惯性坐标系而言的。因此，质量的一端我们规定是接地的。

1.4.2　机械系统中元件的阻抗和导纳

机械网络是由机械元件组成，本节按照前面机械阻抗的定义，求出机械元件的阻抗（导纳）。

1.4.2.1　理想弹簧

理想弹簧即没有质量只有刚度 K(kg/cm) 的弹簧（图 1-11）。其两端传递的力相等，等于输入的简谐力：

$$F_{\mathrm{A}} = F_{\mathrm{B}} = F\mathrm{e}^{\mathrm{j}\omega t} \tag{1-65}$$

输出的位移等于相对位移：

$$X = X_{\mathrm{A}} - X_{\mathrm{B}} \tag{1-66}$$

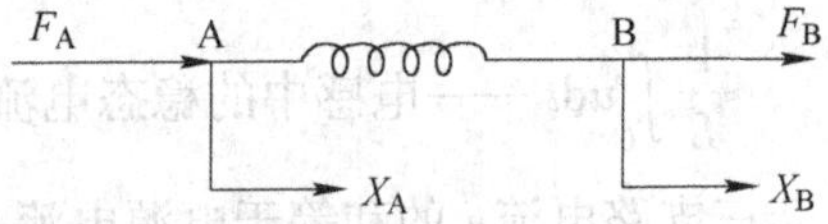

图 1-11　理想弹簧传递力示意图

A 点的位移阻抗：

$$ZD[K] = \frac{F\mathrm{e}^{\mathrm{j}\omega t}}{X} = \frac{F\mathrm{e}^{\mathrm{j}\omega t}}{\dfrac{F}{K}\mathrm{e}^{\mathrm{j}\omega t}} = K \tag{1-67}$$

因为虎克定律：

$$F_{\mathrm{A}} = K(X_{\mathrm{A}} - X_{\mathrm{B}}) \tag{1-68}$$

所以，

$$X = X_{\mathrm{A}} - X_{\mathrm{B}} = \frac{F_{\mathrm{A}}}{K} = \frac{F}{K}\mathrm{e}^{\mathrm{j}\omega t} \tag{1-69}$$

即弹簧的位移阻抗等于弹簧的刚度系数。于是弹簧的位移导纳 $MD[K] = \dfrac{1}{ZD[K]} = \dfrac{1}{K}$，等于弹簧的刚度系数。根据速度、加速度阻抗（导纳）与位移阻抗（导纳）之关系，可求得弹簧的速度和加速度阻抗（导纳）如下：

$$ZV[K] = \frac{1}{\mathrm{j}\omega}ZD[K] = \frac{K}{\mathrm{j}\omega} = -\frac{\mathrm{j}K}{\omega} \tag{1-70}$$

$$MV[K] = \mathrm{j}\omega MD[K] = \frac{\mathrm{j}\omega}{K} \tag{1-71}$$

$$ZA[K]=\frac{1}{j\omega}ZV[K]=\frac{1}{-\omega^2}ZD[K]=-\frac{K}{\omega^2} \tag{1-72}$$

$$MA[K]=j\omega MV[K]=\frac{-\omega^2}{K} \tag{1-73}$$

1.4.2.2　线性阻尼器

线性阻尼器即没有质量也没有弹性的黏性阻尼器（图 1-12）。阻尼系数等于 C(kg·s/m)。其两端传递的力等于输入的简谐激振力：

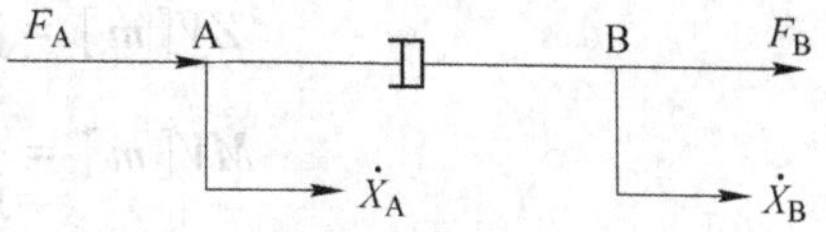

$$F_A=F_B=Fe^{j\omega t} \tag{1-74}$$

图 1-12　线性阻尼器传递力示意图

输出的速度等于两端的相对速度：

$$\dot{X}=\dot{X}_A-\dot{X}_B \tag{1-75}$$

故 A 点的速度阻抗：

$$ZV[C]=\frac{Fe^{j\omega t}}{\dot{X}}=\frac{Fe^{j\omega t}}{\frac{F}{C}e^{j\omega t}}=C \tag{1-76}$$

因为
$$F_A=C(\dot{X}_A-\dot{X}_B)=C\dot{X} \tag{1-77}$$

即线性阻尼器的速度阻抗等于阻尼系数。于是线性阻尼器的速度导纳为：

$$MV[C]=\frac{1}{ZV[C]}=\frac{1}{C} \tag{1-78}$$

这样，线性阻尼器的位移和加速度阻抗（导纳）可由速度阻抗乘、除 jω 因子而得到：

$$ZD[C]=j\omega ZV[C]=j\omega C,\ ZA[C]=\frac{1}{j\omega}ZV[C]=\frac{C}{j\omega} \tag{1-79}$$

由导纳等于阻抗的导数，得：

$$MD[C]=\frac{1}{ZD[C]}=\frac{1}{j\omega C},\ MA[C]=\frac{1}{ZA[C]}=\frac{j\omega}{C} \tag{1-80}$$

1.4.2.3　理想刚体质量

理想刚体质量即没有弹性的平动质量。输入力与加速度方向如图 1-13 所示，从牛顿第二定律得知：输入力 F_A 使质量为 m 的刚体产生的加速度是 $\ddot{X}_A$ 且

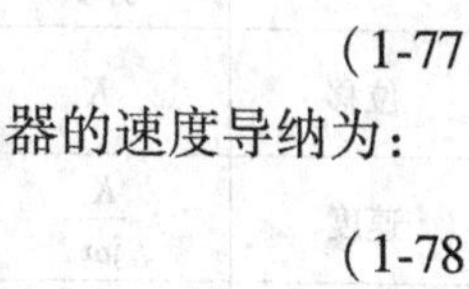

$$F_A=m\ddot{X}_A \tag{1-81}$$

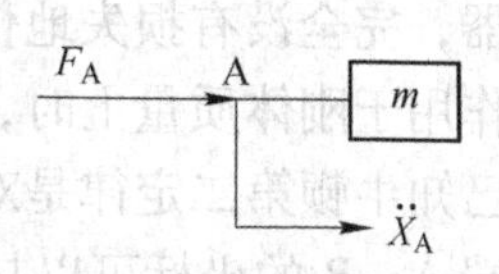

图 1-13　输入力与加速度方向示意图

按机械阻抗定义：

$$ZA[m]=\frac{F}{\ddot{X}}=m \tag{1-82}$$

所以，刚体质量块的加速度阻抗即等于其质量。这样，它的加速度导纳及其位移、速度阻抗（导纳）为：

$$MA[m]=\frac{1}{ZA[m]}=\frac{1}{m} \tag{1-83}$$

$$ZV[m]=j\omega ZA[m]=j\omega m$$

$$MV[m]=\frac{1}{j\omega}MA[m]=\frac{1}{j\omega m} \tag{1-84}$$

$$ZA[m]=j\omega ZV[m]=-\omega^2 m$$

$$MD[m]=\frac{1}{j\omega}MV[m]=\frac{1}{-\omega^2 m} \tag{1-85}$$

为了查阅方便，把弹簧、阻尼和质量等元件的机械阻抗（导纳）的公式列于表 1-3 中。

表 1-3　弹簧、阻尼和质量等元件的机械阻抗（导纳）的公式

项目	机械阻抗			机械导纳		
	弹簧	阻尼器	质量	弹簧	阻尼器	质量
位移	K	$j\omega C$	$-\omega^2 m$	$\frac{1}{K}$	$\frac{1}{j\omega C}$	$-\frac{1}{\omega^2 m}$
速度	$\frac{K}{j\omega}$	C	$j\omega m$	$\frac{j\omega}{K}$	$\frac{1}{C}$	$\frac{1}{j\omega m}$
加速度	$-\frac{K}{\omega^2}$	$\frac{C}{j\omega}$	m	$-\frac{\omega^2}{K}$	$\frac{j\omega}{C}$	$\frac{1}{m}$

1.4.3　根据力—电流相似画机械网络

1.4.3.1　相似关系进一步具体化

本节介绍应用力—电流相似关系，绘制与机械系统相似的机械网络的方法。由机械网络便能进一步画出相似的电路图。

力—电流相似，要求我们将力理解为机械网络中的力流，力通过弹簧及阻尼器，完全没有损失地传递过去，这从上节可以看出，是比较自然的。然而，当力作用于刚体质量上时，输入的合力全都产生了质量的加速度响应，就没有力流。已知牛顿第二定律是对惯性坐标系而言的，不像在研究弹簧和阻尼器时，描述两端 A、B 的坐标可以是任意选取的。又因为在力—电流相似中，质量对应电路中的电容，两电容器的一端总是接地的。于是我们规定质量的另一端 B 为接地端，如图 1-14 所示。于是，力流的概念同样扩大到了质量。当质量受到 F_A 力作用时，力通过质量流入公共地线。如果质量两端都连有元件，则力流的一部分经质量流入地，另一部分流入另一个元件 B，如图 1-15 所示。

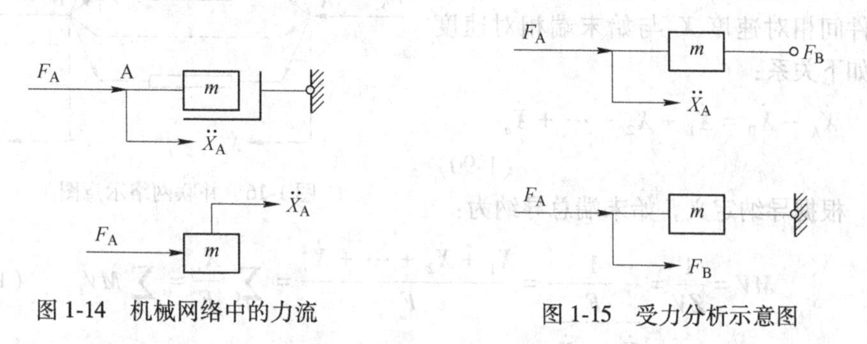

图 1-14　机械网络中的力流　　图 1-15　受力分析示意图

力—电流相似关系中，还包括有速度与电压的相似关系，在具体应用时需同时加以考虑。在电路系统中，电流流过元件，跨越元件两端产生电位差。正好与跨越弹簧、阻尼元件两端的相对速度对应。应把质量块一端接地后，A 端对 B 端的相对速度即 A 端的绝对速度，与 A 对地的电压相对应。这样，我们利用电路中已有的概念，建立起机械网络的概念是比较自然的。这里机械中的连接点也正好与电路中的结点相对应。

1.4.3.2　串并联网络的阻抗（导纳）计算

在电路中利用串并联电路公式，可以计算较为复杂的电路。同样，在力—电流相似网络中，也可以建立类似的公式求解机械网络。以下按力—电流相似关系建立元件串并联公式。

并联网络（图 1-16）：

由 $F_A=F_B$，把力看成电流分别流入各元件支路有：

$$F_A = F_1 + F_2 + \cdots + F_n \tag{1-86}$$

A、B 两端的相对速度：

$$\dot{X} = \dot{X}_A - \dot{X}_B \tag{1-87}$$

故 A 点的总阻抗，按定义：

$$ZV = \frac{F_A}{\dot{X}} = \frac{F_1 + F_2 + \cdots + F_n}{\dot{X}} = \sum \frac{F_i}{\dot{X}} = \sum ZV_i \tag{1-88}$$

$$ZV_i = \frac{F_i}{\dot{X}} \tag{1-89}$$

为第 i 支路的阻抗，即并联网络中，总阻抗值等于诸元件支路阻抗之和。这一结果正好与并联电路中的结论相反，即并联电路的总导纳等于各支路导纳之和。

串联网络（图 1-17）：

力流依次流过各元件，$F_A = F_B$。各元件间相对速度 X_i 与始末端相对速度有如下关系：

$$\dot{X}_A - \dot{X}_B = \dot{X}_1 + \dot{X}_2 + \cdots + \dot{X}_n \tag{1-90}$$

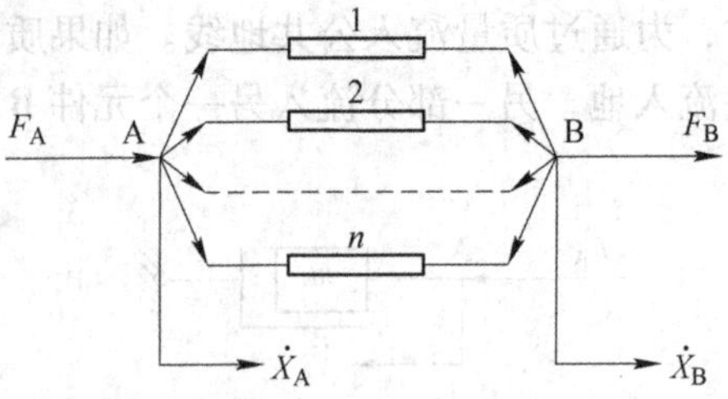

图 1-16 并联网络示意图

根据导纳定义，始末端总导纳为：

$$MV = \frac{1}{ZV} = \frac{1}{\dfrac{F}{\dot{X}_A - \dot{X}_B}} = \frac{\dot{X}_1 + \dot{X}_2 + \cdots + \dot{X}_n}{F} = \sum_i \frac{\dot{X}_i}{F} = \sum_i MV_i \tag{1-91}$$

式中，$MV_i = \dfrac{X_i}{F}$ 为第 i 元件的导纳。于是串联网络总导纳的值等于诸元件导纳之和。这一结论正与串联电路的结论相反，即串联电路中，总阻抗等于各元件阻抗之和。

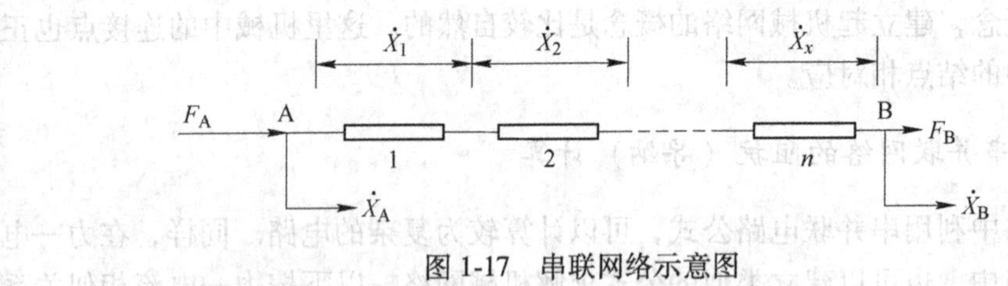

图 1-17 串联网络示意图

以上机械网络中的两个结论，与电路中的结论恰好相反，故称之为逆相似。下面说明产生这种逆相似的原因。

机械阻抗的定义是按照力—电压相似关系建立起来的。如速度阻抗定义为

$$ZV = \frac{\tilde{F}}{\tilde{\dot{X}}} = \frac{\text{输入的复激励力(电压)}}{\text{输出的复速度响应(电流)}} = \frac{\tilde{u}}{\tilde{i}} = Z_{\text{电}} \tag{1-92}$$

正好与电路中的阻抗（电压复振幅/电流复振幅）相对应。而力—电流关系相似中，我们仍沿用了这个定义。没有根据力—电流相似重新建立阻抗和导纳的定义。实际上，在力—电压相似中，机械阻抗的定义，正是在力—电流相似中的导纳。由

$$ZV = \frac{\tilde{F}}{\tilde{\dot{X}}} = \frac{\text{通过元件的力流(电流)}}{\text{跨越元件的电压(电压)}} = \frac{\tilde{\dot{i}}}{\tilde{u}} = \frac{1}{Z_{\text{电}}} = M_{\text{电}} \tag{1-93}$$

这一相似关系对于应用来说无影响，但是与习惯上相反。要特别加以注意。下面由力—电流相似规律，举几个画机械网络的例子。

【**例题 1-1**】 并联弹簧阻尼质量振子受简谐激励作用的相似网络及原点阻抗。

图 1-18（a）中有两个连接点，质量和地，对应网络中的节点 a 和 b。可视为电流一端流入质量一端接地成回路，质量一端接 f，一端接地；弹簧、阻尼器一端连于质量，一端接地。得到机械网络图 1-18（b）。进一步画为图 1-18（c）及图 1-18（d）的相似电路图。直接利用并联网络求阻抗（导纳），并联网络的阻抗等于各元件阻抗之和：

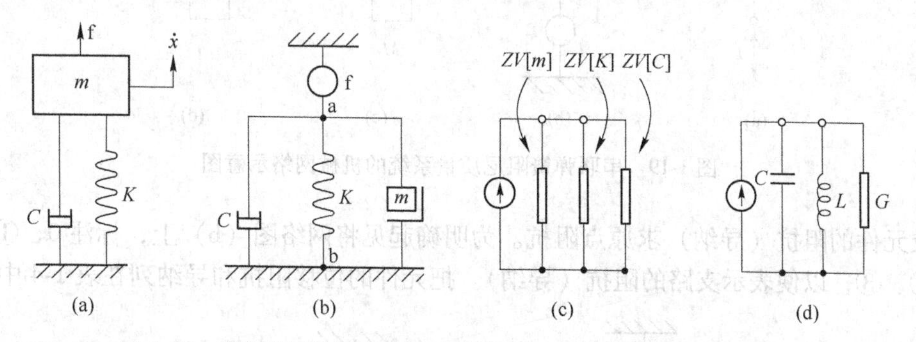

图 1-18 并联弹簧阻尼质量振子受简谐激励作用的相似网络示意图

$$ZV = ZV[m] + ZV[K] + ZV[C] = \mathrm{j}\omega m + \frac{K}{\mathrm{j}\omega} + C = C + \mathrm{j}\left(\omega m - \frac{K}{\omega}\right) \tag{1-94}$$

故
$$MV = \frac{1}{ZV} = \frac{1}{C + \mathrm{j}\left(\omega m - \dfrac{K}{\omega}\right)}$$

【**例题 1-2**】 串联弹簧阻尼质量系统的机械网络及原点导纳。

质量一端接地，激励力一端接地，构成串联回路（图 1-19）。串联各个元件中力流不变。由串联网络的总导纳等于各元件的导纳之和，得：

$$\begin{aligned} MV &= MV[C] + MV[K] + MV[m] \\ &= \frac{1}{C} + \frac{\mathrm{j}\omega}{K} + \frac{1}{\mathrm{j}\omega m} \\ &= \frac{1}{C} + \mathrm{j}\left(\frac{\omega}{K} - \frac{1}{\omega m}\right) \end{aligned} \tag{1-95}$$

$$ZV = \frac{1}{MV} = \frac{1}{\dfrac{1}{C} + \mathrm{j}\left(\dfrac{\omega}{K} + \dfrac{1}{\omega m}\right)} \tag{1-96}$$

【**例题 1-3**】 动力吸振器的相似网络及位移阻抗和导纳。

根据力—电流相似关系，画出机械网络（图 1-20）。再由串并联网络公式

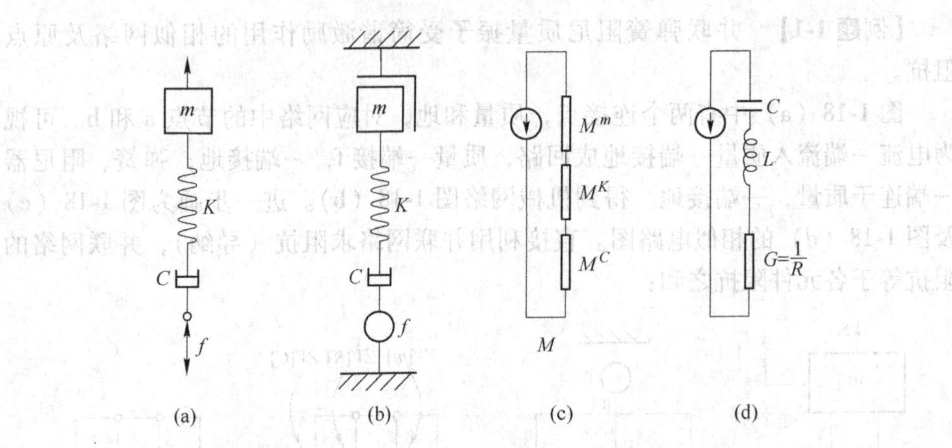

图 1-19　串联弹簧阻尼质量系统的机械网络示意图

及元件的阻抗（导纳）求原点阻抗。为明确起见将网络图（b）上，标注 0、①、②、③，以便表示支路的阻抗（导纳）。把元件的位移阻抗和导纳列在表 1-4 中。

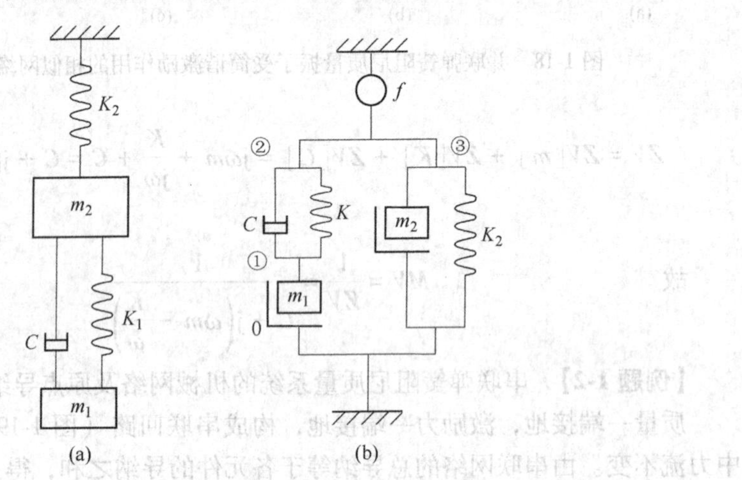

图 1-20　动力吸振器的相似网络示意图

表 1-4　元件的位移阻抗及位移导纳表

m_1	K_1	m_2	K_2
$-\omega^2 m_1$	K_1	$-\omega^2 m_2$	K_2
$-\dfrac{1}{\omega^2 m_1}$	$\dfrac{1}{K}$	$-\dfrac{1}{\omega^2 m_2}$	$\dfrac{1}{K_2}$

支路的阻抗及导纳见表 1-5。

表 1-5　支路的阻抗及导纳表

	②-①	②-0	③-0
Z	$\mathrm{j}\omega C+K_1$	$\dfrac{1}{\mathrm{j}\omega C+K_1}-\dfrac{1}{\omega^2 m_1}$	$-\omega^2 m_2+K_2$
M	$\dfrac{-1}{d\omega C+K_1}$	$\dfrac{(K_1+\mathrm{j}\omega C)\omega^2 m_1}{\omega^2 m_1-K_1-\mathrm{j}\omega C}$	

激振点的位移阻抗

$$Z=Z_{②-0}+Z_{③-0} \tag{1-97}$$

$$Z=\frac{(K_1+\mathrm{j}\omega C)\omega^2 m_1}{\omega^2 m_1-K_1-\mathrm{j}\omega C}+(K_2-\omega^2 m_2)$$

$$=\frac{\{(K_2-m_2\omega^2)(K_1-m_1\omega^2)-K_1 m_1\omega^2\}+\mathrm{j}\omega C+\mathrm{j}\omega C(K_2-m_2\omega^2-m_1\omega^2)}{(K_1-m_1\omega^2)+\mathrm{j}\omega C}$$

$$M=1/Z \tag{1-98}$$

以上结果与用机械振动理论求出的结果完全一样。可以看出，对于简单集中质量（或转动惯量）的多自由度系统。可以利用力—电流相似关系画出机械网络图，再根据串并联网络公式和元件的阻抗及导纳值，求出原点阻抗或导纳。这种方法的优点在于：不需建立微分方程也不需求解微分方程式，便可得到系统的稳态响应。不仅可以建立电路与机械间的模拟，也是一种求解简单振动系统稳态响应的方法。

2 单自由度振动系统导纳分析

对单自由度振动系统的导纳特性有了充分的认识后，有助于对多自由度振动系统主模态导纳的分析。

2.1 位移导纳特性分析

由上一章可知，弹簧阻尼质量振子在简谐激励力作用下，原点的阻抗函数和导纳函数为：

$$ZD(\omega) = \frac{\tilde{F}}{\tilde{X}} = K - m\omega^2 + \mathrm{j}\omega C \tag{2-1}$$

$$MD(\omega) = \frac{\tilde{X}}{\tilde{F}} = \frac{1}{K - m\omega^2 + \mathrm{j}\omega C} \tag{2-2}$$

以上均为激励频率函数，如将等式两边除以 K，并采用以下记号，可以化成振动理论中常见的形式：

$$\frac{K}{m} = \omega_{\mathrm{n}}^2,\ \frac{\omega C}{K} = \frac{C}{\sqrt{Km}} = \frac{\omega}{\sqrt{K/m}} = 2\xi\lambda$$

$$2\sqrt{Km} = C_{\mathrm{c}},\ \xi = \frac{C}{C_{\mathrm{c}}},\ \lambda = \frac{\omega}{\omega_{\mathrm{n}}}$$

$$\frac{MD(\omega)}{K} = \frac{\tilde{X}}{\tilde{F}K} = \frac{1}{(1 - \lambda^2) + \mathrm{j}2\xi\lambda} = \frac{\beta}{K} \tag{2-3}$$

即位移导纳函数等于 K 倍动力放大系数。导纳函数就是在频率域中对稳态响应的描述，就是简谐激励下的传递函数。

在应用导纳测试数据进行分析时，常把导纳函数表示成：（1）幅频和相频特性；（2）实频和虚频特性；（3）矢端特性。三种表示法各有其特点。

2.1.1 幅频和相频特性

由式（2-1）分别写出阻抗函数的模和幅角及导纳函数的模和相位差：

$$|ZD(\omega)| = \sqrt{(K - m\omega)^2 + (C\omega)^2}$$

$$\phi = \tan^{-1}\frac{C\omega}{K - m\omega^2}$$

$$|MD(\omega)| = \frac{1}{\sqrt{(K - m\omega^2) + (C\omega)^2}}$$

$$\phi = \tan^{-1}\frac{-C\omega}{K - m\omega^2} \tag{2-4}$$

对式（2-3）表示的动力放大系数的幅频特性及相频特性曲线，在一般的振动理论书中都有所介绍。下面采用具体数字的例题，叙述描绘导纳函数的幅频相频曲线的过程。

设质量 $m=2.5\text{kg}$，弹簧的刚度系数 $K=2\times10^4\text{N/m}$，阻尼系数 $C=11\text{N}\cdot\text{s/m}$。

先解无阻尼固有频率：

$$\omega_n = \sqrt{\frac{K}{m}} = \sqrt{\frac{2\times10^4\text{kg}\cdot\text{m}/(\text{s}^2\cdot\text{m})}{2.5\text{kg}}} = 89.44\text{rad/s}$$

$$f_n = \frac{\omega_n}{2\pi} = 14.235\text{Hz}$$

临界阻尼 C_c 及阻尼比 ξ：

$$C_c = 2\sqrt{Km} = 2\omega_n m = 447.2\text{N}\cdot\text{s/m}$$

$$\xi = \frac{C}{C_c} = \frac{11}{447.2} = 0.0246$$

$$|MD(\omega)| = \frac{1}{K\sqrt{(1-\lambda^2)^2 + (2\xi\lambda)^2}},\ \lambda = \frac{\omega}{\omega_n}$$

$$\frac{1}{K} = \frac{1}{2\times10^4} = 0.5\times10^{-4}\text{m/N}$$

$$\phi(\omega) = \tan^{-1}\left(\frac{-2\xi\lambda}{1-\lambda^2}\right)$$

下面设 λ 取一系列值，计算出 $|MD(\omega)|$、$\phi(\omega)$ 的值（表 2-1），然后，按频率 Hz 为横坐标，画出幅频及相频特性曲线。图 2-1（a）是采用直线均匀坐标画出的幅频及相频特性曲线。图 2-1（b）是按对数坐标画的幅频及相频特性曲线。由图可以看出，采用对数坐标有以下优点：

（1）扩大频率范围。机械振动系统或自动控制系统的低频特性很重要。频率采用对数坐标后，低频段范围扩大，可以看得比较细致。高频段的范围也增大，若 $f=1000\text{Hz}$，采用直线均匀坐标时，需将图 2-1（a）水平坐标扩大到 10 倍；采用对数坐标时，只需将图 2-1（b）水平坐标扩大到 1.5 倍。

（2）扩大幅值的动态范围。当垂直坐标也采用对数坐标表示时，标尺每格按 10 倍变化，同样大小的尺寸，比直线坐标表示的尺度范围要大得多。如 1∶1000的变化时，只需三大格。

表 2-1 λ 取一系列值相应的计算值

λ	1/10	$1/\sqrt{10}$	$1/\sqrt{2}$	1	$\sqrt{2}$	$\sqrt{10}$	10	10^2
f	1.424	4.503	10.06	14.24	20.14	45.03	142.4	14.24
$\lvert M(\omega) \rvert$	0.50504×10^{-4}	0.55547×10^{-4}	0.99759×10^{-4}	10.1626×10^{-4}	0.49879×10^{-4}	0.05555×10^{-4}	0.0505×10^{-6}	0.005×10^{-6}
ϕ	−0.2847	−0.9904	−3.98	−90	3.98 −180°	0.9903 −180°	0.2847 −180°	0.02819 −180°
Re(M)	0.50504×10^{-4}	0.55539×10^{-4}	0.99518×10^{-4}	0	-0.49759×10^{-4}	-0.5554×10^{-5}	-0.505×10^{-6}	-0.05×10^{-7}
Im(M)	-0.251×10^{-6}	-0.96×10^{-6}	0.6924×10^{-5}	-10.1626×10^{-4}	-0.3462×10^{-5}	-0.096×10^{-6}	-0.003×10^{-6}	-0.246×10^{-13}

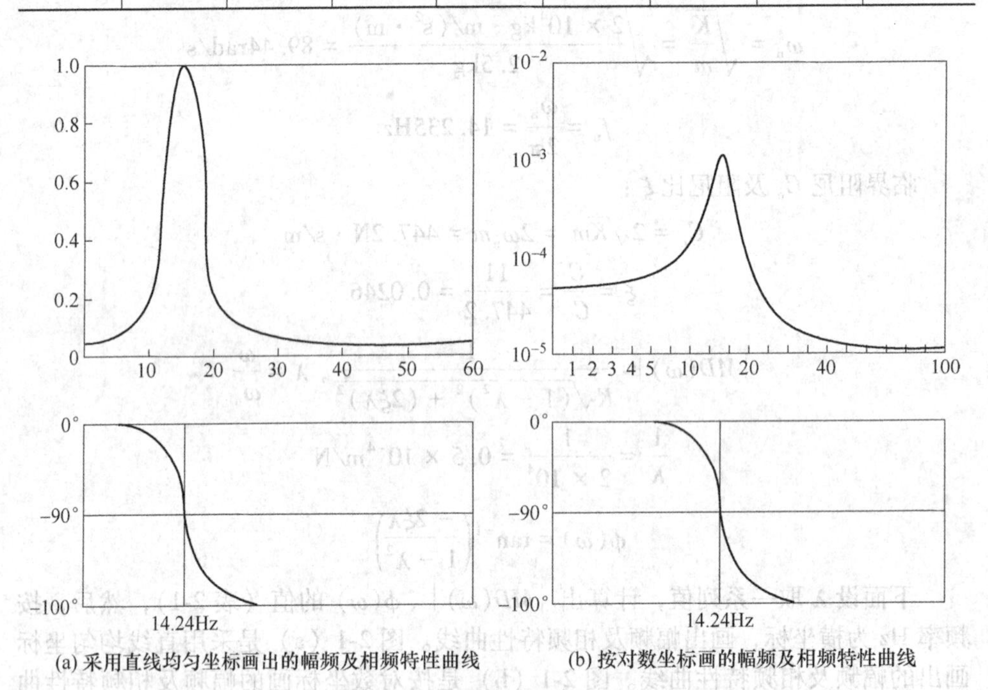

(a) 采用直线均匀坐标画出的幅频及相频特性曲线　　(b) 按对数坐标画的幅频及相频特性曲线

图 2-1 幅频及相频特性曲线

（3）共振峰值变缓。共振峰值附近的数据对模态分析极为重要。由于直线均匀坐标频率刻度密集，垂直幅值又直线增加，表现出的峰值很尖锐。当采用对数坐标时，水平频率坐标虽然有压缩，但垂直幅值按对数增加，故显得曲线缓慢变化，于是得到的数据精度更高。

（4）机械元件的导纳和阻抗特性曲线。机械元件的导纳和阻抗特性曲线，在对数-对数坐标中称为直线，画起来比较简单。此外，在对数坐标中，幅值相乘转化为相加，也宜于采用分贝 dB 表示响应量级，这样与电平测量信号的方法就统一起来，在应用各种电子仪表测试时也比较方便。

2.1.2 实频和虚频特性

阻抗和导纳的复量函数一般能分为实部和虚部函数，它们均为 ω 的实函数。以频率为横坐标，函数值为纵坐标所画的曲线便是实频和虚频的特性曲线。为此，先将位移导纳函数的分母有理化。

$$
\begin{aligned}
MD(\omega) &= \frac{1}{K - m\omega^2 + \mathrm{j}\omega C} \cdot \frac{K - m\omega^2 - \mathrm{j}\omega C}{K - m\omega^2 - \mathrm{j}\omega C} \\
&= \frac{K - m\omega^2}{(K - m\omega^2)^2 + (\omega C)^2} + \mathrm{j}\frac{-\omega C}{(K - m\omega^2) + (\omega C)^2} \\
&= \mathrm{Re}[MD(\omega)] + \mathrm{j}\mathrm{Im}[MD(\omega)]
\end{aligned} \tag{2-5}
$$

$$
\mathrm{Re}[MD(\omega)] = \frac{K - m\omega^2}{(K - m\omega^2)^2 + (C\omega)^2} = \frac{1 - \lambda^2}{K[(1 - \lambda^2)^2 + (2\xi\lambda)^2]} \tag{2-6}
$$

$$
\mathrm{Im}[MD(\omega)] = \frac{-C\omega}{(K - m\omega^2)^2 + (C\omega)^2} = \frac{-2\xi\lambda}{K[(1 - \lambda^2)^2 + (2\xi\lambda)^2]} \tag{2-7}
$$

实频特性是 ω 的偶函数，虚频特性是 ω 的奇函数。按复数运算规则，有：

$$
\begin{aligned}
|MD(\omega)| &= \sqrt{\mathrm{Re}[MD(\omega)]^2 - \mathrm{Im}[MD(\omega)]^2} \\
&= \sqrt{MD(\omega) \cdot MD^*(\omega)}
\end{aligned} \tag{2-8}
$$

式中，

$$
MD^*(\omega) = \frac{1}{K - m\omega^2 - \mathrm{j}C\omega}
$$

取 λ 为一些值，计算出实频和虚频的函数值，列表，按对数坐标画出幅值和频率的图线称为实频特性和虚频特性曲线。采用前面例题的数据，画出的实虚频特性曲线如图 2-2 所示。

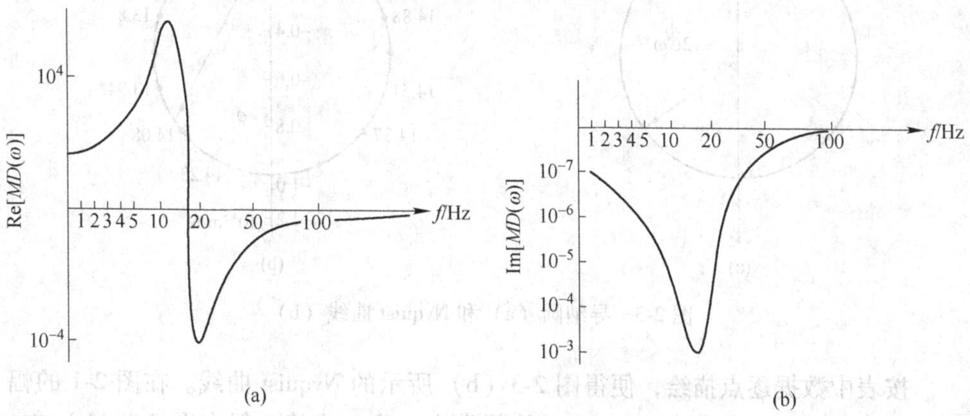

图 2-2 实频特性（a）和虚频特性（b）曲线

2.1.3　矢端图

从任一点出发，将每个频率值所对应的复导纳的幅值 $|MD(\omega)|$ 和相位 $\phi(\omega)$ 的矢量画成图形，即构成复导纳矢端图，也叫奈奎斯特（Nyquist）曲线。一般在共振频率附近的复导纳矢端曲线最有意义。可以证明，在共振点附近的半功率带宽内，复导纳矢端曲线轨迹为一圆。

考虑黏性小阻尼系统，取变量 u 、v 代表实部和虚部。

$$u = \mathrm{Re}[MD(\omega)] = \frac{K - m\omega^2}{(K - m\omega^2)^2 + (C\omega)^2} \tag{2-9}$$

$$v = \mathrm{Im}[MD(\omega)] = \frac{-C\omega}{(K - m\omega^2)^2 + (C\omega)^2} \tag{2-10}$$

则

$$u^2 + \left(v + \frac{1}{2C\omega}\right)^2 = \frac{(K - m\omega^2)^2 + C^2\omega^2}{[(K - m\omega^2)^2 + (C\omega)^2]^2} - \frac{2C\omega}{2C\omega[(K - m\omega^2)^2 + (C\omega)^2]^2} + \left(\frac{1}{2C\omega}\right)^2 \tag{2-11}$$

$$u^2 + \left(v + \frac{1}{2C\omega}\right)^2 = \frac{1}{(2C\omega)^2} \tag{2-12}$$

圆心坐标（0，$-1/2C\omega$）点，半径等于 $1/2C\omega$ 的圆，图 2-3（a）为画出此导纳圆，需将频率比 λ 在 1 附近加以细化。由于系统的固有频率 $f_n = 1423\text{Hz}$，故在 13～15Hz 范围内计算 16 个频率点所对应的数据，见表 2-2。

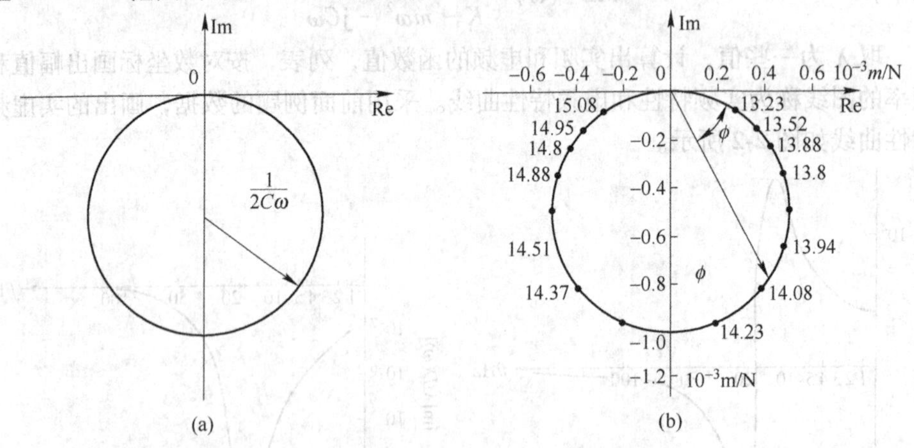

图 2-3　导纳圆（a）和 Nyquist 曲线（b）

按表中数据逐点描绘，便得图 2-3（b）所示的 Nyquist 曲线。在图 2-1 的幅频特性曲线上，在频率为 13～15Hz 的频带内，为一尖峰，但在图 2-3（b）中，则为一超过半圆的弧。这样，矢端图将3Hz的频率带宽扩成了大半个圆弧。在这个圆弧上，能够清楚的显示相差0.14Hz的频率变化，使频率尺度得到细化，导纳幅值随频率的变化关系显示得更为清晰，精度能提高一个数量级。同时可以看出，在共振点附近，矢端划过的弧长，随频率f的变化率为最大，即ds/df为最大。根据这一关系，可以在导纳圆上确定共振频率。因此，在模态分析中，若采用导纳圆法，需要仪器有较高的频率分辨率，并且有频率细化的功能。

表2-2 13~15Hz范围内计算16个频率点所对应的数据

λ	f/Hz	$\mathrm{Re}[MD(\omega)]$	$\mathrm{Im}[MD(\omega)]$
0.91	12.95	0.272389×10^{-3}	-0.70945×10^{-4}
0.93	13.23	0.332012×10^{-3}	-0.112447×10^{-3}
0.95	13.52	0.416992×10^{-3}	-0.199899×10^{-3}
0.96	13.66	0.467992×10^{-3}	-0.281901×10^{-3}
0.97	13.8	0.512097×10^{-3}	-0.413525×10^{-3}
0.98	13.94	0.50863×10^{-3}	-0.619274×10^{-3}
0.99	14.08	0.359403×10^{-3}	-0.879689×10^{-3}
0.995	14.16	0.19982×10^{-3}	-0.98065×10^{-3}
1.0	14.23	0	-1.0126×10^{-3}
1.01	14.37	-0.349771×10^{-3}	-0.864719×10^{-3}
1.02	14.51	-0.486677×10^{-3}	-0.60454×10^{-3}
1.03	14.66	-0.485115×10^{-3}	-0.403675×10^{-3}
1.04	14.8	-0.43981×10^{-3}	-0.275787×10^{-3}
1.05	14.95	-0.388994×10^{-3}	-0.196053×10^{-3}
1.06	15.08	-0.343395×10^{-3}	-0.144892×10^{-3}
1.07	15.2261	-0.304821×10^{-3}	-0.110748×10^{-3}

2.2 从导纳（阻抗）曲线识别系统的固有动态特性

机械系统的动态特性可以由理论计算，也可以从振动测试数据中分析得到。通过导纳曲线测试数据，可以识别出无阻尼固有频率ω_n、有阻尼固有频率ω_R、阻尼比ζ、反共振频率ω_A等。对多自由度系统还能识别出振型向量$\{\phi\}$以及模态质量和模态刚度，称模态参数识别。

2.2.1 识别固有频率ω_n和共振频率ω_R

固有频率和共振频率是有区别的，但有时又是相等的，故容易混淆。这里作者试图给出解释与定义：固有频率定义为当系统阻尼为零时的系统的固有频率；

共振频率则定义为当导纳幅值为最大时系统的频率。由于位移、速度和加速度的导纳为最大值时，系统的频率不同。故又分为位移共振频率、速度共振频率及加速度共振频率。

2.2.1.1　确定固有频率 ω_n

实际系统中都或多或少存在阻尼，怎样从有阻尼的系统中测出无阻尼的固有频率呢？根据位移、速度及加速度导纳曲线间的不同特性可以测出。

A　用速度导纳曲线确定 ω_n

由位移阻抗：

$$ZD(\omega) = K - m\omega^2 + \mathrm{j}\omega C \tag{2-13}$$

得速度阻抗：

$$ZV(\omega) = \frac{1}{\mathrm{j}\omega}(K - m\omega^2 + \mathrm{j}\omega C) \tag{2-14}$$

于是速度导纳：

$$MV(\omega) = \frac{1}{C + \mathrm{j}\left(m\omega - \dfrac{K}{\omega}\right)} \tag{2-15}$$

速度导纳的幅频特性及相频特性为：

$$MV(\omega) = \frac{1}{\sqrt{C^2 + \left(m\omega - \dfrac{K}{\omega}\right)^2}} \tag{2-16}$$

$$\phi(MV) = \tan^{-1}\frac{-\left(m\omega - \dfrac{K}{\omega}\right)}{C} \tag{2-17}$$

为了求 $|MV(\omega)|$ 的最大值，求出它对 ω 的导数，然后令之等于零，即：

$$\frac{\mathrm{d}|MV(\omega)|}{\mathrm{d}\omega} = \frac{-\left[\left(m\omega - \dfrac{K}{\omega}\right)\left(m - \dfrac{K}{\omega^2}\right)\right]}{\left[C^2 + \left(m\omega - \dfrac{K}{\omega}\right)^2\right]^{3/2}} = 0$$

解得：　$$\omega^2 = \frac{K}{m} = \omega_n^2$$

代回式（2-17）中，得：

$$|MV(\omega)|_{\max} = \frac{1}{C}, \phi(MV) = 0$$

所以，速度共振频率 ω_{RV}，等于无阻尼系统的固有频率 ω_n。这样，速度导纳的幅频曲线的最大值所对应的频率或速度导纳相频曲线上零相位处对应的频率，便是系统的无阻尼固有频率。

B 用位移导纳的实、虚频特性确定无阻尼固有频率

由位移导纳的实部式（2-6），令其等于零，得：

$$\mathrm{Re}[MD(\omega)] = \frac{K - m\omega^2}{(K - m\omega^2)^2 + (C\omega)^2} = 0$$

于是有：

$$K - m\omega^2 = 0\,, \omega^2 = \frac{K}{m} = \omega_n^2$$

即：位移导纳实部为对应着无阻尼固有频率 ω_n。

由位移导纳虚部式（2-7）的峰值确定 ω_n。先求虚部峰值对应的频率，由

$$\mathrm{Im}[MD(\omega)] = \frac{-C\omega}{(K - m\omega^2)^2 + (C\omega)^2}$$

令

$$\frac{\mathrm{dIm}}{\mathrm{d}\omega} = \frac{-C[(K - m\omega^2)^2 + (C\omega)^2] + C\omega[2(K - m\omega^2)(-2m\omega) + 2C^2\omega]}{(K - m\omega^2)^2 + (C\omega)^2}$$

$$= 0$$

化简后有：

$$3\omega^4 - \omega^2\left(2\frac{K}{m} - \frac{C^2}{m^2}\right) - \frac{K^2}{m^2} = 0$$

$$\omega^2 = \frac{1}{6}\left[\left(2\frac{K}{m} - \frac{C^2}{m^2}\right) \pm \sqrt{\left(\frac{2K}{m} - \frac{C^2}{m^2}\right)^2 + 4.3\frac{K^2}{m^2}}\right]$$

$$= \frac{1}{6}\left[\left(\frac{2K}{m} - \frac{C^2}{m^2}\right) + \sqrt{16\frac{K^2}{m^2} - 4\frac{K}{m}\cdot\frac{C^2}{m^2} + \frac{C^4}{m^4}}\right]$$

设 $C/m \ll 1$，可以略去，根号前取正号，则有：

$$\omega^2 \approx \frac{K}{m} = \omega_n$$

即当位移导纳虚频特性曲线为最大值时，得：

$$|\mathrm{Im}[MD(\omega)]|_{\max} = \frac{1}{C\omega_n} \tag{2-18}$$

近似对应（阻尼较小时）无阻尼固有频率 ω_n。

2.2.1.2 确定共振频率 ω_{RD}、ω_{RV}、ω_{RA}

共振频率即位移、速度、加速度响应值（导纳）为最大值时，所对应的频率。上节已证明速度共振频率 $\omega_{RV} = \omega_n$，等于无阻尼固有频率。

已知位移导纳及加速度导纳的幅频特性

$$|MD(\omega)| = \frac{1}{\sqrt{(K - m\omega^2)^2 + (C^2\omega)^2}} \tag{2-19}$$

$$|MA(\omega)| = \frac{1}{\sqrt{\left(m - \frac{K}{\omega}\right)^2 + \left(\frac{C}{\omega}\right)^2}} \tag{2-20}$$

可以证明对应位移导纳及加速度导纳为最大值时的频率分别为：

$\omega_{RD} = \omega_n\sqrt{1 - 2\xi^2}$　　　相位不在-90°，约-85°左右

$\omega_{RA} = \omega_n\sqrt{1 + 2\xi^2}$　　　相位超过+90°

当阻尼比 $\xi = 0.05 \sim 0.2$ 时，可以认为诸共振频率等于无阻尼固有频率 $\omega_R = \omega_n$。

2.2.2 识别阻尼比 ξ（阻尼系数 C）

从振动理论可知，哪怕是很小的阻尼对共振的振幅也有很大的影响。因此，根据共振区的幅频特性曲线，能够判定系统的阻尼比，进而计算出系统的阻尼系数。

2.2.2.1 由位移导纳共振曲线确定阻尼比

求出位移导纳幅频特性为：

$$|MD(\omega)| = \frac{1}{\sqrt{(K - m\omega^2)^2 + (C\omega)^2}}$$

$$= \frac{1}{K\sqrt{(1 - \lambda^2)^2 + (2\xi\lambda)^2}} \tag{2-21}$$

设小阻尼 $\omega_R \approx \omega_n$，即 $\lambda = 1$ 时，有

$$|MD(\omega)|_{max} = \frac{1}{2\xi K} \tag{2-22}$$

当 $\omega = 0$ 时，$|MD(0)| = \dfrac{1}{K}$ 为静柔度。

所以，动力放大系数

$$\beta = \frac{|MD(\omega_R)|}{|MD(0)|} = \frac{1}{2\xi} \tag{2-23}$$

图 2-4（a）中用双对数坐标表示了幅频特性曲线，从图上求出 $b'c'$ 的值

$$S = \frac{1}{2b'c'}$$

因为：

$$ac = \log|MD(\omega_R)|$$

$$ab = \log|MD(0)|$$

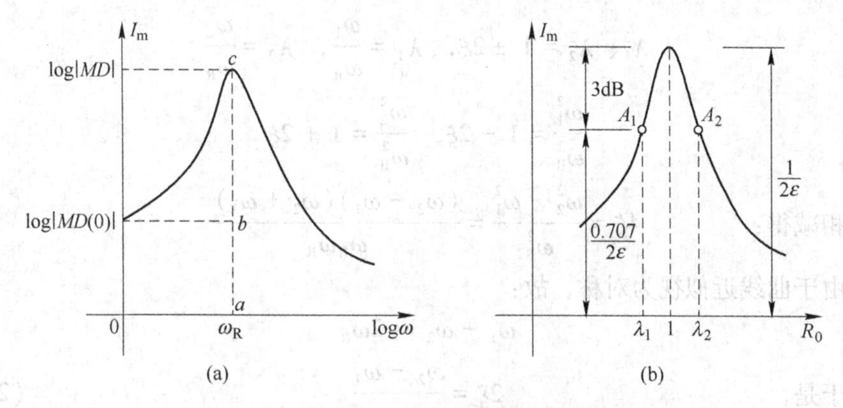

图 2-4 双对数坐标表示的幅频特性曲线

$$bc = \log|MD(\omega_R)| - \log|MD(0)| = \log\frac{|MD(\omega_R)|}{|MD(0)|}$$

$$b'c' = 10^{bc} = \frac{|MD(\omega_R)|}{|MD(0)|} = \frac{1}{2\xi}$$

这里利用了峰值数据，实际上，在共振峰值不易得到稳定的数值，故结果不甚精确。于是，有了下面的采用半功率带宽法求 ξ。

先介绍半功率点，由分贝定义可知 $\sqrt{2}:1$ 相当于 3dB。从峰值处下降 3dB 对应的带宽称半功率带宽。

假定曲线是对称的，取其幅值等于 $0.707/2\xi$，除对应曲线上 q_1 和 q_2 点称为半功率点，对应的频率比为 λ_1 和 λ_2。

$$\Delta\omega = \omega_R(\lambda_2 - \lambda_1) = \omega_2 - \omega_1$$

便是半功率带宽。

因为，半功率点的幅值为：

$$\frac{1}{\sqrt{2}}|MD(\omega_R)| = \frac{1}{\sqrt{2}} \cdot \frac{1}{2\xi K}$$

对应的半功率带宽，可由如下关系求出 λ_1、λ_2：

$$\frac{1}{2\sqrt{2}\xi K} = \frac{1}{K\sqrt{(1-\lambda^2)^2 + (2\xi\lambda)^2}}$$

$$\frac{0.707}{2\xi} = \frac{2}{\sqrt{(1-\lambda^2)^2 + (2\xi\lambda)^2}}$$

化简为：
$$\lambda^4 - 2(1-2\xi^2)\lambda^2 + 1 - 8\xi^2 = 0$$

$$\lambda_1^2、\lambda_2^2 = (1-2\xi^2) \pm 2\xi/1 + \xi^2$$

当 $\xi \ll 1$ 时，略去 ξ^2 项，

$$\lambda_1^2、\lambda_2^2 = 1 \pm 2\xi, \quad \lambda_1 = \frac{\omega_1}{\omega_R}, \quad \lambda_2 = \frac{\omega_2}{\omega_R}$$

$$\frac{\omega_1^2}{\omega_R^2} = 1 - 2\xi, \quad \frac{\omega_2^2}{\omega_R^2} = 1 + 2\xi$$

相减得：
$$4\xi = \frac{\omega_2^2 - \omega_1^2}{\omega_R^2} = \frac{(\omega_2 - \omega_1)(\omega_2 + \omega_1)}{\omega_R \omega_R}$$

由于曲线近似视为对称，故：

$$\omega_1 + \omega_2 \approx 2\omega_R$$

于是，
$$2\xi = \frac{\omega_2 - \omega_1}{\omega_R} \tag{2-24}$$

这样，在幅频特性曲线上，找出 3 个频率 ω_R 、ω_2、ω_1 后便可求出阻尼 ξ。

2.2.2.2 用位移导纳在共振区的矢端图（Nyquist）确定 ω_n 、ξ

重新写出导纳圆公式，令

$$u = \mathrm{Re}[MD(\omega)] = \frac{K - m\omega^2}{(K - m\omega^2)^2 + (C\omega)^2} \tag{2-25}$$

$$v' = \mathrm{Im}[MD(\omega)] = \frac{-C\omega}{(K - m\omega^2)^2 + (C\omega)^2} \tag{2-26}$$

在 $\omega = \omega_R$ 附近则有：

$$u^2 + \left(v' + \frac{1}{2C\omega_R}\right)^2 = \left(\frac{1}{2C\omega_R}\right)^2 \tag{2-27}$$

即为圆心在（0，$-1/2C\omega_n$）的圆。

2.2.2.3 导纳圆和虚轴的交点对应无阻尼固有频率 ω_n

因在虚轴上，$u=0, v' = |\mathrm{Im}[MD(\omega)]|_{max}$ 正是虚频的最大值，对应固有频率 ω_n。

2.2.2.4 从导纳圆的半径 $R=1/2C\omega_n$，确定阻尼系数 C

量出导纳圆半径 R，已知 ω_n，则：

$$C = \frac{1}{2R\omega_n} \tag{2-28}$$

2.2.2.5 在导纳圆上 ω_n 前后任意取二频率点确定阻尼比

在导纳圆上（图 2-5），对应 ω_n 点前后，取 a、b 二点，分别对应 ω_a 、ω_b 二频率，于是，有 $\omega_a < \omega_n < \omega_b$ ，a、b 二点对应圆心角 α_a 、α_b ，圆周角 $1/2\alpha_a$ 、$1/2\alpha_b$。

则阻尼比

$$\xi = \frac{1}{\tan\frac{\alpha_b}{2} + \tan\frac{\alpha_a}{2}} \cdot \frac{\omega_b - \omega_a}{\omega_n}$$

因为
$$\tan\frac{\alpha_a}{2} = \frac{K - m\omega_a^2}{C\omega_a} = \frac{1-\lambda_a^2}{2\xi\lambda_a}$$

式中，
$$\lambda_a = \omega_a/\omega_n\ ,\ \omega_n = \sqrt{K/m}$$

于是
$$\lambda_a^2 + 2\xi\tan\frac{\alpha_a}{2}\cdot\lambda_a - 1 = 0$$

解得：
$$\lambda_a = \frac{1}{2}\left[-2\xi\tan\frac{\alpha_a}{2} \pm \sqrt{\left(2\xi\tan\frac{\alpha_a}{2}\right)^2 + 4}\right]$$

当阻尼比 $\xi<0.1$ 时，舍去 $\left(2\xi\tan\frac{\alpha_a}{2}\right)^2$ 得：

$$\lambda_a \approx \xi\tan\frac{\alpha_a}{2} \pm 1$$

因 $\lambda_a > 0$

所以
$$\left.\begin{aligned}\lambda_a &\approx 1 - \xi\tan\frac{\alpha_a}{2}\\ \lambda_b &\approx 1 + \xi\tan\frac{\alpha_b}{2}\end{aligned}\right\}$$

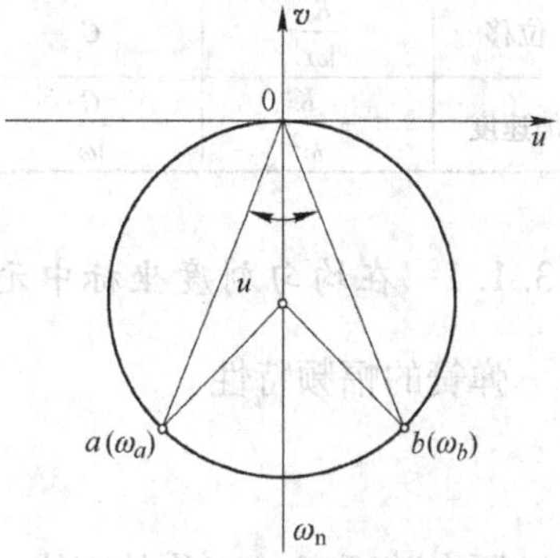

图 2-5 导纳圆

所以，
$$\lambda_b - \lambda_a = \xi\left(\tan\frac{\alpha_a}{2} + \tan\frac{\alpha_b}{2}\right)$$

即：
$$\xi = \frac{\lambda_b - \lambda_a}{\tan\frac{\alpha_a}{2} + \tan\frac{\alpha_b}{2}} = \frac{1}{\tan\frac{\alpha_a}{2} + \tan\frac{\alpha_b}{2}}\cdot\frac{\omega_b - \omega_a}{\omega_n} \tag{2-29}$$

当 $\alpha_a = \alpha_b = 90°$ 时，便得到根据半功率点幅频特性求阻尼比相同的结果：

$$\xi = \frac{\omega_b - \omega_a}{2\omega_n} \tag{2-30}$$

利用式（2-29）求阻尼比，避开了峰值数据，峰值数据的稳定性较差。

2.3 近似勾画导纳曲线

系统的导纳函数中包含有系统的质量、刚度和阻尼等参数。因此，从测量得到的导纳数据和曲线中，可以得到这些参数。显然，质量、刚度和阻尼等元件参数的导纳曲线和系统导纳曲线间存在着某些关系。本节先研究诸元件的导纳曲线，然后研究勾画总导纳曲线的近似方法。

2.3.1　元件的导纳特性曲线

为了方便起见，我们把元件导纳函数列表，见表2-3。

表中是诸元件导纳的复数表示式，复数函数中包括有幅值和与稳态简谐力（假设力的初相为零）之间的相位差。由旋转因子定义，j 表示旋转+90°相角，1/j 表示旋转-90°相角，$j^2=-1$ 表示旋转±180°相角的关系，可将元件导纳复函数，分别以幅频特性和相频特性表示。

表 2-3　元件导纳函数列表

项目	阻抗			导纳		
	弹簧	阻尼器	质量	弹簧	阻尼器	质量
速度	K	$j\omega C$	$-\omega^2 m$	$\frac{1}{K}$	$\frac{1}{j\omega C}$	$-\frac{1}{\omega^2 m}$
位移	$\frac{K}{j\omega}$	C	$j\omega m$	$\frac{j\omega}{K}$	$\frac{1}{C}$	$\frac{1}{j\omega m}$
加速度	$-\frac{K}{\omega^2}$	$\frac{C}{j\omega}$	m	$-\frac{\omega^2}{K}$	$\frac{j\omega}{C}$	$\frac{1}{m}$

2.3.1.1　在均匀刻度坐标中元件的速度导纳曲线

弹簧的幅频特性

$$|MV[K]|=\frac{\omega}{K} \tag{2-31}$$

是过原点随频率 ω 变化的直线，弹簧的相频特性用 j 表示为+90°直线。

阻尼器的幅频特性

$$|MV[C]|=\frac{1}{C} \tag{2-32}$$

是常数，表示一水平线，相位特性为0°直线。

质量的幅频特性

$$|MV[m]|=\frac{1}{m\omega} \tag{2-33}$$

为双曲线，相位特性 1/j 表示是-90°的直线。

在均匀直线坐标中，三种元件导纳函数总有一条曲线，如图2-6所示。若频率采用对数坐标或采用双对数坐标系，则三种元件的三种导纳特性曲线全部为直线。使得在分析中有很多方便，也是工程中多采用对数坐标系的原因之一。

将弹簧元件的速度导纳幅值两边取对数，有

$$\log[MV(K)]=-\log K+\log\omega \tag{2-34}$$

对比直线方程 $y=mx+b$，又 $y=\log|MV[K]|$，$x=\log\omega$，$b=-\log K$，则 $m=+1$，于是，弹簧元件速度导纳的幅频特性，在双对数坐标系中，为斜率等于+1

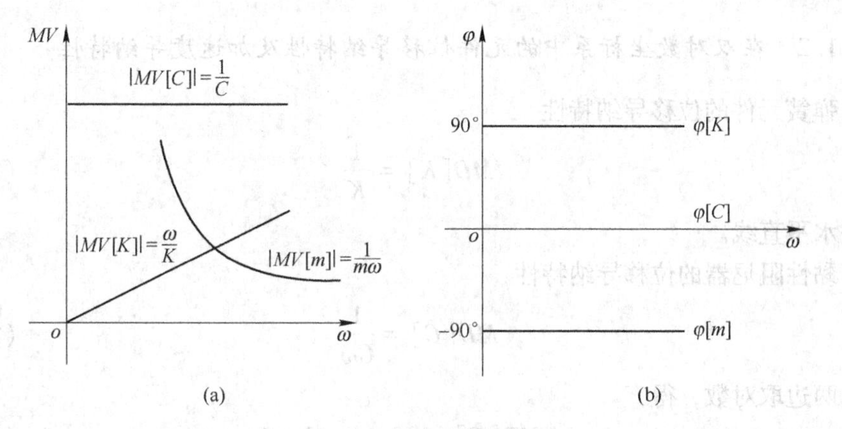

图 2-6　导纳特性曲线

的直线。

将质量元件的速度导纳幅值两边取对数，有

$$\log|MV(m)|=-\log\omega-\log m \tag{2-35}$$

则对应 $m=-1$, $b=-\log m$ 的直线方程。即质量元件速度导纳的幅频特性，在双对数坐标系中，为斜率等于−1 的直线。

将阻尼器元件速度导纳的幅值两端取对数，有

$$\log|MV(C)|=-\log C \tag{2-36}$$

为一常数，即阻尼器的速度导纳的幅频特性，在双对数坐标系中，仍为一水平直线。

【例题 2-1】 已知 $m=2.5\text{kg}$，$K=2\times10^4\text{N/m}$，$C=11\text{N}\cdot\text{s/m}$，试画出这三个元件速度导纳幅频特性直线图。

由 $MV[m]=\frac{1}{m\omega}=0.4\frac{1}{\omega}$，设 $\omega=10$、$MV[m]=4\times10^{-2}$，得到 A 点，再由−1 斜率可画出直线 AB。由 $MV[K]=\frac{\omega}{K}=\frac{\omega}{2\times10^4}$，$\omega=100$，$MV[m]=0.5\times10^{-2}\text{m/(N}\cdot\text{s)}$ 得到点 C，再由斜率为+1，画 45°线即得到弹簧速度导纳曲线（图 2-7）。

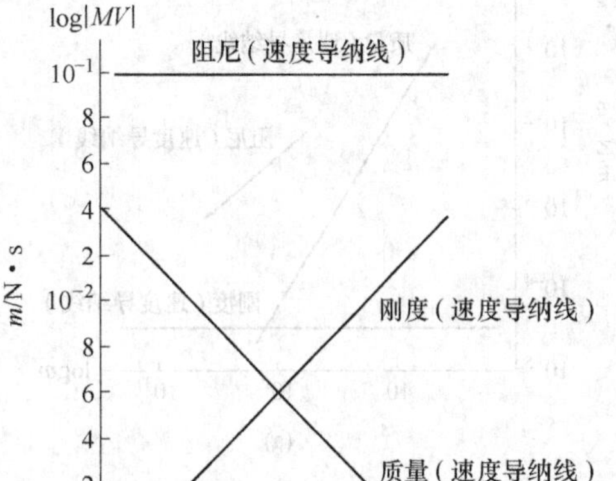

图 2-7　速度导纳幅频特性直线图

由 $MV[C]=\frac{1}{C}=\frac{1}{11}=0.0909\text{m/(N}\cdot\text{s)}$，得到水平线。

2.3.1.2　在双对数坐标系中的元件位移导纳特性及加速度导纳特性

弹簧元件的位移导纳特性

$$MD[K] = \frac{1}{K} \tag{2-37}$$

为一水平直线。

黏性阻尼器的位移导纳特性

$$MD[C] = \frac{1}{C\omega} \tag{2-38}$$

两边取对数，得

$$\log MD[C] = -\log\omega - \log C \tag{2-39}$$

为斜率为-1 的直线。

质量元件的位移导纳特性

$$MD[m] = \frac{1}{m\omega^2} \tag{2-40}$$

两边取对数，得

$$\log MD[m] = -2\log\omega - \log m \tag{2-41}$$

为斜率等于-2 的直线。仍以上面例题的数据，画出元件的位移导纳特性，如图 2-8（a）所示。

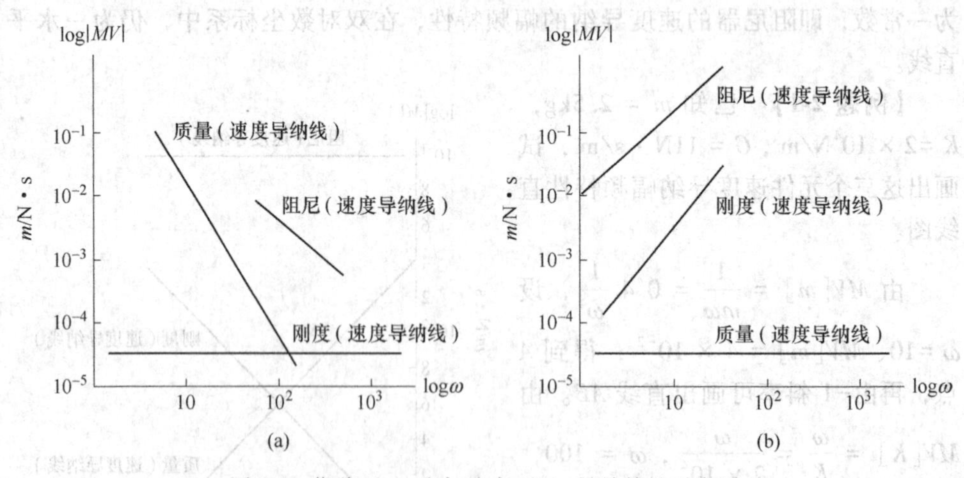

图 2-8　位移（a）和加速度（b）导纳特性示意图

诸元件的加速度导纳特性分别为：

（1）由 $MD[K] = \frac{\omega^2}{K}$、$\log MA[K] = 2\log\omega - \log K$，可知弹簧刚度加速度导纳特性，在双对数坐标中，是斜率等于+2 的直线。

（2）由 $MA[C]=\dfrac{\omega}{C}$、$\log MA[C]=\log\omega-\log C$，可知黏性阻尼加速度导纳特性，在双对数坐标中，是斜率等于+1 的直线。

（3）由 $MA[m]=\dfrac{1}{m}$、$\log MA[C]=-\log m$，可知质量的加速度导纳特性，在双对数坐标中，是一条水平直线。以上面例题的数据，画出的加速度导纳特性曲线，如图 2-8（b）所示。

根据上述结果，导纳测试的记录纸上常有专门的格式。采用双对数坐标，纵坐标是习惯上用分贝标度，横坐标用赫兹（Hz）标度，并画有质量线和刚度线。

2.3.2 骨架线法（Skeleton）

这个方法是利用元件的导纳直线，近似的勾画单自由度系统的导纳曲线，是 Salter J P 在《稳态振动（Steady-State Vibration）》一书中提出来的，对集中参数和分布参数系统均可采用。这个方法建立了元件导纳直线与系统导纳曲线间的关系，从而可以在已知元件参数时，大致勾画出系统的导纳曲线，估计振动的规律。反之，也是更为重要的一面，可由测出的总导纳曲线，估计元件的参数，如质量、刚度和阻尼等。

2.3.2.1 位移导纳的骨架线

已知位移导纳函数为

$$MD(\omega)=\frac{1}{K-m\omega^2+\mathrm{j}C\omega} \tag{2-42}$$

在远离共振区，阻尼对导纳响应的值影响甚小，可以不计。故设 $C=0$，将位移导纳写成如下两种形式：

$$MD(\omega)=\frac{1}{K-m\omega^2}=\frac{1}{K(1-\omega^{2m}/K)}=\frac{1}{K(1-\lambda^2)} \tag{2-43}$$

$$MD(\omega)=\frac{1}{-m\omega^2\left(1-\dfrac{K}{m\omega^2}\right)}=\frac{1}{-m\omega^2\left(1-\dfrac{1}{\lambda^2}\right)} \tag{2-44}$$

由式（2-43）可见，在远离共振区的低频端内，当 $\lambda=\omega/\omega_n\to 0$ 时（即 $\omega\ll\omega_n$），有

$$MD(\omega\to 0)=\frac{1}{K}=MD[K] \tag{2-45}$$

这表明，当激振频率低于固有频率 ω_n 时，受弹性约束系统的位移导纳的幅频特性，决定于约束弹簧的刚度，即系统的导纳曲线与弹簧的导纳直线为渐近线。当然，在低频段内系统的导纳和相频特性也与弹簧导纳相频特性接近：

$$\phi[\omega \to 0] = 0° = \phi[K] \tag{2-46}$$

由式（2-44）可见，在远离共振区的高频段内，当 $\lambda = \omega/\omega_n \to \infty$ 时（即 $\omega \gg \omega_n$），有

$$MD(\omega \to \infty) = \frac{1}{-\omega^2 m} = MD[m] \tag{2-47}$$

这表明，当激振频率超过固有频率 ω_n 很高时，受弹性约束系统的位移导纳的幅频特性，取决于系统的质量，即系统的导纳曲线以质量的导纳直线为渐近线。当然，高频段内系统导纳的相频特性也与质量的导纳相频特性接近，即

$$\phi[\omega \to \infty] = 180° = \phi[m] \tag{2-48}$$

在共振区附近，$\lambda \approx 1$，必须考虑阻尼的影响

$$MD(\omega_n) = \frac{1}{K\sqrt{(1-\lambda^2)^2 + (2\xi\lambda)^2}} \approx \frac{1}{2K\xi} \tag{2-49}$$

取对数

$$\log MD(\omega) = \log\frac{1}{K} + \log\frac{1}{2\xi} \tag{2-50}$$

于是在对数坐标中，在 ω_n 处，取 $ab = 1/K$，取 $bc = 1/2\zeta$，便得 $\omega = \omega_n$ 处的骨架。做 $1/K$ 水平线 db，过 b 做 be 斜率为-2 的质量线，于是 $abcde$ 即是并联约束系统的骨架，据此骨架线可近似勾画出导纳曲线（图 2-9）。

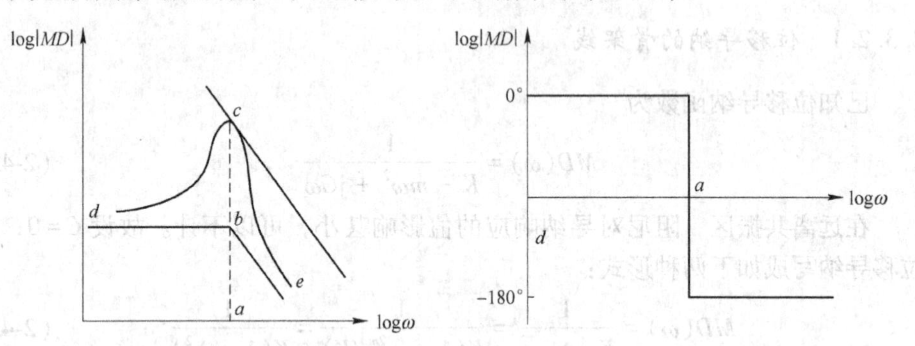

图 2-9　导纳曲线示意图

2.3.2.2　速度导纳骨架线

先画弹簧刚度的速度导纳 $MV[K]$ 是斜率为+1 的直线 bd。再画质量的速度导纳 $MV[m]$ 是斜率为-1 的直线 be，二直线相较于 b 点，对应固有频率 ω_n。这是因为在 b 点，

$$MV[K] = \frac{\omega b}{K} = MV[m] = \frac{1}{m\omega_b} \tag{2-51}$$

于是，

$$\omega_b^2 = \frac{K}{m} = \omega_n^2 \tag{2-52}$$

过 b 点做垂线交阻尼器的速度导纳 $MV[C]$ 的直线于 c 点，于是 $dbcbe$ 即是系统的导纳骨架线。由此可近似描绘系统的导纳曲线，可以证明呈近似对称的形式，如图 2-10 所示。

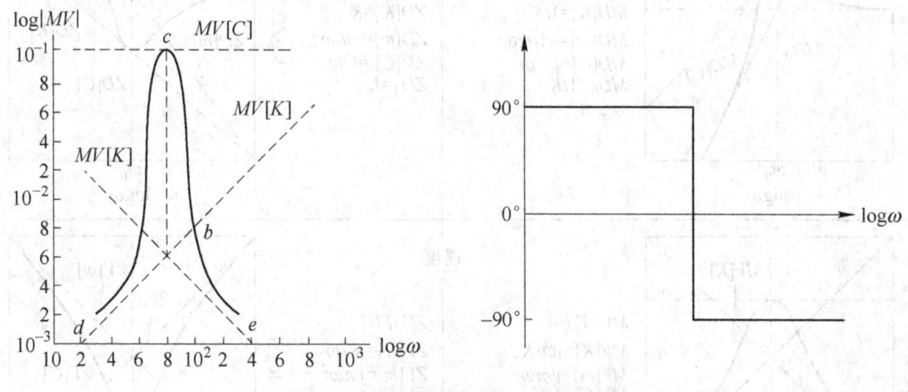

图 2-10 速度导纳骨架线示意图

2.3.2.3 并联系统的阻抗/导纳图

如图 2-11 所示，单自由度并联系统的导纳和阻抗。

2.3.2.4 单自由度自由串联系统

图 2-12 示出单自由度串联系统和与它对应的网络、电路图。先求激振点的位移导纳，由串联系统总导纳等于诸元件导纳之和，有

$$MD = MD[m] + MD[K] = -\frac{1}{m\omega^2} + \frac{1}{K} \tag{2-53}$$

$$= \frac{\omega^2 m - K}{K\omega^2 m} = \frac{\omega^2/\omega_n^2 - 1}{\omega^2 m} = \frac{\lambda^2 - 1}{\omega^2 m} \tag{2-54}$$

$$= \frac{\omega^2 m(1 - K/\omega^2 m)}{\omega^2 mK} = \frac{1 - 1/\lambda^2}{K} \tag{2-55}$$

现确定总导纳曲线的骨架线。如 $\omega \to 0$，则 $\lambda \to 0$ 在低频段式（2-54）可以化为

$$MD = -\frac{1}{\omega^2 m} = MD[m] \tag{2-56}$$

即总导纳曲线以质量导纳直线为渐近线。在高频段，当 $\omega \to \infty$，$\lambda \to \infty$，由式（2-55）有

$$MD = \frac{1}{K} \tag{2-57}$$

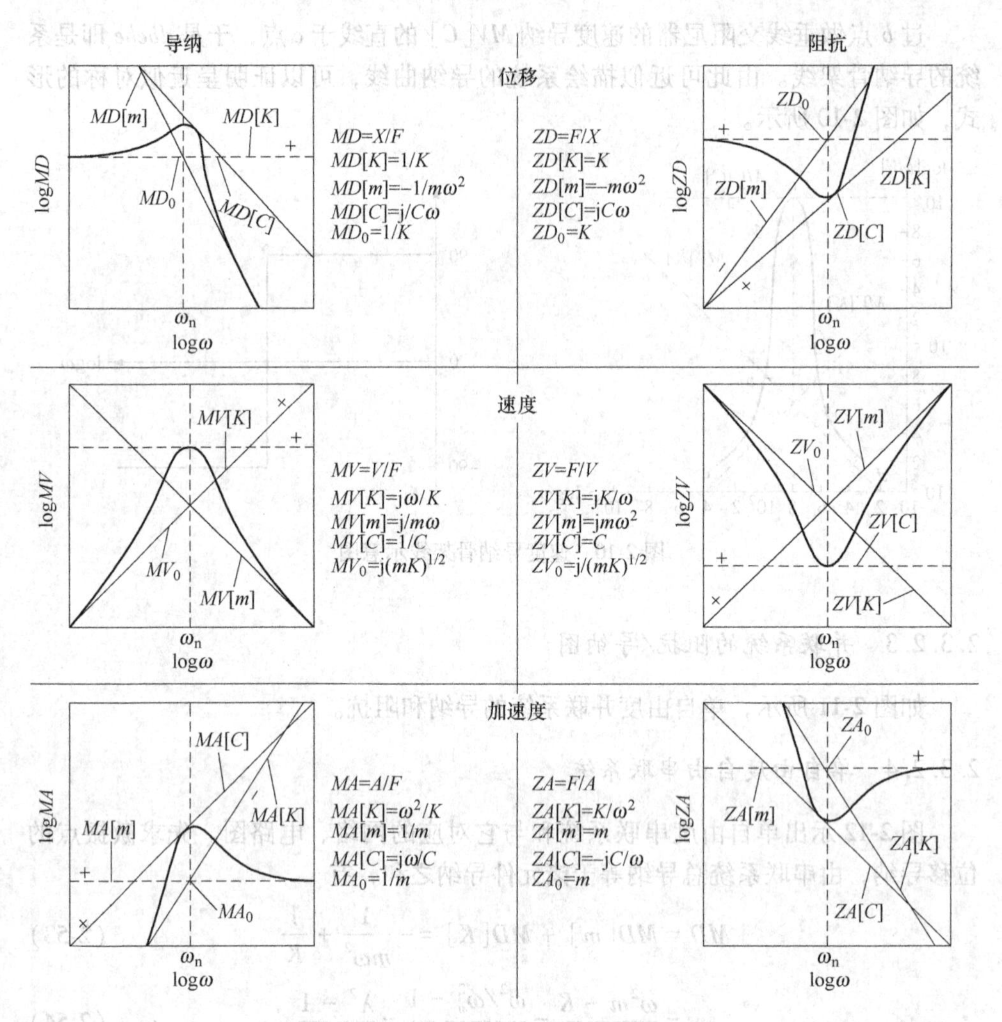

图 2-11　单自由度并联系统导纳、阻抗曲线

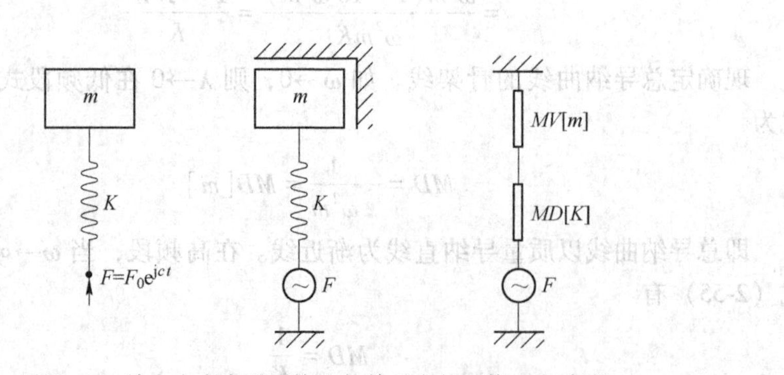

图 2-12　单自由度串联系统和与其对应的网络、电路图

即总导纳曲线以弹簧的导纳直线为渐近线。当 $\omega=\omega_n$，即 $\lambda=1$ 时，由式（2-54）、式（2-55），得 $MD=0$，称为反共振，反共振频率记为 ω_A。这时系统的导纳为最小，阻抗值为最大。这个系统的位移导纳和速度导纳的骨架线，分别如图 2-13（a）（b）所示。

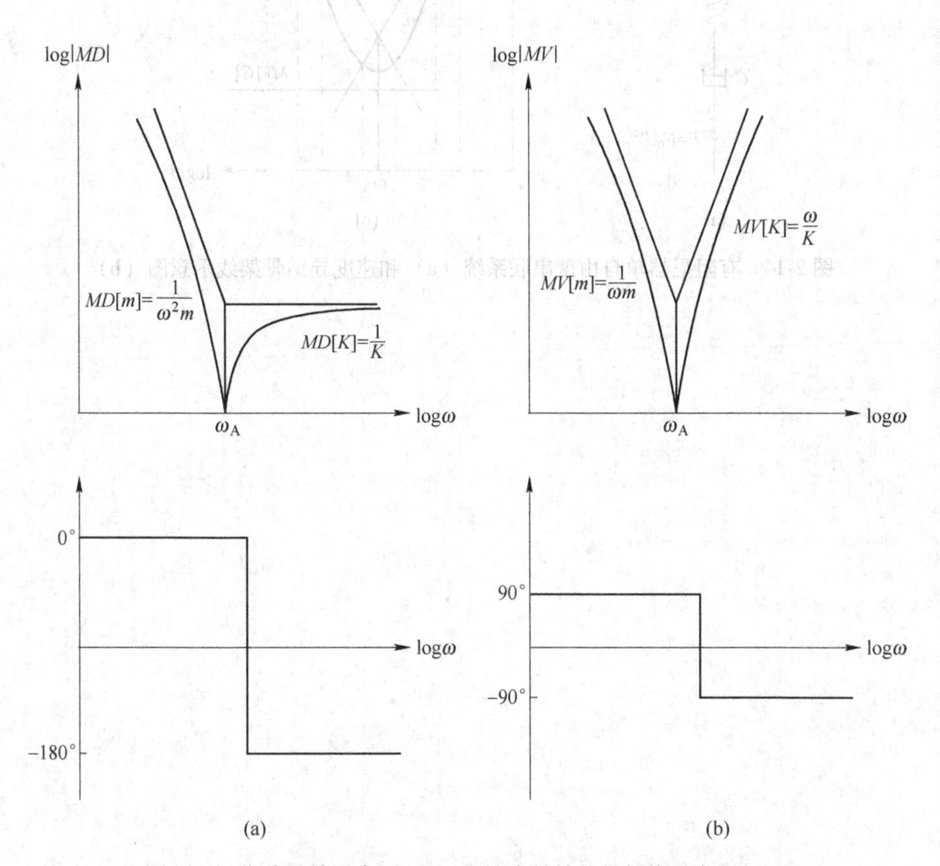

图 2-13 位移导纳示意图（a）和速度导纳的骨架线示意图（b）

$$MV = MV[m] + MV[K] + MV[C]$$

$$= -\frac{j}{m\omega} + \frac{j\omega}{K} + \frac{1}{C} \tag{2-58}$$

$$|MV| = \sqrt{\left(\frac{1}{C}\right)^2 + \left(\frac{\omega}{K} - \frac{1}{m\omega}\right)^2} \tag{2-59}$$

当 $\omega=\omega_n$ 时，$|MV|=1/C$ 为最小值，为反共振点。

有阻尼器单自由度串联系统如图 2-14 所示。

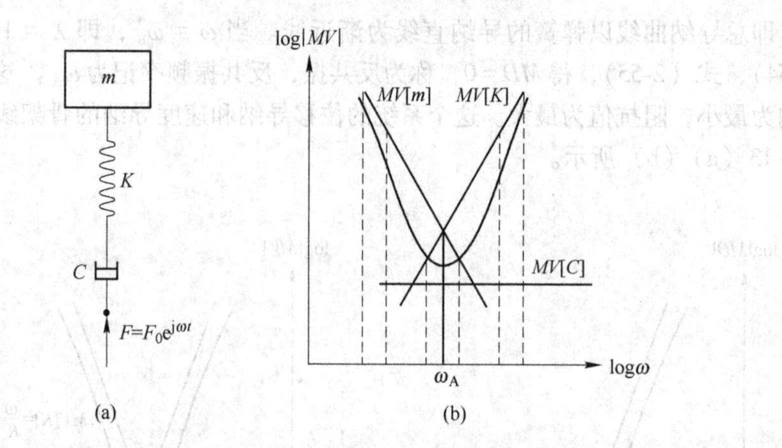

图 2-14　有阻尼器单自由度串联系统（a）和速度导纳骨架线示意图（b）

3　多自由度振动系统导纳分析

3.1　阻抗矩阵和导纳矩阵

3.1.1　阻抗矩阵和导纳矩阵概述

单自由度振动系统在简谐激励作用下的稳态响应特性，只需要一个而且只有一个描述系统的动态特性的原点导纳函数。两个自由度以上的振动系统，激振点和测量点可以有许多个，即使把激振点固定在某一点，测量点也有多个。这时，不仅有原点导纳函数，还有跨点（或传递）导纳函数。系统的动态特性就需要许多这样的函数才能描述得清楚。把这些函数组合起来就得到导纳矩阵或阻抗矩阵。

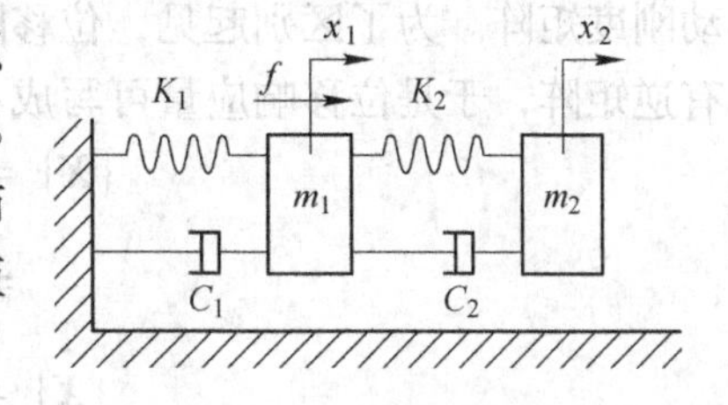

图 3-1　二自由度系统

现以接地约束两个自由度系统为例，建立阻抗矩阵或导纳矩阵的概念，如图 3-1 所示。

设在 m_1 上作用有正弦激振力 $f=Fe^{j\omega t}$，运动微分方程式为：

$$\begin{cases} m_1\ddot{X}_1 = -K_1X_1 + K_2(X_2 - X_1) - C_1\dot{X}_1 + C_2(\dot{X}_2 - \dot{X}_1) + f \\ m_2\ddot{X}_2 = -K_2(X_2 - X_1) - C_2(\dot{X}_2 - \dot{X}_1) \end{cases} \tag{3-1}$$

写成矩阵形式，有：

$$\begin{bmatrix} m_1 & 0 \\ 0 & m_1 \end{bmatrix} \begin{Bmatrix} \ddot{X}_1 \\ \ddot{X}_2 \end{Bmatrix} + \begin{bmatrix} C_1 + C_2 & -C_2 \\ -C_2 & C_2 \end{bmatrix} \begin{Bmatrix} \dot{X}_1 \\ \dot{X}_2 \end{Bmatrix} + \begin{bmatrix} K_1 + K_2 & -K_2 \\ -K_2 & K_2 \end{bmatrix} \begin{Bmatrix} X_1 \\ X_2 \end{Bmatrix} = \begin{Bmatrix} f \\ 0 \end{Bmatrix} \tag{3-2}$$

线性系统在简谐激振作用下，其稳态响应也是频率相同的简谐运动，故有如下形式的解：

$$\{\boldsymbol{X}\} = \begin{Bmatrix} \boldsymbol{X}_1 \\ \boldsymbol{X}_2 \end{Bmatrix} = \begin{Bmatrix} \phi_1 \\ \phi_2 \end{Bmatrix} e^{j(\omega t+\varphi)} \tag{3-3}$$

将式（3-3）代入式（3-2）中，归并项后有：

$$\begin{bmatrix} K_1 + K_2 - m_1\omega^2 + j\omega(C_1 + C_2) & -K_2 - jC_2\omega \\ -K_2 - jC_2\omega & K_2 - m_2\omega + jC_2\omega \end{bmatrix} \begin{Bmatrix} X_1 \\ X_2 \end{Bmatrix} = \begin{Bmatrix} f \\ 0 \end{Bmatrix} \tag{3-4}$$

可以写成:

$$\begin{bmatrix} Z_{11}(\omega) & Z_{12}(\omega) \\ Z_{21}(\omega) & Z_{22}(\omega) \end{bmatrix} \begin{Bmatrix} X_1 \\ X_2 \end{Bmatrix} = \begin{Bmatrix} f \\ 0 \end{Bmatrix} \tag{3-5}$$

或简写成:

$$[Z(\omega)]\{X\} = \{f\} \tag{3-6}$$

式中,$[Z(\omega)]$ 称为阻抗矩阵,$Z_{ij}(\omega)$ 为矩阵元素,一般是复数:

$$\left.\begin{aligned} Z_{11}(\omega) &= K_1 + K_2 - m_1\omega^2 + j\omega(C_1 + C_2) \\ Z_{12}(\omega) &= -K_2 - jC_2\omega = Z_{21} \\ Z_{22}(\omega) &= K_2 - m_2\omega^2 + jC_2\omega \end{aligned}\right\} \tag{3-7}$$

对多自由度系统,式(3-7)也成立。其中,$[Z(\omega)]$ 是位移阻抗矩阵,也叫动刚度矩阵。为了区别起见,位移阻抗矩阵记为 $[ZD(\omega)]$,是非奇异矩阵,故有逆矩阵,于是位移响应量可写成:

$$\begin{aligned} \{X\} &= [ZD(\omega)]^{-1}\{f\} \\ &= \frac{\operatorname{adj}[ZD(\omega)]}{\det[ZD(\omega)]}\{f\} \end{aligned} \tag{3-8}$$

$$\{X\} = [MD(\omega)]\{f\} \tag{3-9}$$

式中,$\operatorname{adj}[ZD(\omega)]$,$\det[ZD(\omega)]$ 分别为位移阻抗矩阵的伴随矩阵。行列式:$[MD(\omega)] = [ZD(\omega)]^{-1}$ 称为位移导纳矩阵。导纳矩阵是阻抗矩阵的逆矩阵,位移导纳矩阵也叫动柔度矩阵。二阶矩阵的伴随矩阵及行列式很容易求得,如下:

$$\operatorname{adj}[ZD(\omega)] = \begin{bmatrix} ZD_{22}(\omega) & -ZD_{12}(\omega) \\ -ZD_{21}(\omega) & ZD_{11}(\omega) \end{bmatrix} \tag{3-10}$$

$$\det[ZD(\omega)] = \begin{vmatrix} ZD_{11}(\omega) & ZD_{12}(\omega) \\ ZD_{21}(\omega) & ZD_{22}(\omega) \end{vmatrix} = ZD_{11}(\omega)ZD_{22}(\omega) - ZD_{12}^2(\omega) \tag{3-11}$$

于是,位移导纳矩阵为:

$$\begin{aligned} MD(\omega) &= \frac{1}{ZD_{11}(\omega)ZD_{22}(\omega) - ZD_{12}^2(\omega)} \begin{bmatrix} ZD_{22}(\omega) & -Z_{12}D(\omega) \\ -ZD_{12}(\omega) & ZD_{11}(\omega) \end{bmatrix} \\ &= \begin{bmatrix} MD_{11}(\omega) & MD_{12}(\omega) \\ MD_{21}(\omega) & MD_{22}(\omega) \end{bmatrix} \end{aligned} \tag{3-12}$$

当质量 m_1 上有激振力 $f = Fe^{j\omega t}$ 时,可求出:

$$
\begin{aligned}
\boldsymbol{X}_1 &= \boldsymbol{MD}_{11}(\omega)f = \frac{\boldsymbol{ZD}_{22}(\omega)}{\boldsymbol{ZD}_{11}(\omega)\boldsymbol{ZD}_{22}(\omega) - \boldsymbol{ZD}_{12}^2(\omega)}f \\
\boldsymbol{X}_2 &= \boldsymbol{MD}_{21}(\omega)f = \frac{-\boldsymbol{ZD}_{12}(\omega)}{\boldsymbol{ZD}_{11}(\omega)\boldsymbol{ZD}_{22}(\omega) - \boldsymbol{ZD}_{12}^2(\omega)}f
\end{aligned} \tag{3-13}
$$

引入复振幅记号，故：

$$
\boldsymbol{MD}_{11}(\omega) = \frac{\tilde{\boldsymbol{X}}_1}{\tilde{f}} = -\frac{\phi_z \mathrm{e}^{\mathrm{j}(\omega t+\varphi)}}{F\mathrm{e}^{\mathrm{j}\omega t}} = \frac{\phi_z \mathrm{e}^{\mathrm{j}\varphi}}{F} \tag{3-14}
$$

$$
\boldsymbol{MD}_{21}(\omega) = \frac{\tilde{\boldsymbol{X}}_2}{\tilde{f}} = \frac{\phi_z \mathrm{e}^{\mathrm{j}\omega}}{F} \tag{3-15}
$$

式（3-14）表示 m_1 处的位移响应复振幅 $\tilde{\boldsymbol{X}}_1$ 与 m_1 处激振力的复数振幅 $\tilde{f}$ 之比，$\boldsymbol{MD}_{11}(\omega)$ 为 1 点的原点导纳。同理 $\boldsymbol{MD}_{21}(\omega)$ 为 m_2 处的位移响应复振幅 $\tilde{\boldsymbol{X}}_2$ 与 m_1 处作用的激振力的复数振幅 $\tilde{f}$ 之比，即跨点导纳或称为由 m_1 点到 m_2 点的传递函数。

3.1.2 阻抗矩阵、导纳矩阵中元素的物理解释

先看阻抗矩阵 $[\boldsymbol{ZD}(w)]$ 中的第 p 行第 l 列元素 $\boldsymbol{ZD}_{pl}$（ω），设 $p < l$。如果采用 p 点激振，l 点测量。则激振力列向量可以写成：

$$
\{f\} = \{0, 0, f_p, \cdots 0\}^{\mathrm{T}}
$$

为了得到简单明显的关系，假设除 l 点外，系统各点均受到约束（使坐标保持不动），即 $x_i=0$（$i \neq l$），于是系统的位移列向量为：

$$
\{\boldsymbol{X}\} = \{0,\ 0,\ 0,\ \cdots,\ x_l,\ 0,\ \cdots,\ 0\}
$$

这样式（3-6）可以写成：

$$
\begin{bmatrix} p & & l \\ \vdots & & \\ \vdots & & \boldsymbol{ZD}_{pl} \\ \vdots & & \vdots \\ \vdots & & \vdots \\ \vdots & & \vdots \end{bmatrix}
\begin{Bmatrix} 0 \\ 0 \\ \vdots \\ \vdots \\ \vdots \\ x_e \\ \vdots \\ \vdots \\ 0 \end{Bmatrix}
=
\begin{Bmatrix} 0 \\ f_p \\ \vdots \\ \vdots \\ \vdots \\ 0 \\ \vdots \\ \vdots \\ 0 \end{Bmatrix} \tag{3-16}
$$

展开可得：

$$\boldsymbol{ZD}_{pl}(\omega)=\frac{\tilde{f}_p}{\tilde{\boldsymbol{X}}_l} \tag{3-17}$$

于是，$\boldsymbol{ZD}_{pl}(\omega)$ 可以解释为：在 p 点单点激振，在 l 点测量，且当系统其余各点都约束不动时，得到的阻抗值，故称约束阻抗。按照这种理解，要想测量阻抗矩阵中的元素，除简单系统外是相当困难的，相反利用导纳矩阵则可避免这一困难。

导纳矩阵 $[\boldsymbol{MD}(\omega)]$ 中，第 l 行第 p 列元素 $\boldsymbol{MD}_{lp}(\omega)$，仍假说在 p 点单点激振，在 l 点测量，各点不受约束。于是式（3-9）可以写成：

$$\begin{Bmatrix} X_1 \\ X_2 \\ \vdots \\ X_l \\ \vdots \\ X_n \end{Bmatrix} = \begin{bmatrix} & p & & l & \\ & \vdots & & \vdots & \\ & \boldsymbol{MD}_{lp} & & \vdots & \\ & \vdots & & \vdots & \\ & \vdots & & \vdots & \end{bmatrix} \begin{Bmatrix} 0 \\ 0 \\ f_p \\ \vdots \\ \vdots \\ \vdots \\ 0 \end{Bmatrix} \tag{3-18}$$

展开得：

$$\boldsymbol{MD}_{lp}(\omega)=\frac{\tilde{X}_l}{\tilde{f}_p} \tag{3-19}$$

这时，$\boldsymbol{MD}_{lp}(\omega)$ 正是当 p 点单点激振，在 l 点测量时的传递导纳。测量 $\boldsymbol{MD}_{lp}(\omega)$ 元素时，不需对系统除 l 点外的其余坐标加以约束，所以是容易实现的。这也是在振动测试中，常常测量导纳值而不测量阻抗值的道理。

3.1.3　跨点导纳（阻抗）的互易定理

在实际振动系统中，质量矩阵［$\boldsymbol{M}$］、阻尼矩阵［$\boldsymbol{C}$］、刚度矩阵［$\boldsymbol{K}$］全是对称矩阵。所以有：

$$\begin{aligned} \boldsymbol{MD}_{ij}(\omega) &= \boldsymbol{MD}_{ji}(\omega) \qquad i\neq j \\ \boldsymbol{ZD}_{ij}(\omega) &= \boldsymbol{ZD}_{ji}(\omega) \qquad i\neq j \end{aligned} \tag{3-20}$$

即导纳（阻抗）矩阵也是对称矩阵，表示在 j 点激振 i 点测量，和在 i 点激振 j 点观测所得的导纳（阻抗）函数相等。互易定理在材料力学、结构力学和弹性力学中都成立，指的是静力变形的互易关系。而上式则是动力响应的互易关系，振动理论中称之为动力响应的互等定理。

在导纳测试中，利用互易定理，可以检验测试系统的可靠性和测试结果的精确度。

3.2 接地约束系统的原点、跨点导纳特性

导纳矩阵中的对角线元素，都是原点导纳函数。以两个自由度接地约束系统为例，由式（3-14），有：

$$MD_{11}(\omega)=\frac{\tilde{X}_1}{\tilde{f}}=\frac{K_2-m_2\omega^2+jC_2\omega}{\det[ZD(\omega)]} \tag{3-21}$$

$$\det[ZD(\omega)]=[(K_1+K_2)-m_1\omega^2+j\omega(C_1+C_2)](K_2-m_2\omega^2+jC_2\omega)-(K_2+jC_2\omega)^2 \tag{3-22}$$

为简单起见，略去阻尼值，令 $C_1=C_2=0$，于是，

$$MD_{11}(\omega)=\frac{K_2-m_1\omega^2}{[(K_1+K_2)-m_1\omega^2](K_2-m_2\omega^2)-K_2^2} \tag{3-23}$$

3.2.1 共振频率及反共振频率

式（3-23）的分母为 ω^2 的二次多项式，可以写成因式分解的形式。每个因式即为 $\det[ZD(\omega)]=0$ 特征方程式的根。

由

$$[(K_1+K_2)-m_1\omega^2](K_2-m_2\omega^2)-K_2^2=0 \tag{3-24}$$

展开可得：

$$\omega^4-\left(\frac{K_1}{m_1}+\frac{K_2}{m_2}+\frac{K_3}{m_1}\right)\omega^2+\frac{K_1K_2}{m_1m_2}=0 \tag{3-25}$$

解得：

$$\left.\begin{matrix}\omega_{n_1}^2\\ \omega_{n_2}^2\end{matrix}\right\}=\frac{1}{2}\left[\left(\frac{K_2}{m_2}+\frac{K_1+K_2}{m_1}\right)\pm\sqrt{\left(\frac{K_2}{m_2}+\frac{K_1+K_2}{m_1}\right)^2-4\frac{K_1K_2}{m_1m_2}}\right] \tag{3-26}$$

是系统的固有频率。于是式（3-23）的分母可写成分解因式

$$m_1m_2(\omega^2-\omega_{n_1}^2)(\omega^2-\omega_{n_2}^2) \tag{3-27}$$

同样，令

$$\omega_A=\sqrt{K_2/m_2} \tag{3-28}$$

则式（3-23）的分子可以写成因式分解式：

$$m_2(\omega_A^2-\omega) \tag{3-29}$$

于是，

$$MD_{11}(\omega)=\frac{m_2(\omega_A^2-\omega^2)}{m_1m_2(\omega^2-\omega_{n_1}^2)(\omega^2-\omega_{n_2}^2)} \tag{3-30}$$

当激振频率 ω 由小到大经过 ω_{n_1}、ω_A、ω_{n_2} 时，会出现共振反共振现象。如

果 $\omega^2 \to \omega_{n_1}^2$，$\omega^2 \to \omega_{n_2}^2$ 时，导纳趋于无穷，即

$$MD_{11}(\omega_{n_1}、\omega_{n_2}) \to \infty \tag{3-31}$$

称为共振现象，对应的频率即共振频率。

当 $\omega^2 = \omega_A^2$ 时，导纳等于零，即 $MD_{11}(\omega_A) = 0$，即阻抗等于无限大，称为反共振现象，ω_A 即称为反共振频率。

动力消振器就是利用反共振现象原理。可以这样解释，当工作频率 $\omega = \omega_A$ 时，$ZD_{11}(\omega_1) \to \infty$，即质量块 m_1 的阻抗为无穷大，表现出 m_1 静止不动（$X_1 = 0$）。这时，$\omega_A = \sqrt{K_2/m_2}$ 正是子系统 K_2、m_2 的固有频率，所以质量块 m_2 振动的很强烈。在多自由度系统中，原点反共振现象表现为局部振动很强烈，需给予注意。工程中常利用反共振现象达到减振、隔振或降低噪声等目的。

3.2.2 共振、反共振频率出现的次序

反共振频率出现的次序是有规律性的，和共振频率交替出现。对接地约束系统是先出现共振频率，其次出现反共振频率。对于自由—自由系统则先出现反共振频率，其次出现共振频率，以后交替出现。下面仍以两个自由接地约束系统为例，用几何法证明这一关系。即：

$$\omega_{n_1} < \omega_A < \omega_{n_2}$$

取一水平频率轴 $o\omega$，在轴上取 $on_1 = \omega_{n_1}^2$，$on_2 = \omega_{n_2}^2$。以 n_1n_2 为直径画圆，圆心在 o_1，如图 3-2 所示。在 $o\omega$ 轴上方作一水平线，令与 $o\omega$ 轴的距离等于 $K_2/\sqrt{m_1m_2}$，交圆周于 R_1、R_2 点。由 R_1 和 R_2 向 $o\omega$ 作垂线，垂足为 A_1、A_2，则 $oA_1 = \omega_A^2$。

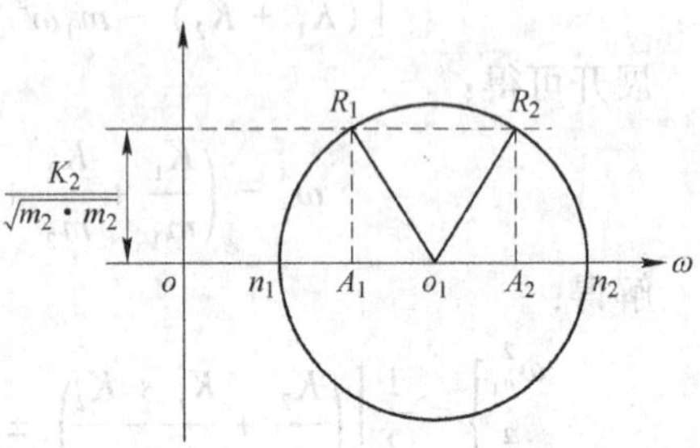

图 3-2 导纳圆

由于：

$$oo_1 = \frac{1}{2}(on_1 + on_2) = \frac{1}{2}(\omega n_1^2 + \omega n_2^2)$$

$$= \frac{1}{2}\left(\frac{K_2}{m_2} + \frac{K_1 + K_2}{m_1}\right)$$

$$o_1n_2 = on_2 - oo_1 = \frac{1}{2}\sqrt{\left(\frac{K_2}{m_2} + \frac{K_1 + K_2}{m_1}\right)^2 - 4\frac{K_1K_2}{m_1m_2}}$$

$$oA_1 = oo_1 - o_1A_1 = oo_1 - \sqrt{\overrightarrow{o_1R_1}^2 - \overrightarrow{A_1R_1}^2}$$

$$= \frac{1}{2}\left(\frac{K_2}{m_2} + \frac{K_1 + K_2}{m_1}\right) - \frac{1}{2}\sqrt{\left(\frac{K_2}{m_2} + \frac{K_1 + K_2}{m_1}\right)^2 - 4\frac{K_1K_2}{m_1m_2} - 4\frac{K_2^2}{m_1m_2}}$$

$$= \frac{K_2}{m_2} = \omega_A^2$$

故 $on_1 < oA_1 < on_2$，即 $\omega_{n_1} < \omega_A < \omega_{n_2}$，证毕。

图中 $oA_2 = \omega_{A_2}^2 = \dfrac{K_1 + K_2}{m_1}$，是当把激振力从质量块 m_1 处移到质量块 m_2 上后，系统的反共振频率，它也是介于两个固有频率之间，读者可自证之。

3.2.3 接地约束系统原点导纳特征的骨架线

若已求得原点导纳函数 $MD_{ii}(\omega)$，便可取频率为水平轴，画出幅频及相频特性曲线，采用双对数坐标画出的幅频特性曲线叫伯德图（Bode Diagram）。在双对数坐标系中，质量、刚度、阻尼等元件的导纳图形均为直线，还可以用它们表示幅频、相频特性曲线的渐近线，这些渐近线构成了幅频特性曲线的骨架线。从骨架线能够看出导纳幅频特性变化的趋势，也可以检测结果是否正确，对简单的系统还可以利用骨架线估算系统的参数。仍以两个自由度接地约束系统为例。

先推倒骨架线方程式，由式（3-30）出发，自分母中提出 $\omega_{n_1}^2$，$\omega_{n_2}^2$，分子中提出 ω_A^2，再根据 $\omega_A = \sqrt{K_2/m_2}$ 及二次方程根的韦达定理

$$\omega_{n_1}^2 \omega_{n_2}^2 = K_1 K_2 / m_1 m_2 \tag{3-32}$$

于是有：

$$MD_{11}(\omega) = \frac{\omega_A^2(1 - \omega^2/\omega_A^2)}{m_1 \omega_{n_1}^2 \omega_{n_2}^2 (1 - \omega^2/\omega_{n_1}^2)(1 - \omega^2/\omega_{n_2}^2)} \tag{3-33}$$

$$MD_{11}(\omega) = \frac{1}{K_1} \frac{1 - \omega^2/\omega_A^2}{(1 - \omega^2/\omega_{n_1}^2)(1 - \omega^2/\omega_{n_2}^2)} \tag{3-34}$$

再由式（3-30），分子分母各除以 ω^4 后，有：

$$MD_{11}(\omega) = \frac{1 - \omega_A^2/\omega^2}{-m_1 \omega^2 (1 - \omega_{n_1}^2/\omega^2)(1 - \omega_{n_2}^2/\omega^2)} \tag{3-35}$$

当激振频率 ω 值很低时，即 $\omega \ll \omega_{n_1}$，且 $\omega \to 0$，由式（3-34），得该低频段骨架线：

$$MD_{11}(\omega \to 0) = \frac{1}{K_1} = MD[K_1] \tag{3-36}$$

这表明，在低频段，系统导纳的幅频曲线以弹簧 K_1 的位移导纳直线为渐近线。同理，系统的相频特性曲线也以弹簧的相频特性为渐近线，即零相位直线。即当激振频率 ω 很低时，两个质量块 m_1、m_2 基本上一起作同相振动，惯性力很小，可以看成仅由弹簧 K_1 的弹性力与外界激振力呈平衡。

当激振频率 ω 的值很高时，即 $\omega \gg \omega_{n_2}$，$\omega \to 0$，由式（3-35），得高频骨架线。

$$MD_{11}(\omega \to \infty) = -\frac{1}{m_1\omega^2} = MD[m_1] \tag{3-37}$$

这表明，在高频段激振时，系统的导纳特性是以质量块 m_1 的导纳为主。所以，系统的导纳以 m_1 的导纳直线为渐近线。同理，系统的相频特性也是以质量 m_1 的相频直线 - 180° 为渐近线。即当很高频率在 m_1 上激振时，质量块 m_2 的惯性力相对很小，弹簧 K_1、K_2 的弹性力相对也不大，但质量块 m_1 的惯性力相对很大。故可以看成仅由质量块 m_1 的惯性力与外界激振力呈平衡。

在中间频段激振时，即 $\omega_{n_1} < \omega_A < \omega_{n_2}$。由振动理论知，在每一固有频率附近，振幅出现一个峰值，表现为一个主振动。在这个共振区域附近，我们可以利用一个单自由度系统与此系统等效。由第 2 章已知一个单自由度系统的骨架线是由刚度导纳和质量导纳线组成。所以，按这一思想，多自由度系统的原点导纳骨架线，也可以由许多刚度导纳线和质量导纳线所组成。下面求等效刚度和等效质量并画它们的导纳线。

在第一固有频率 ω_{n_1} 附近，已经有了系统近似的等效刚度 K_1，由此可以求出等效单自由度系统的等效质量 $m_{e1} = K_1/\omega_{n_1}$，它的位移导纳函数：

$$MD[m_{e1}] = \frac{1}{\omega^2 m_{e1}} \tag{3-38}$$

是斜率为-2 的直线。它在 ω_{n_1} 处取值为 $1/K_1$。

在第二固有频率 ω_{n_2} 附近，已经有了系统近似的等效质量 $m_1 = m_{e2}$，由此可以求出第二个等效单自由度系统的等效刚度 $K_{e2} = m_1\omega_{n_2}^2$。

根据上面求得的数据，下面介绍骨架线的作图法。

设已知 m_1、m_2、K_1、K_2，便可计算出 ω_{n_1}、ω_{n_2}、ω_A。取对数坐标轴，水平轴为频率 ω，纵坐标为导纳的幅值的对数和相位角值。做低频位移导纳渐近线 QR_1，导纳值 $OQ = MD[K_1] = 1/K_1$，交第一固有频率 ω_{n_1} 处画出的垂线 R_1。自 R_1 点做斜率为-2 的表示第一等效质量 m_{e1} 的导纳线 R_1A，交由反共振频率 ω_A 引出的垂线于 A 点，过 A 做水平线交由 ω_{n_2} 引出的垂线于 R_2，过 R_2 做斜率为-2 的第二等效质量 m_{e2} 的导纳线 R_2B。则 QR_1AR_2B 即是所求的骨架线。据此可以近似勾画出位移导纳的幅频及相频特性曲线，如图 3-3 所示。下面证明 AR_2 直线就是第二等效刚度 K_{e2} 的导纳直线。

由第一等效质量 m_{e1}，在 A 点的导纳值为：

$$MD(A) = \frac{1}{\omega_A^2 m_{e1}} = \frac{1}{\dfrac{K_2}{m_2}\dfrac{K_1}{\omega_{n_1}}} = \frac{m_2}{K_1K_2}\omega_{n_1}^2 \tag{3-39}$$

由第二等效质量 m_{e2} 在 R_2 点的导纳值为：

$$MD(R_2) = \frac{1}{\omega_{n_2}^2 m_1} = \frac{1}{K_{e2}} \quad (3\text{-}40)$$

将 $\omega_{n_2}^2$ 代入，经过分母有理化，得

$$MD(R_2) = \frac{m_2}{K_1 K_2}\omega_{n_1}^2 = MD(A) \quad (3\text{-}41)$$

即 AR_2 与水平轴平行，这正表明在第二固有频率 ω_{n_2} 处，与质量 $m_{e2} = m_1$ 所组成等效单个自由度系统的等效刚度 K_{e2} 的导纳直线。

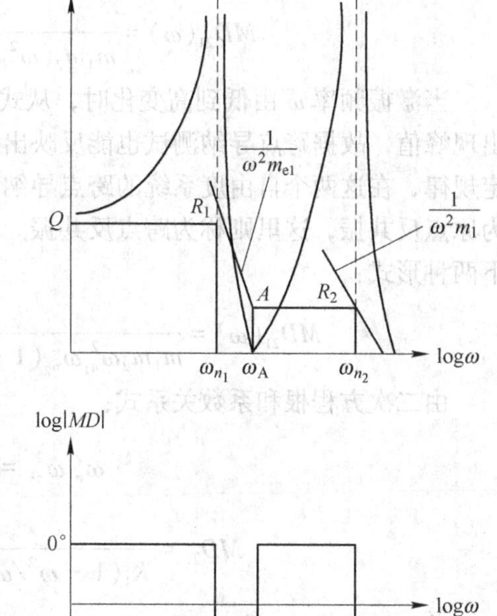

图 3-3 位移导纳的幅频及相频特性曲线示意图

3.2.4 速度导纳的骨架线

在双对数坐标系中，刚度导纳是斜率等于+1 的直线，质量导纳是斜率等于-1 的直线。对图 3-1 描述的系统，可按同样方法画出速度导纳骨架线。在低频段先画 K_1 刚度的速度导纳直线 QR_1，交由 ω_{n_1} 引出自垂线于 R_1。过 R_1 画第一等效质量 m_{e1} 的速度导纳直线 R_1A，交由 ω_A 引出的垂线于 A 点。过 A 点画第二等效刚度 K_{e2} 的速度导纳直线 AR_2，交从 $\omega_{n_1}\omega_{n_2}$ 引出的垂线于 R_2。过 R_2 画第二等效质量 $m_{e2} = m_1$ 的速度导纳直线 R_2B。则 QR_1AR_2B 即是所求的骨架线。借此可以勾画出速度导纳的幅频曲线，如图 3-4 所示。

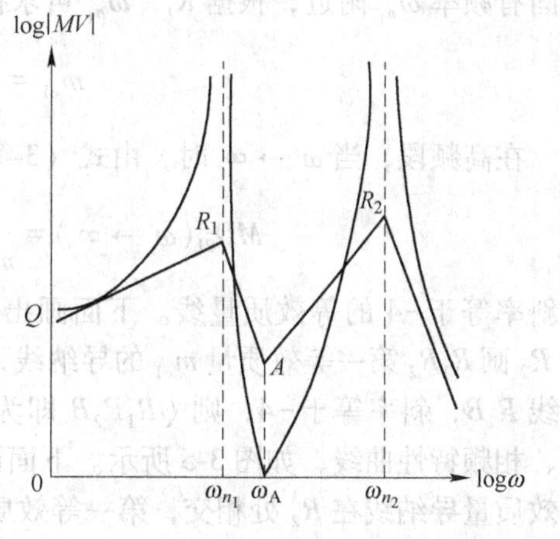

图 3-4 速度导纳的幅频曲线示意图

3.2.5 跨点导纳特性及其骨架线

由式（3-15）

$$MD_{21}(\omega) = \frac{\tilde{X}_2}{\tilde{f}} = \frac{K_2 + jC_2\omega}{\det[ZD(\omega)]} \quad (3\text{-}42)$$

暂略去阻尼，令 $C_1 = C_2 = 0$，并将分母写成因式分解形式：

$$MD_{21}(\omega) = \frac{K_2}{m_1 m_2(\omega^2 - \omega_{n_1}^2)(\omega^2 - \omega_{n_2}^2)} \tag{3-43}$$

当激振频率 ω 由低到高变化时，从式（3-43）可以看出，在固有频率附近会出现峰值，故据跨点导纳测试也能反映出系统的固有频率。反共振现象则没有一定规律，在这两个自由度系统的跨点导纳中没有反共振。为区别起见，前面的称为原点反共振，这里则称为跨点反共振。下面推倒骨架线。将式（3-43）写成如下两种形式：

$$MD_{21}(\omega) = \frac{K}{m_1 m_2 \omega_{n_1}^2 \omega_{n_2}^2 (1 - \omega^2/\omega_{n_1}^2)(1 - \omega^2/\omega_{n_2}^2)} \tag{3-44}$$

由二次方程根和系数关系式：

$$\omega_{n_1}^2 \omega_{n_2}^2 = \frac{K_1 K_2}{m_1 m_2} \tag{3-45}$$

$$MD_{21} = \frac{1}{K_1(1 - \omega^2/\omega_{n_1}^2)(1 - \omega^2/\omega_{n_2}^2)} \tag{3-46}$$

又

$$MD_{21} = \frac{K_2}{m_1 m_2 \omega^4 (1 - \omega_{n_1}^2/\omega^2)(1 - \omega_{n_2}^2/\omega^2)} \tag{3-47}$$

在低频段，当 $\omega \to 0$ 时，由式（3-46），得：

$$MD_{21}(\omega \to 0) = \frac{1}{K_1} = MD[K_1] \tag{3-48}$$

即当激振频率很低时，系统的位移导纳曲线仍以弹簧 K_1 的导纳为渐近线。在第一固有频率 ω_{n_1} 附近，根据 K_1 、ω_{n_1} 可求得第一等效质量：

$$m_{e1} = \frac{K_1}{\omega_{n_1}} \tag{3-49}$$

在高频段，当 $\omega \to \infty$ 时，由式（3-47），得：

$$MD_{21}(\omega \to \infty) = \frac{K_2}{m_1 m_2 \omega^4} = \frac{\omega_A^2/\omega^2}{m_1 \omega^2} \tag{3-50}$$

是斜率等于−4 的等效质量线。下面画出骨架线。先画出 QR_1 低频导线渐近线，自 R_2 画 R_1R_2 第一等效质量 m_{e1} 的导纳线，斜率等于−2。过 R_2 画高频等效质量导纳线 R_2B，斜率等于−4，则 QR_1R_2B 即为所求的骨架线。据骨架线描绘出的幅频、相频特性曲线，如图 3-5 所示。下面证明第一等效质量的导纳线，恰与高频等效质量导纳线在 R_2 处相交，第一等效质量导纳在 R_2 处的值：

$$MD_{21}(R_2) = \frac{1}{me_1 \omega_{n_2}^2} = \frac{\omega_{n_1}^2}{K_1 \omega_{n_2}^2} \tag{3-51}$$

高频等效质量导纳在 R_2' 处的值：由 $\omega_{n_1}^2\omega_{n_2}^2 = K_1K_2/m_1m_2$，得

$$ND_{21}(R_2') = \frac{K_2}{m_1m_2\omega_{n_2}^4} = \frac{K_2}{m_1m_2\omega_{n_2}^2\dfrac{\omega_{n_1}^2}{\omega_{n_1}^2}} = \frac{\omega_{n_1}^2}{K_1\omega_{n_2}^2} \tag{3-52}$$

二者相等，R_2 和 R_2' 重合即 R_1R_2 为一条直线。

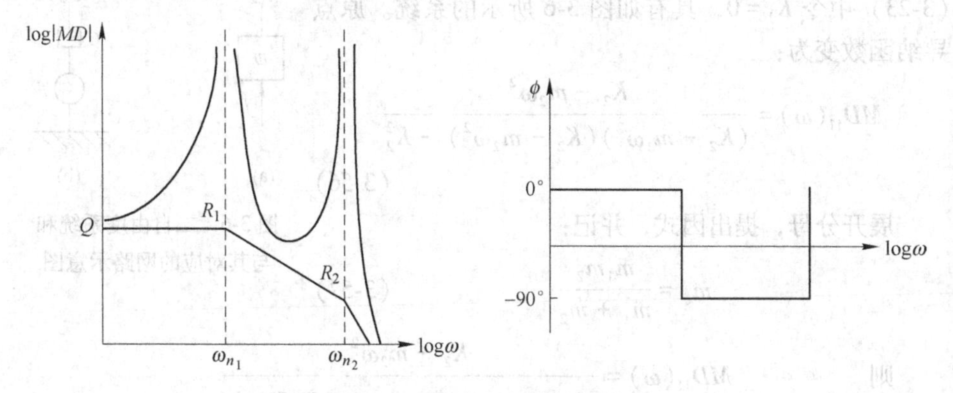

图 3-5　幅频、相频特性曲线

利用原点跨点导纳求振型。式（3-14）和式（3-15），当 $C_1 = C_2 = 0$ 时有：

$$\frac{X_2}{X_1} = \frac{MD_{21}}{MD_{11}} = \frac{K_2}{K_2 - m_2\omega^2} = \rho \tag{3-53}$$

当 $\omega = \omega_{n_1}$ 时，得第一振型：

$$\rho_1 = \frac{X_2}{X_1} = \frac{K_2}{K_2 - m_2\omega_{n_1}^2} \tag{3-54}$$

当 $\omega = \omega_{n_2}$ 时，得第二振型：

$$\rho_2 = \frac{X_2}{X_1} = \frac{K_2}{K_2 - m_2\omega_{n_2}^2} \tag{3-55}$$

若令 $X_1 = 1$。则振型矩阵为：

$$[\phi] = \begin{bmatrix} 1 & 1 \\ \rho_1 & \rho_2 \end{bmatrix}$$

实际上每阶振型中的原点导纳 MD_{11} 是相同的，根据振型是相对量之比，所以确定振型时，主要取决于跨点导纳函数。

3.3　自由—自由系统的导纳特性

实际振动测量中对试件常采用固定或悬吊方式。一是用螺钉或虎钳固定在质量很大的基础上，称为接地约束系统。另一种是用柔软弹簧吊起来模拟自由—自

由状态。两种方式得到的导纳曲线在形式上有所不同。还是以两个自由度无阻尼系统为例。

3.3.1　原点导纳特性

当略去阻尼，没有弹簧 K_1 约束时，相当于式（3-23）中令 $K_1=0$，具有如图 3-6 所示的系统。原点导纳函数变为：

$$MD_{11}(\omega)=\frac{K_2-m_2\omega^2}{(K_2-m_1\omega^2)(K_2-m_2\omega^2)-K_2^2} \tag{3-56}$$

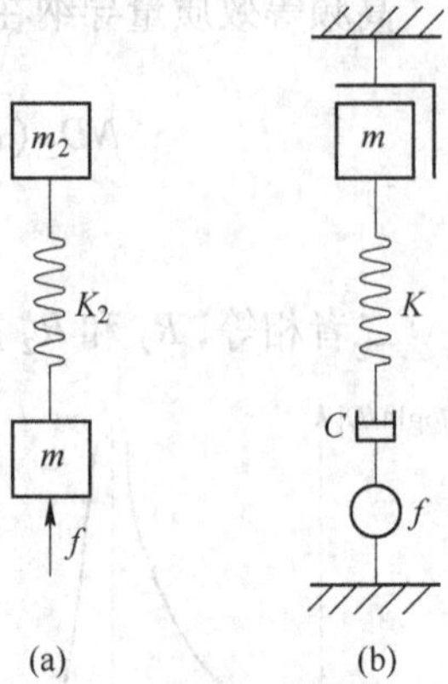

(a)　(b)

图 3-6　二自由度系统和与其对应的网路示意图

展开分母，提出因式，并记：

$$m_c=\frac{m_1m_2}{m_1+m_2} \tag{3-57}$$

则

$$MD_{11}(\omega)=\frac{K_2-m_2\omega^2}{\omega^2(m_1+m_2)\left(K_2-\omega^2\dfrac{m_1m_2}{m_1+m_2}\right)}$$

$$=\frac{K_2-m_2\omega^2}{\omega^2(m_1+m_2)(K_2-\omega^2m_c)} \tag{3-58}$$

当激振频率 ω 从小变大，如 $\omega^2=\omega_n^2=K_2/m_c$ 时，则分母为零导纳趋于无穷，称 ω_n 为共振频率。由于取消了约束弹簧 K_1，一个振动自由度变为刚体运动自由度，故只有一个共振频率。当频率 $\omega^2=\omega_A^2=K_2/m_2$ 时，$MD_{11}(\omega_A)=0$，出现反共振。第一个固有振动由刚体运动所代替，所以，反共振频率在先，共振频率在后地互相交替出现。可以证明 $\omega_A<\omega_{n_0}$：

$$\omega_n=\sqrt{\frac{K_2}{m_c}}=\sqrt{\frac{K_2}{\dfrac{m_1m_2}{m_1+m_2}}}=\sqrt{\frac{K_2}{m_2}+\frac{K_2}{m_1}}>\sqrt{\frac{K_2}{m_2}}=\omega_A \tag{3-59}$$

3.3.2　骨架线

从式（3-58）出发，据 $\omega_A^2=K_2/m_2$ 及 $\omega_n^2=K_2/m_c$，有：

$$MD_{11}(\omega)=\frac{K_2(1-\omega^2/\omega_A^2)}{\omega^2K_2(m_1+m_2)(1-\omega^2/\omega_n^2)} \tag{3-60a}$$

$$MD_{11}(\omega)=\frac{\omega^2-\omega_A^2}{\omega^2m_1(\omega^2-\omega_n^2)} \tag{3-60b}$$

在低频段，$\omega\to0$，由式（3-60a）得：

$$MD_{11}(\omega \to 0) = \frac{1}{\omega^2(m_1 + m_2)} = MD(m_1 + m_2) \tag{3-61}$$

系统的导纳曲线以等效质量 $me_0 = m_1 + m_2$ 的位移导纳直线为渐近线。即当激振频率 ω 很低时，二质量块连同一起振动，它们的合惯性力与外力平衡。

在高频段，$\omega \to \infty$，由式（3-60b）得：

$$MD_{11}(\omega \to \infty) = \frac{1}{\omega^2 m_1} = MD(m_1) \tag{3-62}$$

即系统的导纳曲线以质量块 m_1 的位移导纳直线为渐近线，故第一等效质量 $m_{e1} = m_1$。这时，m_2 近似不动，m_1 的惯性力与外力平衡。

取双对数坐标轴，画低频段等效质量 $m_{e0} = m_1 + m_2$ 的位移导纳线 QA 交自 ω_A 引出的垂线于 A 点。自 A 画水平线 AR_1，交自 ω_n 引出的垂线于 R_1 点，自 R_1 画高频段等效质量 $m_{e1} = m_1$ 的位移导纳线 R_1B，则 QAR_1 即是所求的骨架线。借此可画出系统的导纳图，如图 3-7 所示。今证明 AR_1 是第一等效刚度线。按照以一个单自由度的弹簧质量系统与多自由度系统共振峰值附近可以等效的设想。由 R_1 处的 ω_n 及 $m_{e1} = m_1$ 的值，可以求得第一等效刚度：

$$K_{e1} = \omega_n^2 m_1 = \omega_A^2(m_1 + m_2) \tag{3-63}$$

在 A 点的等效质量 $m_{e0} = m_1 + m_2$ 的导纳，为：

$$\frac{1}{\omega_A^2(m_1 + m_2)} = \frac{1}{K_{e1}} \tag{3-64}$$

正等于第一等效刚度导纳值，故 AR_1 是水平直线。

自由—自由系统的速度导纳的骨架线具有更规则的形式，如图 3-8 所示。

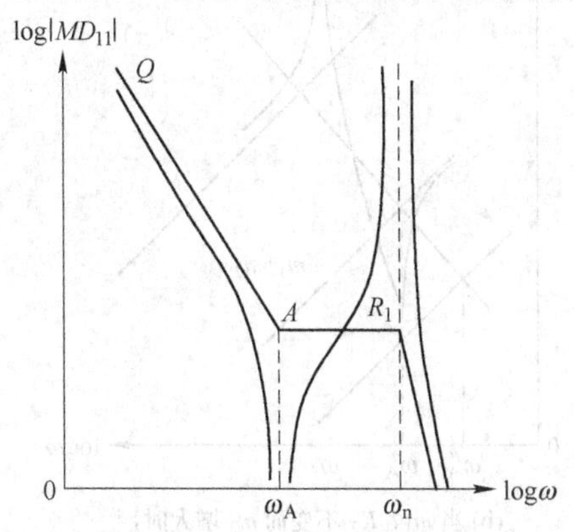

图 3-7　二自由系统的导纳图

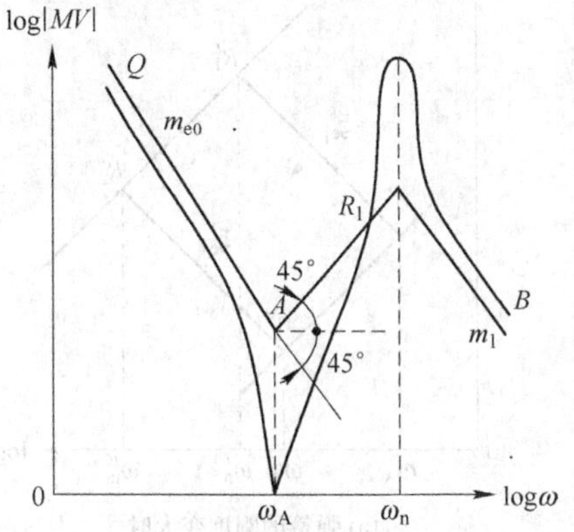

图 3-8　速度导纳的骨架线

3.3.3 骨架线的用途

3.3.3.1 参数识别

上面介绍了由已知系统的参数，计算出导纳函数，并研究了导纳函数的特性及其骨架线的画法。下面提出一个反问题，即由已测得的导纳曲线是否能估计出此振动系统的参数。对简单系统来说利用骨架线法是可以做到的。

就上述例题，如有了导纳曲线，便能画出三条骨架线，从图上可以测得等价参数 m_{e0}、K_{e1}、m_{e1} 的三个数值。再根据关系式：

$$\begin{cases} m_{e0} = m_1 + m_2 \\ K_{e1} = \omega_A^2(m_1 + m_2) = K_2\left(1 + \dfrac{m_1}{m_2}\right) \\ m_{e1} = m_1 \end{cases} \tag{3-65}$$

求解次线性代数方程组，可以解出 m_1、m_2、K_2，得到系统三个参数，这就是最简单的参数识别问题。

3.3.3.2　估计当系统参数变化时对系统振动特性的影响

仍以两个自由度自由—自由系统为例。系统由 m_1、m_2 及 K_2 组成，系统速度导纳的骨架线的结构形式已定。图 3-9（a）表示当弹簧 K_2 的刚度变大时，反共振频率 ω_A 和共振频率 ω_n 的变化情况。图 3-9（b）表示，当 m_1、K_2 不变而 m_2 增大时，反共振频率减小的趋势。这样，在已测得系统的导纳图上，便可以修改参数进行振动系统的设计，以达到振动控制的目的。

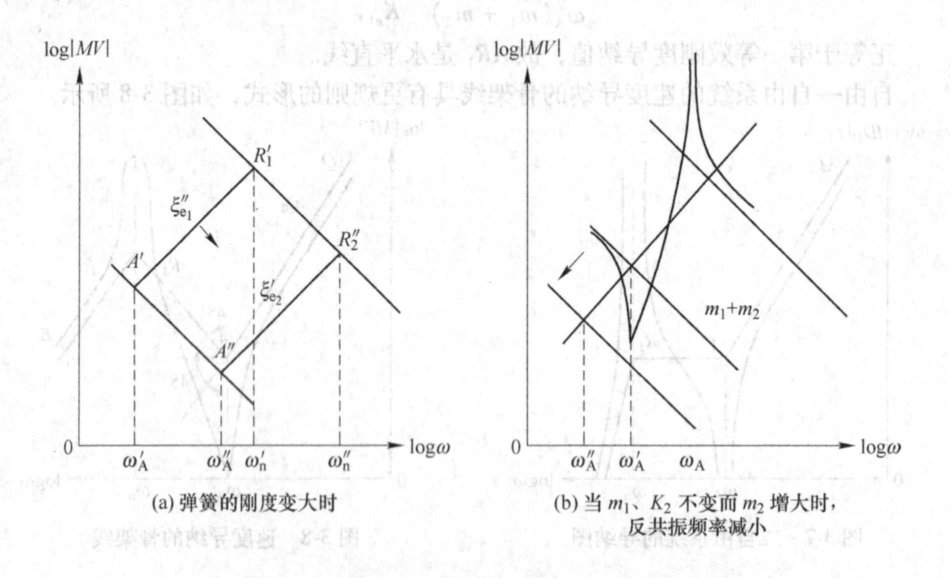

图 3-9　反共振频率和共振频率的变化情况示意图

用骨架线识别振动系统等效参数的方法简单，适用于小阻尼且固有频率高的较远的自由度数较少的系统。对简单连续系统，也能识别低阶的模态特性。

3.3.3.3 利用骨架线能检测所测导纳曲线是否合理

在从每一共振变到反共振点，骨架线的斜率变化应保持 ±2。如果测得导纳曲线不符合这一规律，表明测量有错误。对原点导纳必须遵守共振反共振点相互交替的规律，否则存在错误。试件的对地固定和自由悬吊的边界条件是否得到保证，也可以用低频区的骨架线检测出来。接地试件的低频骨架线，必须是一条刚度导纳直线，刚度值表示测点的静刚度。自由悬吊试件的低频骨架线必定是一条质量导纳直线，质量的值等于激振点的值等效质量。但是，绝对自由悬吊条件是不存在的。所以，实际的自由悬吊试件的低频骨架线的起始一段，还是刚度导纳线。因此，要注意区分选择系统的低频谐振与试件固有频率这个问题。

3.3.4 骨架线法的推广

以上绘制骨架线是都没有计入系统的阻尼，和单自由度系统一样，共振峰值的高度与阻尼比有关。利用等效单自由度的阻尼比，可以确定等效系统共振峰值的高度，使得绘出的骨架法更接近实际情况。

骨架线法可以推广到串联的 N 阶系统。对接地约束系统，在质量 m_N 处激振，在 m_N 处测量的原点导纳函数可以写成

$$MD_{NN}(\omega)=\frac{\tilde{X}_N}{\tilde{f}_N}=\frac{m_1\cdots m_{N-1}(\omega_{A1}^2-\omega^2)\cdots(\omega_{AN}^2-\omega^2)}{m_1\cdots m_N(\omega_{n1}^2-\omega^2)\cdots(\omega_{nN}^2-\omega^2)} \tag{3-66}$$

根据这个函数画出的导纳函数及骨架线如图 3-10 所示。

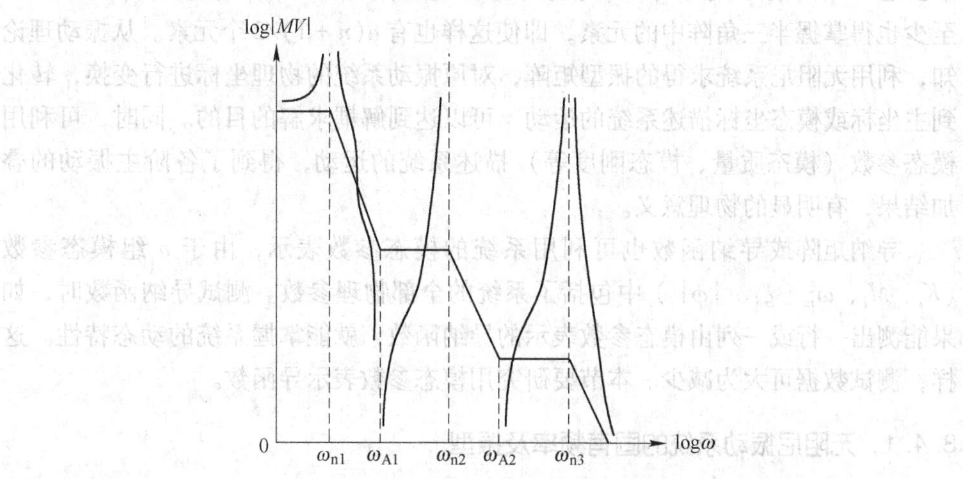

图 3-10 串联的 N 阶系统的导纳函数及骨架线

N 阶串联的自由—自由系统，当在 N 点激振、在 N 处测量时的原点导纳函数为

$$MD_{NN}(\omega)=\frac{\tilde{X}_N}{\tilde{f}_N}=\frac{m_1\cdots m_{N-1}(\omega_{\mathrm{A1}}^2-\omega^2)\cdots(\omega_{\mathrm{A}N-1}^2-\omega^2)}{-m_1\cdots m_N\omega^2(\omega_{\mathrm{n1}}^2-\omega^2)\cdots(\omega_{\mathrm{n1}N-1}^2-\omega^2)} \tag{3-67}$$

根据这个函数画出的导纳函数及骨架线如图 3-11 所示。

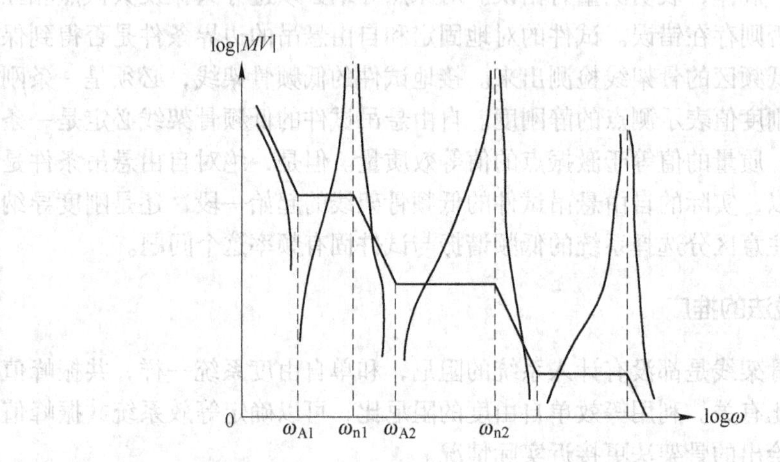

图 3-11 N 阶串联的自由系统，当在 N 点激振时的导纳函数及骨架线

3.4 导纳函数的实模态展开式

n 个自由度振动系统的导纳矩阵是 $n\times n$ 阶矩阵，掌握系统的动态特性需要掌握这 n^2 个函数。每个导纳函数都需要大量的数据。由于导纳矩阵的对称性，至少也得掌握半三角阵中的元素，即使这样也有 $n(n+1)/2$ 个元素。从振动理论知，利用无阻尼系统求得的振型矩阵，对原振动系统的物理坐标进行变换，转化到主坐标或模态坐标描述系统的运动，可以达到解耦求解的目的。同时，可利用模态参数（模态质量、模态刚度等）描述系统的运动，得到了各阶主振动的叠加结果，有明显的物理意义。

导纳矩阵或导纳函数也可利用系统的模态参数表示，由于 n 组模态参数 (K_i、M_i、ω_{ni}、ζ_i、$\{\phi\}_i$) 中包括了系统的全部物理参数。测试导纳函数时，如果能测出一行或一列由模态参数表示的导纳函数，就能掌握系统的动态特性。这样，测试数据可大为减少。本节要研究用模态参数表示导函数。

3.4.1 无阻尼振动系统的固有频率及振型

研究 n 个自由度无阻尼系统的自由振动微分方程

$$[M]\{\ddot{X}\}+[K]\{X\}=\{0\} \tag{3-68}$$

对受约束的弹性系统 $[M]$、$[K]$ 是对称、正定、实元素矩阵。若是自由弹性系统，$[K]$ 是半正定矩阵。

设有如下解：

$$\{x\} = \{\phi\} e^{j\omega t} \tag{3-69}$$

代入式（3-68）后，得：

$$([K] - \omega^2[M])\{\phi\} = \{0\} \tag{3-70}$$

为 n 元线性齐次代数方程组，有非零解时，其系数行列式为零：

$$\det([K] - \omega^2[M]) = 0 \tag{3-71}$$

称（3-71）为特征方程式，将行列式展开后得到 ω^2 的 n 阶代数方程式。

$$\omega_{2n}^2 + \alpha_1\omega^{2(n-1)} + \alpha^2\omega^{2(n-2)} + \cdots + \alpha_{n-1}\omega^2 + \alpha_n = 0 \tag{3-72}$$

对于正定系统，由式（3-72）可解出 n 个正实根：

$$0 < \omega_{n1}^2 < \omega_{n2}^2 < \cdots < \omega_{nn}^2$$

称特征值，开方后等于系统的固有频率。对每个 ω_{ni} 值代入式（3-70）后，便可解出一列 $\{\phi\}_i$ 其中元素皆为实数，称为特征矢量。代表各质点振动时的振幅比，也叫振型矢量或实模态。将 n 个振型矢量按如下次序排列

$$[\phi] = [\{\phi\}_1\ \{\phi\}_2 \cdots \{\phi\}_n] \tag{3-73}$$

即得振型矩阵，写成展开式，为：

$$[\phi] = \begin{bmatrix} \phi_{11} & \phi_{12} & \cdots & \phi_{1n} \\ \phi_{21} & \phi_{22} & \cdots & \phi_{2n} \\ \vdots & \vdots & & \vdots \\ \phi_{n1} & \phi_{n2} & \cdots & \phi_{nn} \end{bmatrix} \tag{3-74}$$

是 $n \times n$ 阶矩阵。在实验模态分析中，只对某频段和某些点识别，这时，n 为矩阵的列数；对应所识别的固有频段数，m 为矩阵的行数，代表测量坐标点的数目。振型矩阵为 $m \times n$ 阶。

3.4.2 主振型的正交性

由于矩阵 $[M]$、$[K]$ 是对称的，所以特征向量对 $[M]$、$[K]$ 矩阵具有加权正交性。即：

$$\{\phi\}_i^{\mathrm{T}}[K][\phi]_j = \begin{cases} 0 & i \neq j \\ K_i & i = j \end{cases}$$

$$\{\phi\}_i^{\mathrm{T}}[K][\phi]_j = \begin{cases} 0 & i \neq j \\ M_i & i = j \end{cases}$$

因为 ω_{ni}^2 及$\{\phi\}_i$，ω_{nj}^2 及 $\{\phi\}_j$ 是方程（3-70）的两组解。所以，

$$[K]\{\phi\}_i = \omega_{ni}^2[M]\{\phi\}_i \tag{3-75}$$

$$[K]\{\phi\}_j = \omega_{nj}^2[M]\{\phi\}_j \tag{3-76}$$

分别在式（3-75）、式（3-76）两边左乘列阵 $\{\phi\}_j$ 及 $\{\phi\}_i$ 的转置 $\{\phi\}_j^{\mathrm{T}}$ 及

$\{\phi\}_i^{\mathrm{T}}$，便有：

$$\{\phi\}_j^{\mathrm{T}}[K]\{\phi\}_i = \omega_{ni}^2\{\phi\}_j^{\mathrm{T}}[M]\{\phi\}_i \tag{3-77}$$

$$\{\phi\}_i^{\mathrm{T}}[K]\{\phi\}_j = \omega_{nj}^2\{\phi\}_i^{\mathrm{T}}[M]\{\phi\}_j \tag{3-78}$$

由于 $[K]$、$[M]$ 都是对称矩阵，所以

$$[M]^{\mathrm{T}} = [M],[K]^{\mathrm{T}} = [K] \tag{3-79}$$

将式（3-77）两端取转置，有：

$$(\{\phi\}_j^{\mathrm{T}}[K]\{\phi\}_i)^{\mathrm{T}} = \omega_{ni}^2(\{\phi\}_j^{\mathrm{T}}[M]\{\phi\}_i)^{\mathrm{T}}$$

$$\{\phi\}_i^{\mathrm{T}}[K]\{\phi\}_j = \omega_{ni}^2\{\phi\}_i^{\mathrm{T}}[M]\{\phi\}_j \tag{3-80}$$

式（3-80）减式（3-78），有：

$$0 = (\omega_{ni}^2 - \omega_{nj}^2)\{\phi_i\}_i^{\mathrm{T}}[M]\{\phi\}_j \tag{3-81}$$

因为 $\omega_{ni} \neq \omega_{nj}$，故有：

$$\{\phi\}_i^{\mathrm{T}}[M]\{\phi\}_j = 0$$

代回式（3-80），有：

$$\{\phi\}_i^{\mathrm{T}}[M]\{\phi\}_j = 0$$

这就证明了主振型的正交性。利用这一性质便可将 $[M]$、$[K]$ 矩阵对角化，达到将方程（3-68）解耦的目的。用振型矩阵 $[\phi]$ 及其转置 $[\phi]^{\mathrm{T}}$ 分别右乘和左乘矩阵 $[M]$、$[K]$ 矩阵，有：

$$[\phi]^{\mathrm{T}}[M][\phi] = \mathrm{diag}(M_1, M_2, \cdots, M_n) = [M_i] \tag{3-82}$$

$$[\phi]^{\mathrm{T}}[K][\phi] = \mathrm{diag}(K_1, K_2, \cdots, K_n) = [K_i] \tag{3-83}$$

M_i、K_i 均为正实数，分别称为第 i 阶主质量及第 i 阶主刚度，即模态质量和模态刚度。由式（3-77）、式（3-78）和式（3-80）可以得出：

$$\omega_{ni} = \frac{\{\phi\}_i^{\mathrm{T}}[K]\{\phi\}_i}{\{\phi\}_i^{\mathrm{T}}[M]\{\phi\}_i} = \frac{K_i}{M_i} \quad (i = 1,2,3,\cdots,n) \tag{3-84}$$

即 i 阶固有频率的平方值 ω_{ni}^2 等于第 i 阶主刚度与第 i 阶主质量的比值。

当计入系统的阻尼时，一般阻尼矩阵 $[C]$ 也是正定或半正定矩阵。黏性阻尼矩阵不具有对实模态振型向量的正交性。所以不能利用实振型矩阵，将具有黏性阻尼的振动系统解耦求解，这属于复模态问题。但是，工程中常用的结构阻尼和比例阻尼矩阵，都可以借实模态矩阵对角化。因为，当

$$\begin{aligned}[C] &= \mathrm{j}g[K] \\ [C] &= \alpha[M] + \beta[K]\end{aligned} \tag{3-85}$$

式中，g、α、β 都为常数，矩阵 $[C]$ 是刚度矩阵 $[K]$ 和质量矩阵 $[M]$ 的线性组合，故可以对角化：

$$[\phi]^{\mathrm{T}}[C][\phi] = \mathrm{diag}[C_1, C_2, \cdots, C_n] = [C_i] \tag{3-86}$$

阻尼矩阵可以利用实模态对角化的充分必要条件：

$$[C][M]^{-1}[K] = [K][M]^{-1}[C]$$

但实际上符合这种条件的矩阵并不多。

3.4.3 有阻尼系统导纳函数的实模态展开式

研究简谐激励时的稳态响应，并假设系统中存在的阻尼矩阵均满足上一节的条件。系统的运动微分方程有：

$$[M]\{\ddot{X}\}+[C]\{\dot{X}\}+[K]\{X\}=\{F\} \tag{3-87}$$

设在 p 点的激励力为 $F_p e^{j\omega t}$，于是力的列向量

$$\{F\}^{\mathrm{T}}=\{0,0,\cdots,F_p,\cdots,0\}e^{j\omega t}$$

激振力的相位取零，对线性系统稳态响应应有形式如下的解：

$$\{x\}=\{\phi\}e^{j\omega t}$$

代入式（3-87）中，

$$([K]-\omega^2[M]+j\omega[C])\{x\}=\{F\} \tag{3-88}$$

以实振型矩阵为基底，进行坐标变换，令

$$\{x\}=[\phi]\{q\} \tag{3-89}$$

$\{q\}$ 为主坐标或模态坐标，式（3-89）代入式（3-88）中，并用 $[\phi]^{\mathrm{T}}$ 左乘等式两边，有：

$$([K]-\omega^2[M_i]+j\omega[C_i])\{q\}=[\phi]^{\mathrm{T}}\{F\} \tag{3-90}$$

是 n 个已经解耦的二阶微分方程。取出第 i 行方程，为：

$$(K_i-\omega^2M_i+j\omega C_i)q_i=\sum_{j=1}^{n}\phi_{ji}F_j \quad (i=1,2,\cdots,n) \tag{3-91}$$

$$q_i=\frac{1}{K_i-\omega^2M_i+j\omega C_i}\sum_{j=1}^{n}\phi_{ji}F_j \quad (i=1,2,\cdots,n) \tag{3-92}$$

称为第 i 阶主模态振动响应，$\sum_{j=1}^{n}\phi_{ji}F_j$ 为 i 阶广义力。代回式（3-89）写出第 l 个物理坐标，有：

$$x_l=\phi_{l1}q_1+\phi_{l2}q_2+\cdots+\phi_{ln}q_n=\sum_{i=1}^{n}\phi_{li}q_i \tag{3-93}$$

即任一物理坐标 x_l 的响应等于 n 阶主模态响应的叠加，即模态叠加法。

根据上述公式，推出实模态情况下，导纳函数（传递函数）的展开式。

设在 p 点采用单点激振，激振力为：

$$\{F\}=\{0,0,\cdots,F_p,\cdots,0\}Te^{j\omega t}$$

于是第 i 阶应力为：

$$\sum_{j=1}^{n}\phi_{ji}F_j=\phi_{pi}F_p$$

第 i 阶主振动

$$q_i = \frac{\phi_{pi}F_p}{K_i - \omega^2 M_i + \mathrm{j}\omega C_i} \quad (i = 1, 2, \cdots, n) \tag{3-94}$$

第 l 坐标的响应，由式（3-93），有：

$$x_l = \sum_{i=1}^{n} \phi_{li} \frac{\phi_{pi}F_p}{K_i - \omega^2 M_i + \mathrm{j}\omega C_i} \tag{3-95}$$

于是，在 p 点激振，在 l 点测振的传递导纳为：

$$\begin{aligned} M_{lp}(\omega) &= \frac{x_l}{F_p} \\ &= \sum_{i=1}^{n} \frac{\phi_{li}\phi_{pi}}{K_i - \omega^2 M_i + \mathrm{j}\omega C_i} \\ &= \frac{\phi_{l1}\phi_{p1}}{K_1 - \omega^2 M_1 + \mathrm{j}\omega C_1} + \frac{\phi_{l2}\phi_{p2}}{K_2 - \omega^2 M_2 + \mathrm{j}\omega C_2} + \\ &\quad \frac{\phi_{ln}\phi_{pn}}{K_n - \omega^2 M_n + \mathrm{j}\omega C_n} \end{aligned} \tag{3-96}$$

激振点的原点导纳函数

$$M_{pp}(\omega) = \frac{x_p}{F_p} = \sum_{i=1}^{n} \frac{\phi_{pi}\phi_{pi}}{K_i - \omega^2 M_i + \mathrm{j}\omega C_i} \tag{3-97}$$

式（3-96）、和式（3-97）表示了多自由度系统在单点简谐激振时，传递导纳和原点导纳与模态参数 K_i、M_i、C_i、$\{\phi\}$ 之间的关系，称为导纳函数的实模态展开式，在模态分析中很有用。

振动测量中常将式（3-96）写成以下形式：

$$\begin{aligned} M_{lp}(\omega) &= \sum_{i=1}^{n} \frac{\phi_{li}\phi_{pi}}{K_i\left[\left(\lambda - \frac{\omega^2}{\omega_{ni}}\right)^2 + \mathrm{j}2\zeta_i\frac{\omega}{\omega_{ni}}\right]} \\ &= \sum_{i=1}^{n} \frac{1}{K_{eli}^{lp}\left[\left(1 - \frac{\omega^2}{\omega_{ni}^2}\right) + \mathrm{j}2\zeta_i\frac{\omega}{\omega_{ni}}\right]} \\ &= \sum_{i=1}^{n} \frac{\phi_{li}\phi_{pi}}{M_i(\omega_{ni} - \omega^2 + \mathrm{j}2\zeta_i\omega_{ni}\omega)} \\ &= \sum_{i=1}^{n} \frac{1}{M_i^{lp}(\omega_{ni}^2 - \omega^2 + \mathrm{j}2\zeta_i\omega_{ni}\omega)} \\ &= \sum_{i=1}^{n} \frac{\lambda_{ei}^{lp}}{\left[\left(1 - \frac{\omega^2}{\omega_n^2}\right) + \mathrm{j}2\zeta_i\frac{\omega}{\omega_{ni}}\right]} \end{aligned} \tag{3-98}$$

式中　$K_{eli}^{lp}=\dfrac{K_i}{\phi_{li}\phi_{pi}}$——$p$点激振$l$点测量第$i$阶模态的有效刚度；

$M_i^{lp}=\dfrac{M_i}{\phi_{li}\phi_{pi}}$——$p$点激振$l$点测量第$i$阶模态的有效质量；

$\lambda_{ei}^{lp}=\dfrac{\phi_{li}\phi_{pi}}{K_i}$——$p$点激振$l$点测量第$i$阶模态的有效柔度；

$\omega_{ni}=\sqrt{\dfrac{K_i}{M_i}}=\sqrt{\dfrac{K_{eli}^{lp}}{M_{ei}^{lp}}}$——系统第$i$阶固有频率；

$\zeta_i=\dfrac{C_i}{2M_i\omega_{ni}}$——系统第$i$阶模态阻尼比。

4 旋转圆锯片和圆孔锯锯片行波振动理论及应用

在冶金、木材、大理石、混凝土等原材料切割行业，圆锯片都因为切削性能良好和加工效率高而得到广泛的应用。目前世界上工业金刚石 70%左右用于制造石材加工工具，其中占绝大多数的是金刚石圆锯片。无论是木工圆锯片、冶金圆锯片，还是金刚石圆锯片，刀具消耗量比较高，圆锯片用量大。圆锯片旋转速度越高，锯切时圆锯片所受的激励越剧烈，相对振动噪声也越大，产生的噪声污染越严重。解决圆锯片减振降噪问题，不仅关乎锯件的生产质量问题，而且也关乎着人们的身体健康问题。研究圆锯片减振降噪问题，就自然涉及振动、噪声等领域的多学科交叉问题，因此，研究圆锯片，很有现实意义。

4.1 直径 1350mm 带 S 形消音槽圆锯片的有限元模态分析

4.1.1 直径 1350mm 带 S 形槽圆锯片的有限元模型建立

鞍钢无缝钢管厂使用的直径 1350mm 带 S 形消音槽圆锯片，河北星烁锯业股份有限公司生产的硬质合金圆锯片，具体参数为：外缘直径 $2R=1350$mm，夹盘直径 $2r=400$mm，厚度 $t=6.5$mm，基体弹性模量 $E=2.06\times10^{11}$ Pa，泊松比 $\nu=0.3$，密度 $\rho=7.8\times10^{3}$kg/m^{3}。

利用 ANSYS 程序进行对直径 1350mm 带 S 形槽圆锯片有限元模态分析。建立直径 1350mm 带 S 形消音槽圆锯片的模型，如图 4-1 所示。对圆锯片自由划分，

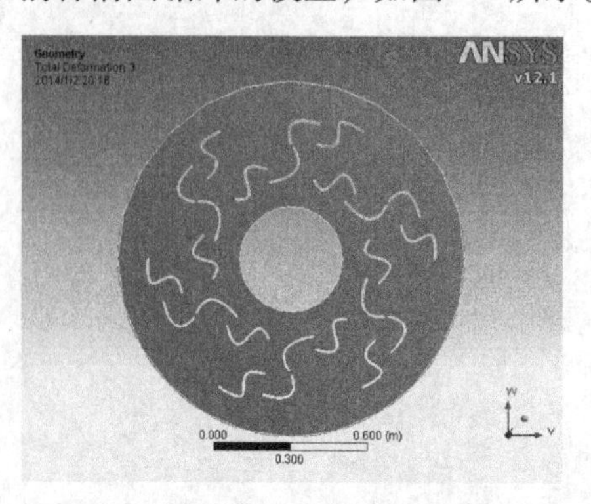

图 4-1 直径 1350mm 带 S 形消音槽圆锯片的结构图

共划分 18097 个单元，38889 个节点，网格划分如图 4-2 所示。

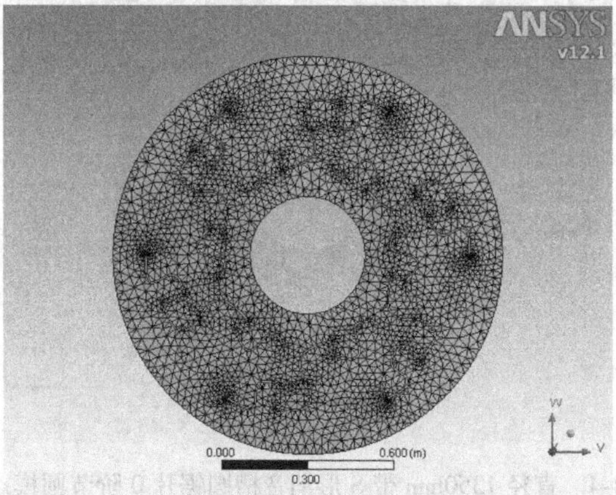

图 4-2　直径 1350mm 带 S 形消音槽圆锯片有限元网格划分图

4.1.2　直径 1350mm 带 S 形槽圆锯片的有限元分析结果

基于用 ANSYS 程序进行直径 1350mm 带 S 形槽圆锯片的有限元模态分析，得到前二十阶固有频率，列表见表 4-1。

表 4-1　直径 1350mm 带 S 形消音槽圆锯片前二十阶固有频率

阶数	1	2	3	4	5	6	7	8	9	10
频率/Hz	18.95	18.975	19.046	24.115	24.118	40.584	42.55	70.045	70.083	107.29
阶数	11	12	13	14	15	16	17	18	19	20
频率/Hz	107.31	127.59	134.06	134.21	150.73	150.8	151.69	155.56	173.05	190.1

直径 1350mm 带 S 形消音槽圆锯片前二十阶固有振型的典型的固有模态，分别如图 4-3~图 4-8 所示。

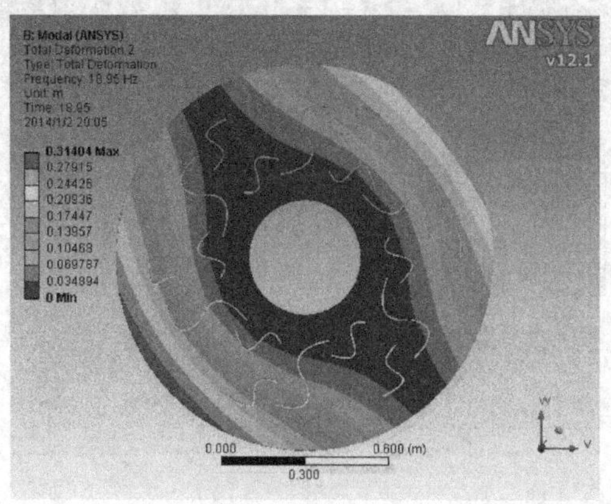

图 4-3　直径 1350mm 带 S 形消音槽圆锯片 1 阶节直径模态图

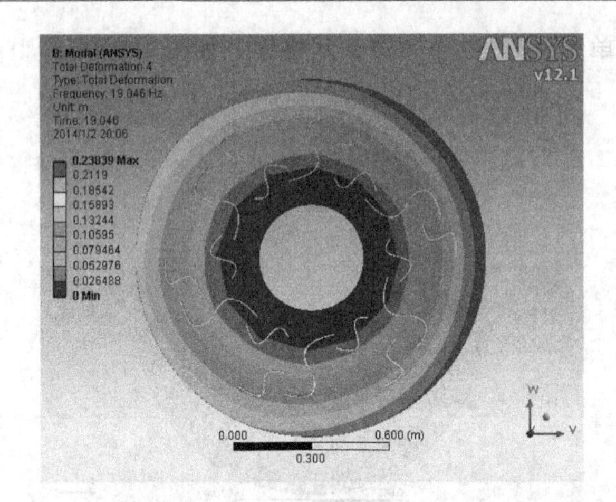

图 4-4 直径 1350mm 带 S 形消音槽圆锯片 0 阶节圆模态图

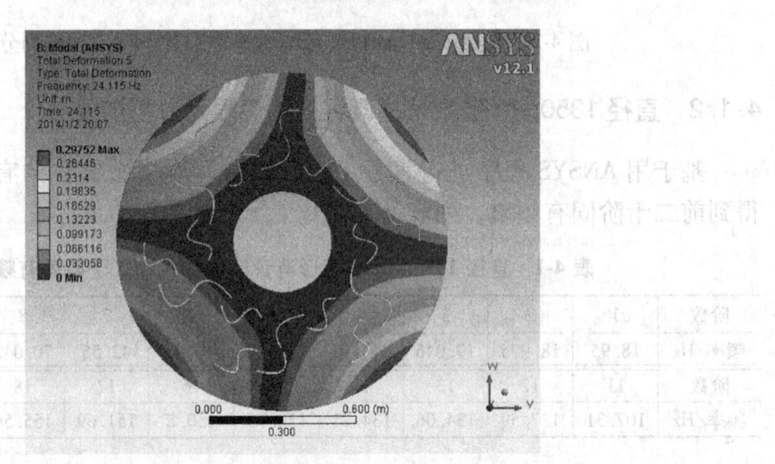

图 4-5 直径 1350mm 带 S 形消音槽圆锯片 2 阶节直径模态图

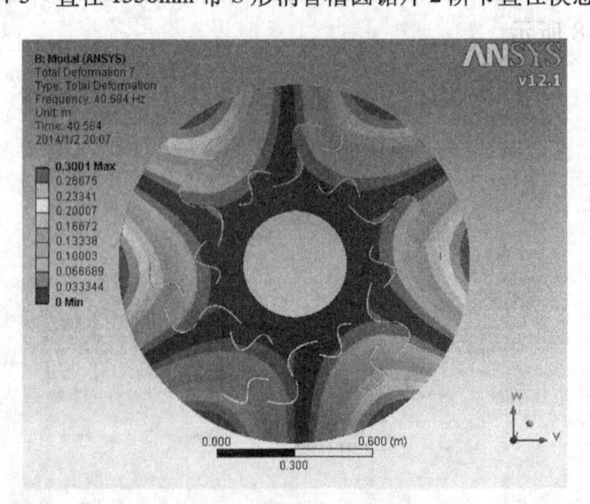

图 4-6 直径 1350mm 带 S 形消音槽圆锯片 3 阶节直径模态图

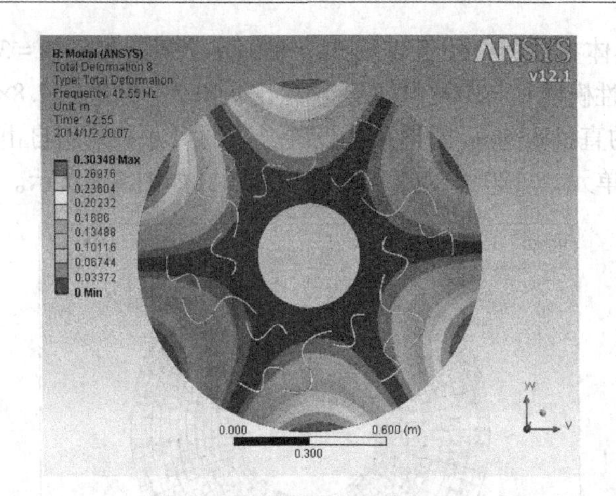

图4-7　直径1350mm带S形消音槽圆锯片3阶节直径模态图

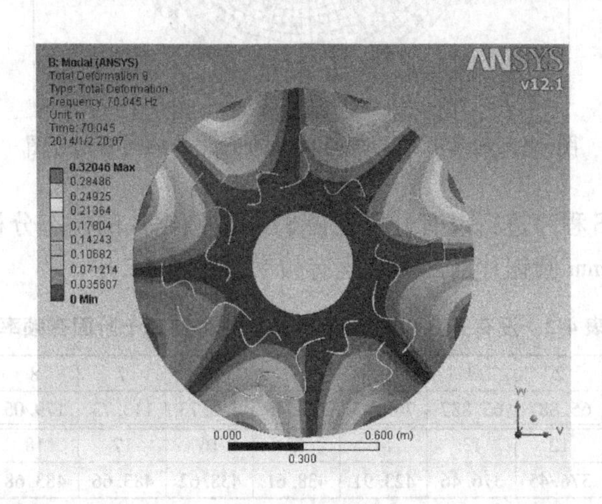

图4-8　直径1350mm带S形消音槽圆锯片4阶节直径模态图

开S形的消音槽的情况下，对应于2阶节直径模态图（对应于第4阶固有频率）的固有频率24.115Hz，对应于3阶节直径模态图（对应于第8阶固有频率）的固有频率时70.045Hz。开孔之后，关键是模态变化大（开孔之后的模态由对称模态变为非对称模态）。这样开孔之后，由于模态撕裂，达到了减振降噪的设计目的。经过行波振动分析，这个开S形消音槽的圆锯片不会出现行波共振现象。这里，不列出来行波振动的计算工作，后面另外举例说明行波共振现象。

4.2　直径830mm圆锯片的有限元模态分析

4.2.1　直径830mm没有开孔圆锯片的有限元模态分析

鞍钢无缝钢管厂使用的直径830mm圆锯片，河北星烁锯业股份有限公司生产的冶金圆锯片，具体参数为：外缘直径 $2R=830\text{mm}$，夹盘直径 $2r=310\text{mm}$，厚度 $t=5.5\text{mm}$，基体弹性模量 $E=2.06\times10^{11}\text{Pa}$，泊松比 $\nu=0.3$，密度 $\rho=7.8\times10^{3}\text{kg/m}^{3}$。

没有开孔的直径 830mm 圆锯片，设置合适的尺寸，采用自由划分网格方法，共分为 1120 个单元，1120 个节点。网格划分图，如图 4-9 所示。

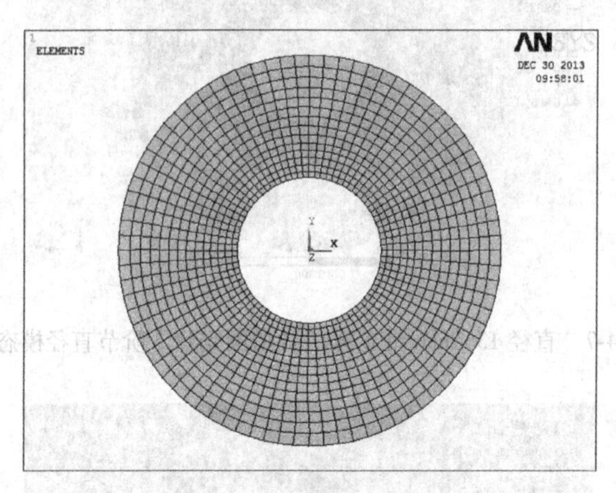

图 4-9　没有开槽的直径 830mm 圆锯片的网格划分图

利用 ANSYS 程序进行没有开槽直径 830mm 圆锯片的模态分析，把得到的没有开孔直径 830mm 圆锯片前二十阶固有频率列在表 4-2 中。

表 4-2　没有开孔的直径 830mm 圆锯片前二十阶固有频率

阶数	1	2	3	4	5	6	7	8	9	10
频率/Hz	65.531	65.887	65.887	76.545	76.546	113.73	113.73	179.05	179.05	267.67
阶数	11	12	13	14	15	16	17	18	19	20
频率/Hz	267.67	376.45	376.46	423.91	438.61	438.62	483.66	483.68	503.90	503.91

没有开槽直径 830mm 圆锯片的典型模态（主振型）如图 4-10～图 4-20 所示。

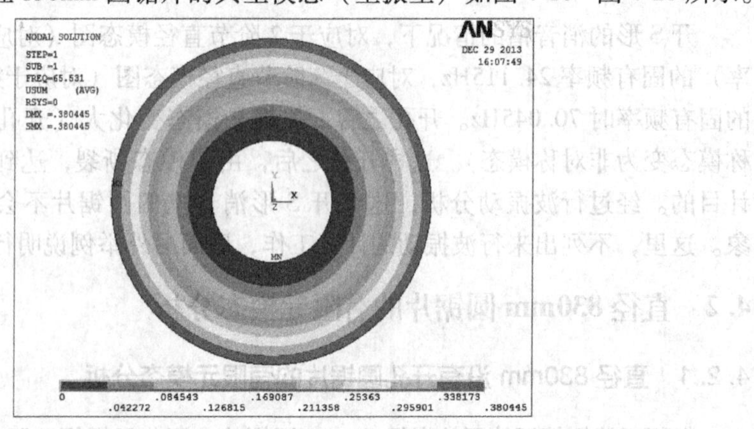

图 4-10　没有开孔直径 830mm 圆锯片的 0 阶节圆模态图

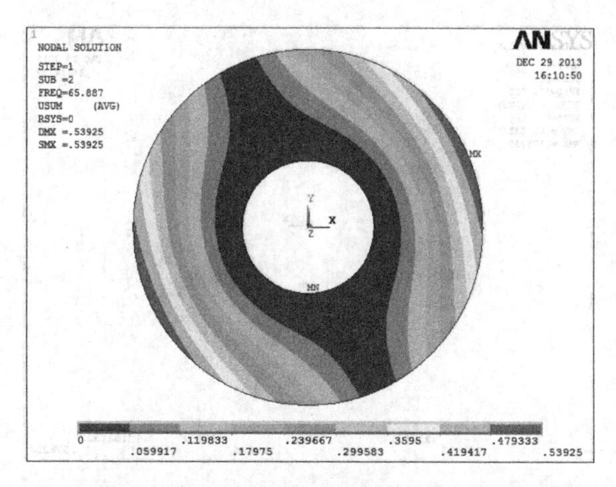

图 4-11 没有开孔直径 830mm 圆锯片的 1 阶节直径模态图

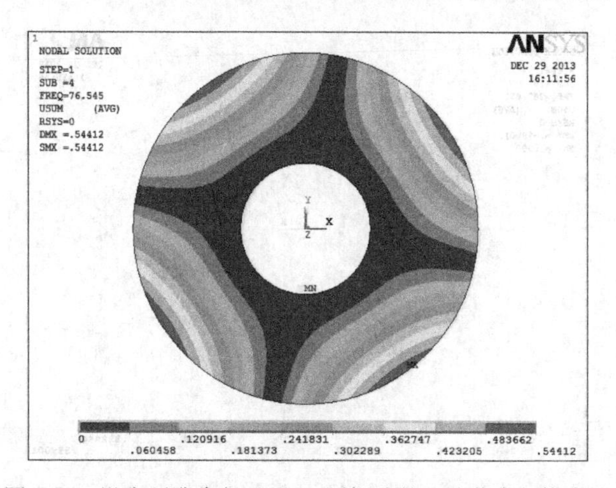

图 4-12 没有开孔直径 830mm 圆锯片的 2 阶节直径模态图

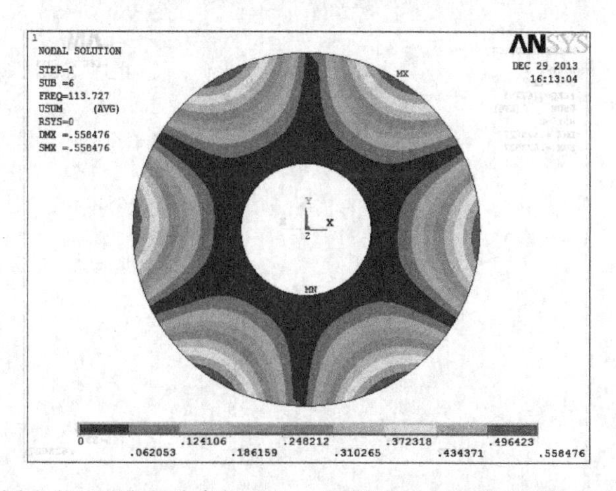

图 4-13 没有开孔直径 830mm 圆锯片的 3 阶节直径模态图

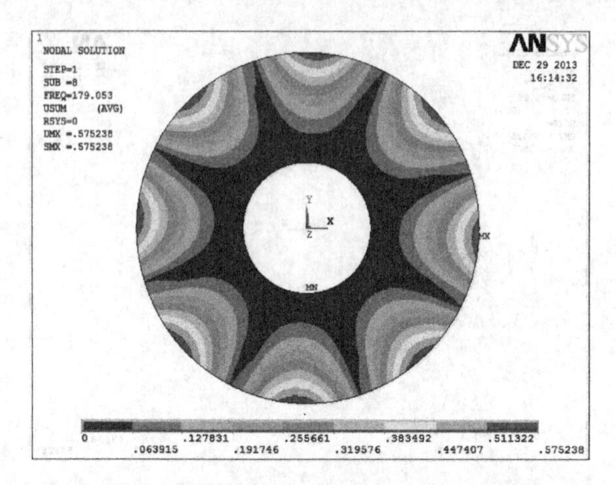

图 4-14　没有开孔直径 830mm 圆锯片的 4 阶节直径模态图

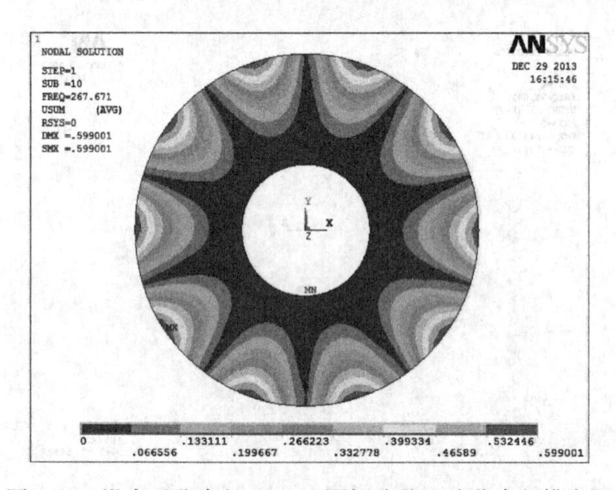

图 4-15　没有开孔直径 830mm 圆锯片的 5 阶节直径模态图

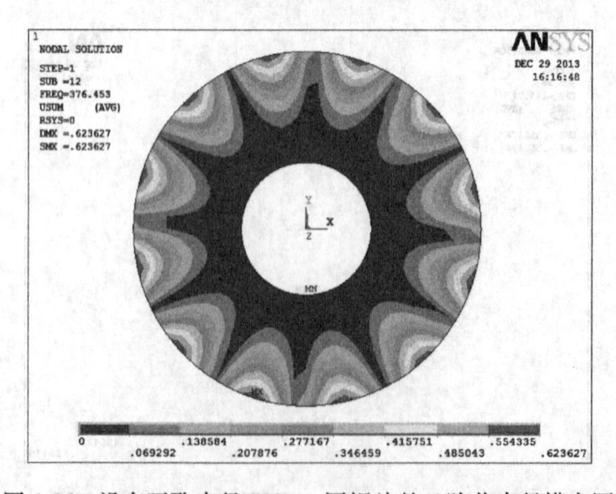

图 4-16　没有开孔直径 830mm 圆锯片的 6 阶节直径模态图

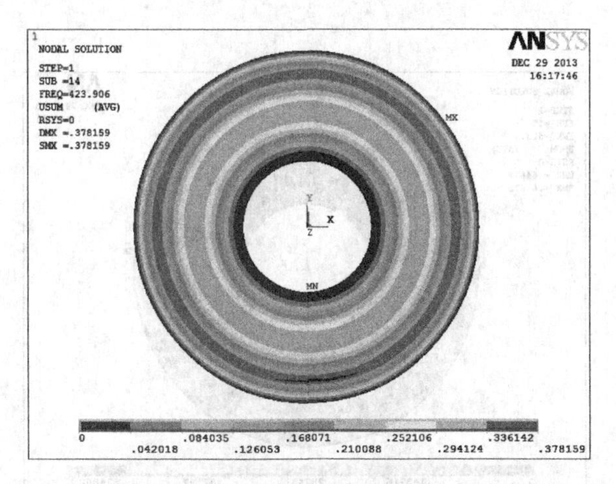

图 4-17 没有开孔直径 830mm 圆锯片的 1 阶节圆模态图

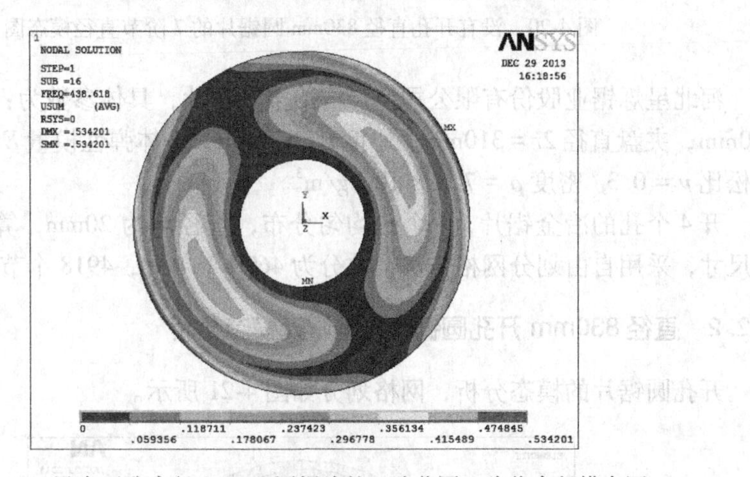

图 4-18 没有开孔直径 830mm 圆锯片的 1 阶节圆 1 阶节直径模态图

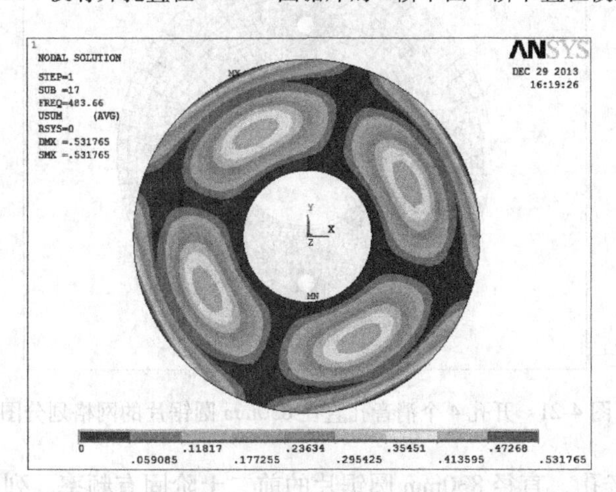

图 4-19 没有开孔直径 830mm 圆锯片的 1 阶节圆 2 阶节直径模态图

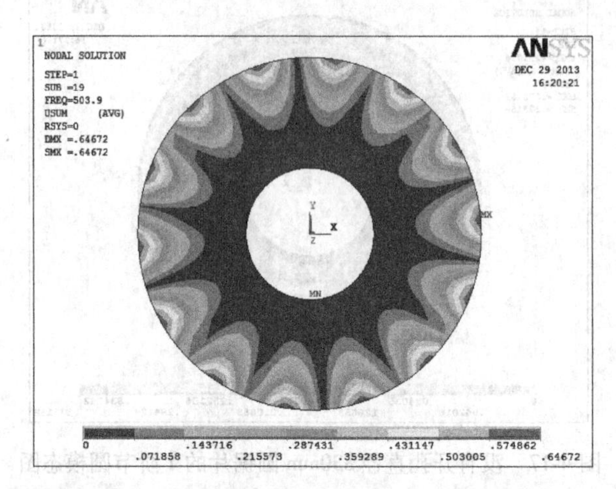

图 4-20 没有开孔直径 830mm 圆锯片的 7 阶节直径模态图

河北星烁锯业股份有限公司生产的冶金圆锯片，具体参数为：外缘直径 $2R=830\text{mm}$，夹盘直径 $2r=310\text{mm}$，厚度 $t=5.5\text{mm}$，基体弹性模量 $E=2.06\times10^{11}\text{Pa}$，泊松比 $\nu=0.3$，密度 $\rho=7.8\times10^{3}\text{kg/m}^{3}$。

开 4 个孔的冶金锯片，4 个孔均匀分布，直径均为 20mm，算例：设置合适的尺寸，采用自由划分网格方法，共分为 4690 个单元，4918 个节点。

4.2.2 直径 830mm 开孔圆锯片的有限元模态分析

开孔圆锯片的模态分析，网格划分如图 4-21 所示。

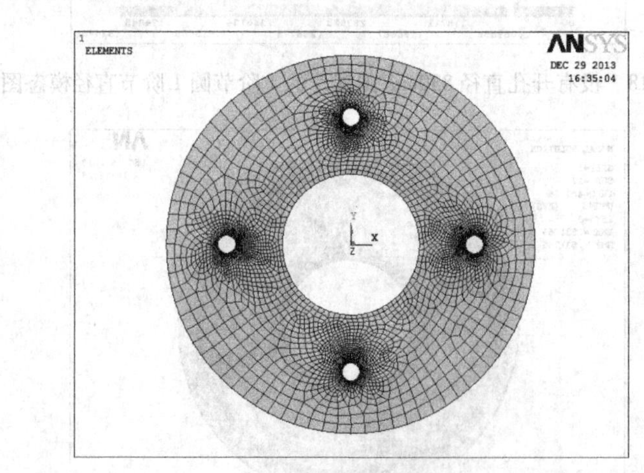

图 4-21 开孔 4 个消音孔直径 830mm 圆锯片的网格划分图

开 4 个消音孔，直径 830mm 圆锯片的前二十阶固有频率，列于表 4-3 中。

表 4-3 开孔 4 个消音孔直径 830mm 圆锯片的前 20 阶固有频率

阶数	1	2	3	4	5	6	7	8	9	10
频率/Hz	65.034	65.489	65.492	75.907	76.638	113.28	113.28	177.96	178.50	266.45
阶数	11	12	13	14	15	16	17	18	19	20
频率/Hz	266.46	374.84	374.97	419.98	434.71	434.73	476.91	483.11	502.10	502.13

开 4 个消音孔，直径 830mm 圆锯片的前二十阶固有频率对应的典型模态，如图 4-22~图 4-34 所示。

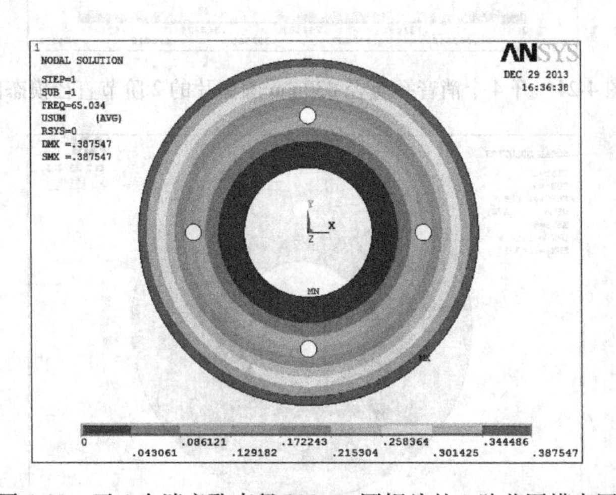

图 4-22 开 4 个消音孔直径 830mm 圆锯片的 0 阶节圆模态图

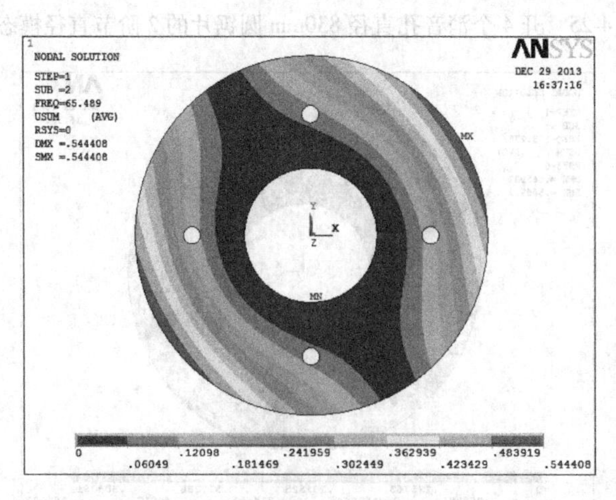

图 4-23 开 4 个消音孔直径 830mm 圆锯片的 1 阶节直径模态图

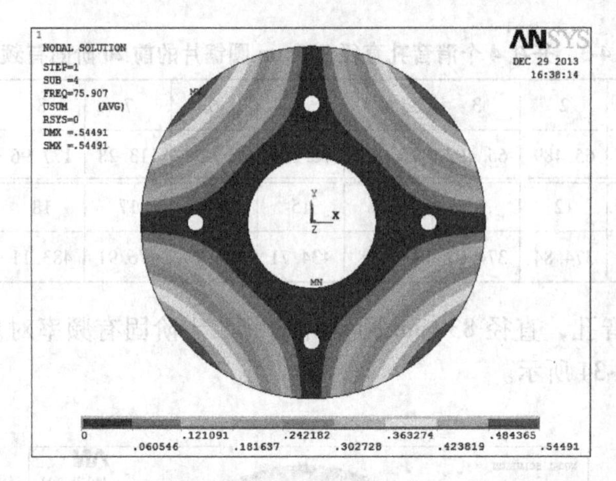

图 4-24　开 4 个消音孔直径 830mm 圆锯片的 2 阶节直径模态图

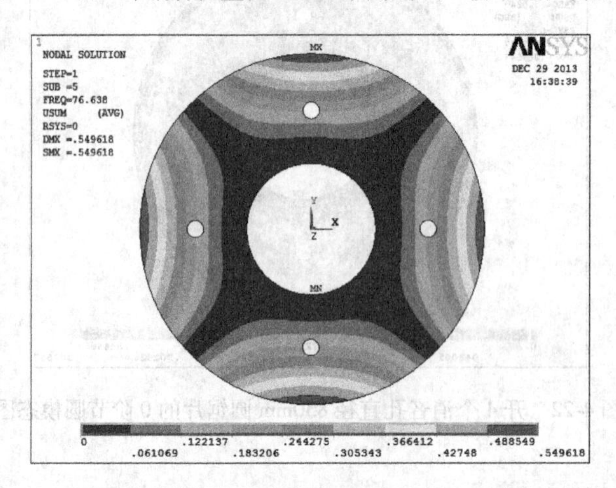

图 4-25　开 4 个消音孔直径 830mm 圆锯片的 2 阶节直径模态图

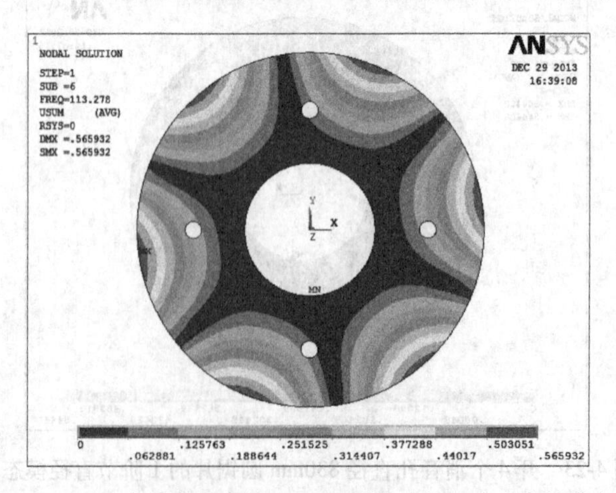

图 4-26　开 4 个消音孔直径 830mm 圆锯片的 3 阶节直径模态图

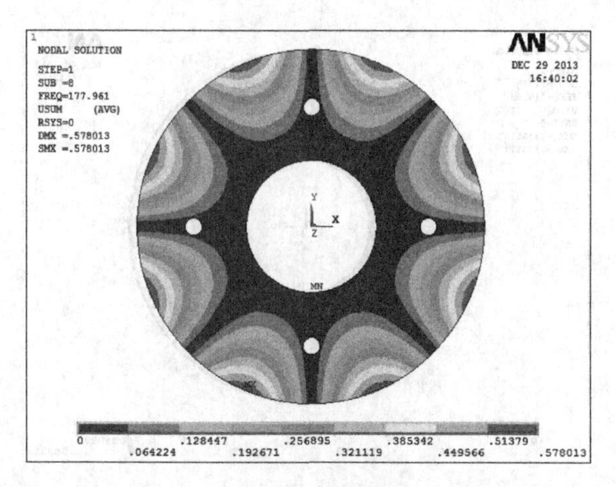

图4-27 开4个消音孔直径830mm圆锯片的4阶节直径模态图

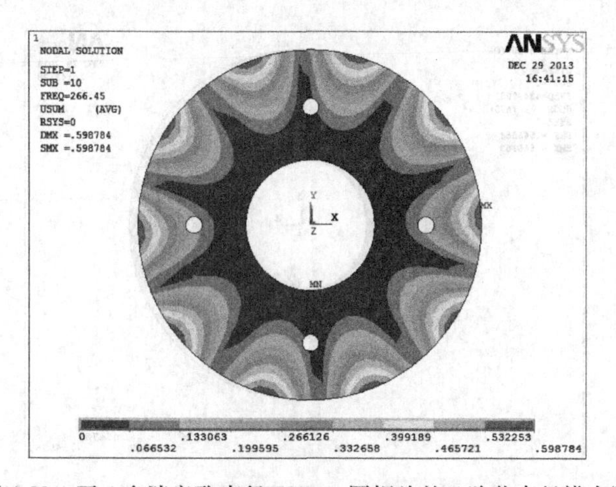

图4-28 开4个消音孔直径830mm圆锯片的5阶节直径模态图

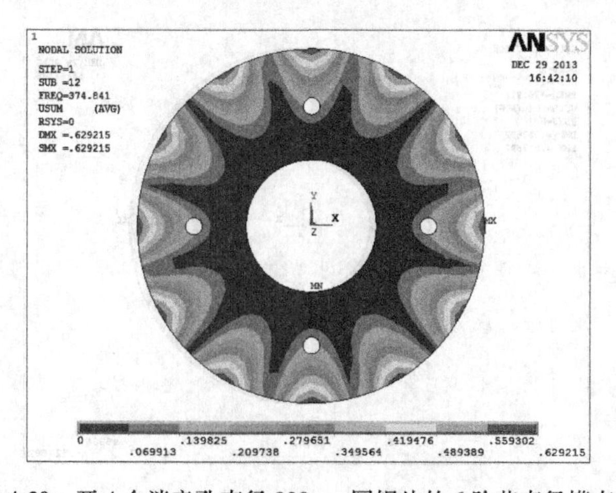

图4-29 开4个消音孔直径830mm圆锯片的6阶节直径模态图

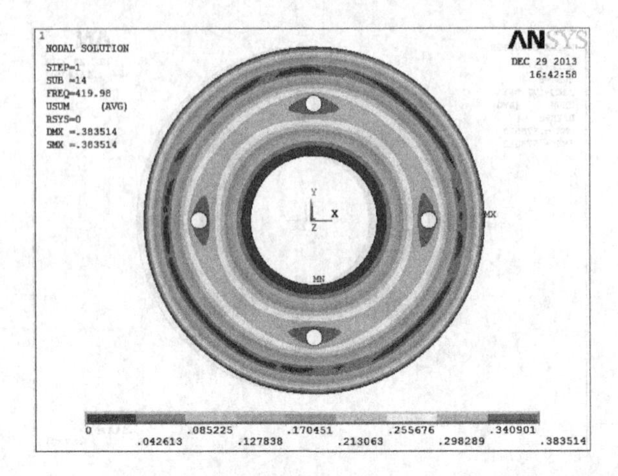

图 4-30 开 4 个消音孔直径 830mm 圆锯片的 1 阶节圆模态图

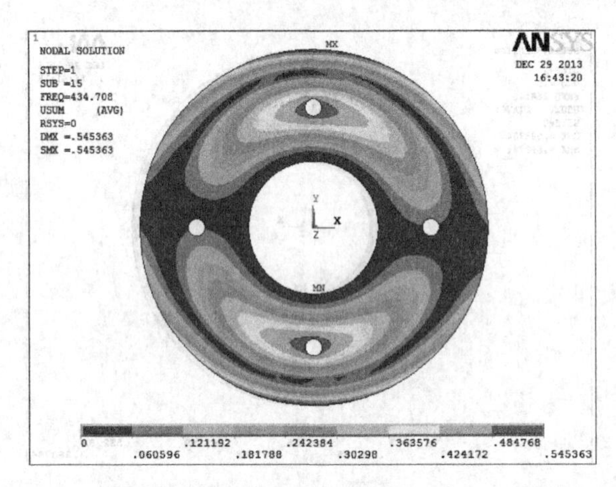

图 4-31 开 4 个消音孔直径 830mm 圆锯片的 1 阶节圆 1 阶节直径模态图

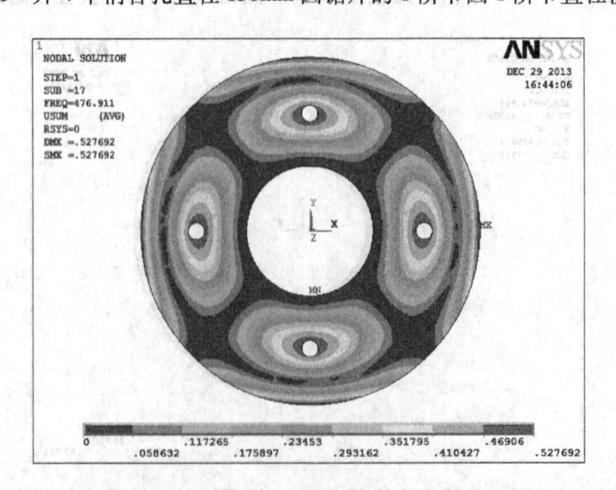

图 4-32 开 4 个消音孔直径 830mm 圆锯片的 1 阶节圆 2 阶节直径模态图

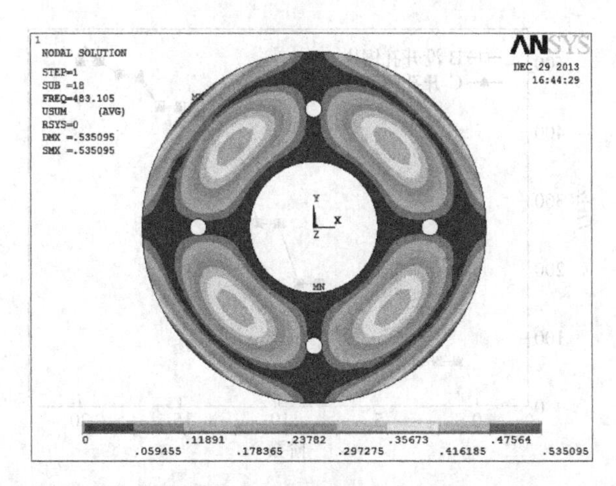

图 4-33 开 4 个消音孔直径 830mm 圆锯片的 1 阶节圆 2 阶节直径模态图

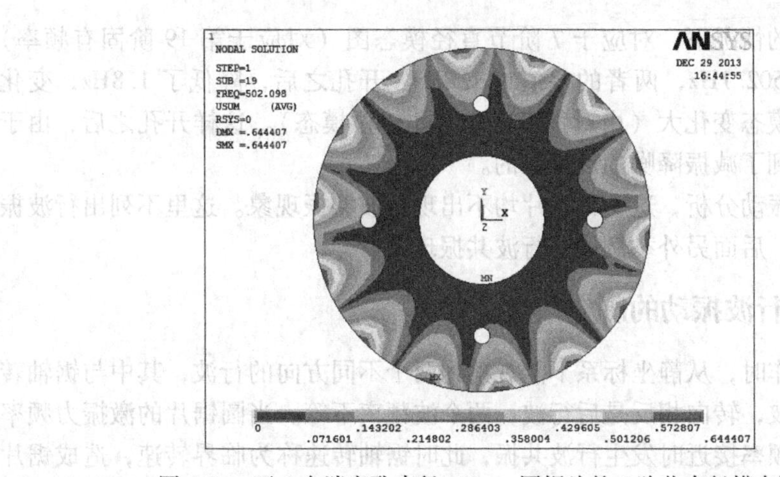

图 4-34 开 4 个消音孔直径 830mm 圆锯片的 7 阶节直径模态图

4.2.3 两种圆锯片的固有频率对比分析

把上述两种圆锯片的固有频率绘制在图 4-35 中，得到频率-阶次图，进行对比分析。曲线 B 代表无孔圆锯片，C 代表开孔圆锯片。

开孔之后，高阶固有频率稍微有一点减低。主要是由于开孔之后，模态撕裂，阻断了振动传播路径，达到减振降噪效果。与图 4-20 没有开孔直径 830mm 圆锯片的 7 阶节直径模态图有所不同，例如：7 阶节直径模态图（对应于第 19 阶固有频率），没有开孔的情况，模态图具有良好的对称性。没有开孔的情况下，模态图具有良好的对称性，对应于 7 阶节直径模态图（对应于第 19 阶固有频率）的固有频率是 503. 9Hz。

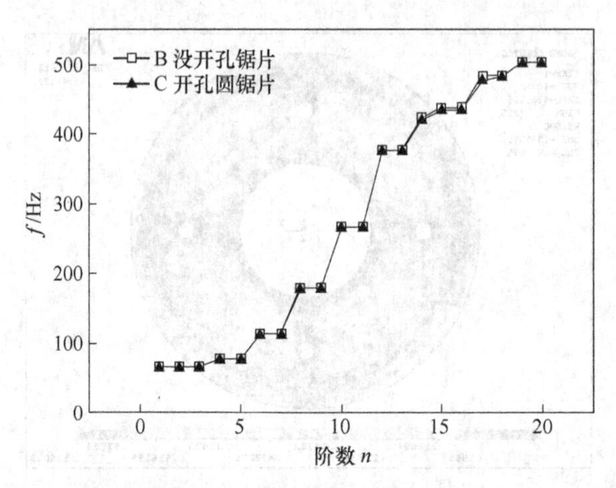

图 4-35　开孔和没开孔直径 830mm 两种圆锯片的固有频率分布图

开 4 个孔的情况下，对应于 7 阶节直径模态图（对应于第 19 阶固有频率）的固有频率是 502.1Hz，两者的差值为 1.8Hz。开孔之后，降低了 1.8Hz，变化不大，关键是模态变化大（由对称模态变为非对称模态）。这样开孔之后，由于模态撕裂，达到了减振降噪的设计目的。

经过行波振动分析，这 3 种锯片均不出现行波共振现象。这里不列出行波振动的计算工作，后面另外举例说明行波共振现象。

4.3　圆锯片行波振动的研究

圆锯片工作时，从静坐标系下能观察到两个不同方向的行波，其中与锯轴转向相同是前行波，转向相反是后行波，两个波频率不等。当圆锯片的激振力频率与前、后行波频率接近时发生行波共振，此时锯轴转速称为临界转速，造成锯片动态失稳。

圆锯片在工作中发生行波共振会影响锯片使用寿命和降低加工精度。目前的解决措施是改造锯片使其避开共振点。由于工作转速内的共振点多，锯片不能完全避开行波共振，所以必须对锯片进行行波振动分析，确定临界转速，为合理选取工作转速提供依据。

4.3.1　圆锯片的行波波动方程

圆锯片锯切时做高速旋转运动，离心力的存在使圆锯片产生离心刚化。将圆锯片简化为厚度为 h 的圆环板，且外边缘自由、内边缘夹支，在极坐标系下波动方程为：

$$D\nabla^4 W + C\frac{\partial W}{\partial t} + \rho h\frac{\partial^2 W}{\partial t^2} = f(t) \tag{4-1}$$

其中 $\nabla^4 = \nabla^2\nabla^2$，

$$\nabla^2 = \frac{\partial^2}{\partial r^2} + \frac{1}{r}\frac{\partial}{\partial r} + \frac{1}{r^2}\frac{\partial^2}{\partial \theta^2} \tag{4-2}$$

圆环板的弯曲刚度 D：

$$D = Eh/[12(1-\mu^2)] \tag{4-3}$$

假定，阻尼 C 小到可不计，则自由波动方程式（4-1）成为：

$$D\nabla^4 W + \rho h \frac{\partial^2 W}{\partial t^2} \tag{4-4}$$

边界条件：在内边缘 $r=r_a$；

$$W = 0, \qquad \frac{\partial W}{\partial r} = 0 \tag{4-5}$$

在外边缘 $r = r_b$ 。

$$\left.\begin{aligned} &\frac{\partial}{\partial r}\nabla^2 W + \frac{1-\mu}{r^2}\frac{\partial^2}{\partial \theta^2}\left(\frac{\partial W}{\partial r} - \frac{W}{r}\right) = 0 \\ &\frac{\partial^2 W}{\partial r^2} + \mu\left(\frac{1}{r}\frac{\partial W}{\partial r} + \frac{1}{r^2}\frac{\partial^2 W}{\partial \theta^2}\right) = 0 \end{aligned}\right\} \tag{4-6}$$

当 $m = 0$ 时，特征函数记为：

$$W_{0n} = W_{0n}(r) \tag{4-7}$$

当 $m \neq 0$ 时，圆环板特征函数有重根，记为：

$$\left.\begin{aligned} W_{mn}^{(1)}(r,\theta) = W_{mn}(r)\cos m\theta \\ W_{mn}^{(2)}(r,\theta) = W_{mn}(r)\sin m\theta \end{aligned}\right\} \tag{4-8}$$

此时，m 是模态节径数，n 是模态节圆数。设通解为：

$$W_{mn}(r) = A_N J_N(\gamma_{mn} r) + B_N Y_N(\gamma_{mn} r) + C_N I_N(\gamma_{mn} r) + D_N K_N(\gamma_{mn} r) \tag{4-9}$$

J_N、Y_N 及 I_N、K_N 依次是 N 阶第一和第二个实、虚宗量 Bessel 函数。

把式（4-9）以式（4-7）和式（4-8）的形式代入式（4-4）得：

$$w_{mn} = \{Eh^2/[12\rho(1-\mu^2)]\}\gamma_{mn}^4 \tag{4-10}$$

频率解出，其中 γ_{mn} 由边界条件用数值解求出，并且 W_{mn} 同时满足：

$$D\nabla^4 W_{mn} = \rho h w_{mn}^2 W_{MN} \tag{4-11}$$

波动振动的正交性条件：

$$\int_{-\pi}^{\pi}\int_{r_a}^{r_b} W_{mn}^{(k)} \rho h r \mathrm{d}r \mathrm{d}\theta = 0,\ j \neq k,\ m \neq l,\ n \neq s \tag{4-12}$$

4.3.2 马钢直径 1260mm 圆锯片的行波共振分析

马钢在制造轮箍的工艺过程中钢锭切割需要采用金刚石圆锯片，锯片在进行切割工作中常发生振动，不仅降低产品质量、缩短锯片使用寿命，也威胁制造安全，成为企业难题。

以马钢用的直径 1260mm 锯片为研究对象，该圆锯片按照设计要求每分钟可以切 100 刀，但振动严重时只能切 30 刀，影响了锯切效率。众多学者就此展开研究，但振动现象依然存在。研究表明，该圆锯片振动不是激振力频率接近圆锯片固有频率造成的共振。

针对圆锯片高速旋转的工作特点，基于行波振动理论，从行波振动角度分析该圆锯片出现强烈振动的原因。

利用 ANSYS 程序进行圆锯片的模态分析，得到直径 1260mm 圆锯片的固有频率，通过坎贝尔图得到引起该圆锯片行波共振的共振转频，为合理选择圆盘冷锯机的工作转速提供了依据。

4.3.2.1 建立直径 1260mm 圆锯片有限元模型

以直径 1260mm 圆锯片为研究对象，其结构参数：外径 $D=1260\text{mm}$，内径 $d=630\text{mm}$，厚度 $t=7\text{mm}$，锯齿数 $Z=54$。圆孔锯锯片性能参数：材料密度 7800kg/m^3，弹性模量 200GPa，泊松比 0.3。模型采用 20node186 实体单元类型，忽略锯齿影响建立有限元模型，网格划分方式都采用 Sweep 自由划分，有限元模型网格划分如图 4-36 所示。

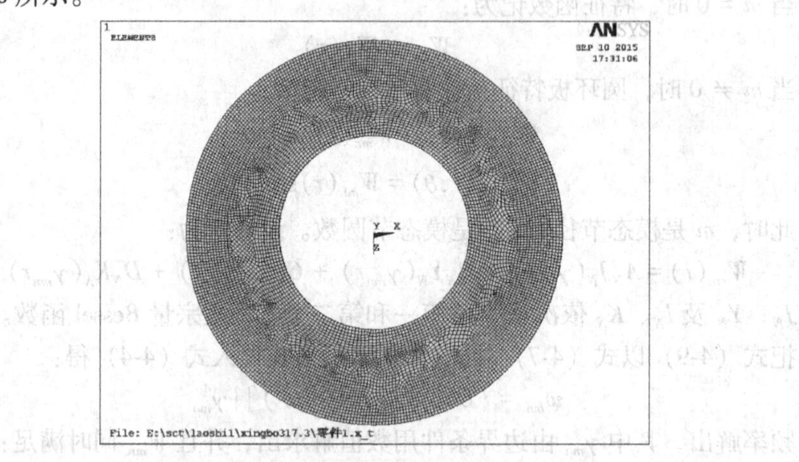

图 4-36 ϕ1260mm 圆锯片的有限元网格划分图

4.3.2.2 直径 1260mm 圆锯片模态分析结果

利用 ANSYS 程序对直径 1260mm 圆锯片进行模态分析，把得到的直径 1260mm 圆锯片前 20 阶固有频率列在表 4-4 中。

特别关注直径 1260mm 圆锯片圆锯片的典型模态，根据行波理论，当节径型模态的频率落于圆锯片的工作转速之内时，很容易被激起 1、2、3、4 节径的行波共振。提取了 ANSYS 模态求解得到 1、2、3、4 节径模态图，如图 4-37 所示。

表 4-4 直径 1260mm 圆锯片的前 20 阶固有频率

阶数	1	2	3	4	5	6	7	8	9	10
频率/Hz	51.55	54.36	54.36	64.41	64.41	84.78	84.78	117.17	117.17	161.62
阶数	11	12	13	14	15	16	17	18	19	20
频率/Hz	161.62	217.47	217.47	284.03	284.03	347.71	355.71	355.71	360.68	360.68

(0, 1) (0, 2)

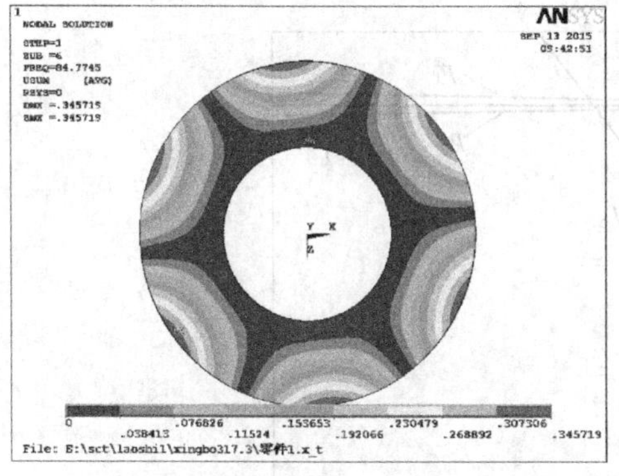

(0, 3)

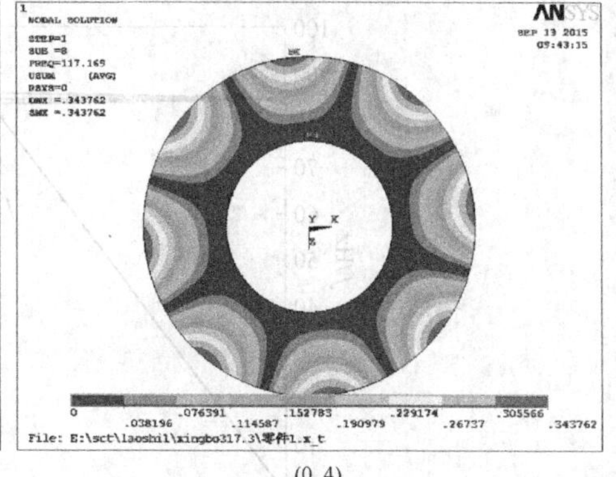

(0, 4)

图 4-37 直径 1260mm 圆锯片的 1、2、3、4 阶节直径模态图

4.3.3 直径 1260mm 圆锯片的行波振动

高速旋转的圆锯片的行波分为前行波和后行波，行波的频率计算公式分别是：

前行波频率：

$$p_{\mathrm{f}} = p(m,n) + n\Omega \tag{4-13}$$

后行波频率：

$$p_{\mathrm{b}} = p(m,n) - n\Omega \tag{4-14}$$

圆锯片锯切时，作用于圆锯片的激振频率是锯齿通过频率，激振频率计算公式为：

$$f_e = KZ\Omega \tag{4-15}$$

式中，p（m，n）为和圆锯片（m，n）振型对应的固有频率；Ω 为圆锯片的转动频率；K 为系数，取为 4。

锯切时候，Ω=0.4Hz，计算得 f_e=86.4Hz，与圆锯片的各阶固有频率相差较大，该圆锯片的振动不是激振力频率与固有频率相等引起的共振。

如图 4-37 所示，当圆锯片振型为（0，3）时，$P(0, 3)$ = 84.78Hz，计算得：

$$p_f = 85.98\text{Hz},\ p_b = 83.58\text{Hz}$$

计算结果表明，激振力频率和直径 1260mm 圆锯片的与第 3 阶节直径模态有关系的前行波频率非常接近，造成了直径 1260mm 圆锯片的前行波共振。

坎贝尔图常应用于高速回转结构的设计中，为了避免结构在临界转速区域发生行波共振。工程上实际迫切需要得到 Campbell 图，通过解析计算旋转锯片的前行波频率和后行波频率，作出转动圆锯片 Campbell 图。研究和直径 1260mm 圆锯片第 3 阶节直径模态有关的前行波频率和前行波频率，得到 Campbell 图，画出的 Campbell 图，如图 4-38 所示。

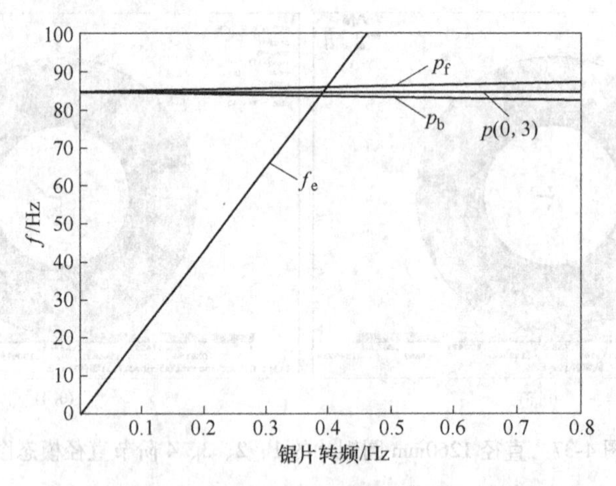

图 4-38　直径 1260mm 圆锯片的坎贝尔（Campbell）图

如图 4-38 所示，前行波、后行波的直线和激振力直线的交点，所对应的横坐标为共振转频，前行波直线与激振力直线的交点所对应的横坐标为高共振转频，后行波直线与激振力直线的交点的横坐标为低共振转频。通过坎贝尔图得到的圆锯片共振转动频率，可进一步转化为共振转速，此时的共振转速即为动态失稳的临界转速。锯片的旋转速度接近临界转速时，在激振力的作用下，圆锯片极容易发生行波共振，引起强烈的振动和噪声。

对于静止的圆锯片而言，激振力频率等于静止圆锯片的固有频率时，才能造成圆锯片的共振。对于锯切状态（旋转状态）的圆锯片而言，旋转状态的直径1260mm 圆锯片的激振力频率为 86.4Hz，不接近直径 1260mm 圆锯片的固有频率值，因为非常接近直径 1260mm 圆锯片的前行波频率，所以造成 1260mm 圆锯片的强烈的行波共振。

基于行波振动理论，分析了直径 1260mm 圆锯片强烈振动的原因。透过现象看本质，行波共振是根本原因。

4.4 圆孔锯锯片的行波振动分析

圆孔锯又称为开孔锯，通常以钻床或手电钻作为动力，能在木板、石板，甚至钢板上加工出不同孔径的圆孔。由于安装简单，操作方便，可进行环状切削加工圆孔，所以被广泛应用。圆孔锯锯片加工圆孔时，主要做旋转运动，由于有一定旋转速度，稍有振动便会带来巨大危害，不仅产生剧烈噪声，而且影响锯片的使用寿命和要加工圆孔的精度。国内外学者对圆锯片的振动特性研究较多，因为圆孔锯锯片是新型锯片，对该锯片的研究少。采用 ANSYS 有限元软件对圆孔锯锯片进行了模态分析，得到圆孔锯锯片的前 20 阶固有频率和固有模态；研究了消音槽对圆孔锯锯片固有频率和固有模态的影响，为设计减振降噪的圆孔锯锯片提供了理论依据。

4.4.1 有限元模态分析理论

基于模态分析，得到研究对象的固有频率和固有模态。忽略研究对象的阻尼效应的振动方程为：

$$[K]\{\Phi_i\} = \omega_i^2[M]\{\Phi_i\} \tag{4-16}$$

式中，$[K]$ 为结构总刚度矩阵；$[M]$ 为结构总质量矩阵；Φ_i 为结构第 i 阶的振型向量；ω_i 为结构的和第 i 阶模态对应的固有频率。

由下式求出结构的各阶固有频率：

$$\det\{[K] - \omega_i^2[M]\} = 0 \tag{4-17}$$

4.4.2 圆孔锯锯片的模态分析

4.4.2.1 圆孔锯锯片的有限元模型

圆孔锯锯片比圆锯片结构复杂，锯齿尺寸小，对锯片振动影响小，在有限元建模时忽略锯齿影响，对圆孔锯锯片的振动问题进行研究。

按照 3 个设计方案，研究圆孔锯锯片的振动：方案 1，圆孔锯锯片锯片无消音槽；方案 2，在圆筒处开直消音槽；方案 3，圆筒处开斜消音槽。各个方案的圆孔锯锯片模型如图 4-39 所示。

圆孔锯锯片结构如图 4-40 所示。锯片几何尺寸：底盘厚度 8mm，外径 130mm，圆筒壁厚 2mm，锯片高度 38mm。圆筒消音槽中心距离底盘底端 20mm，

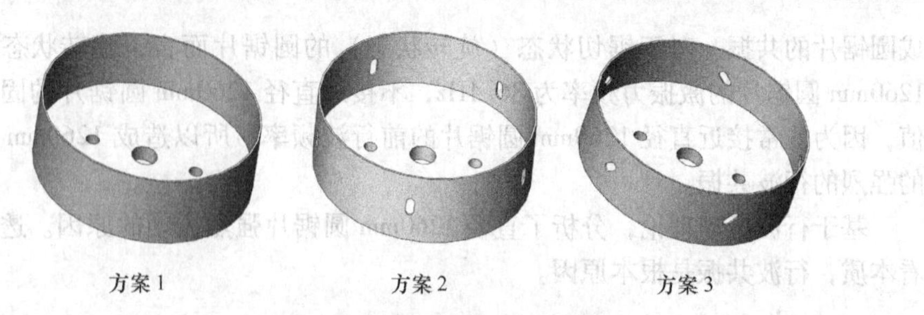

图 4-39　圆孔锯锯片的模型

槽长 10mm，槽宽 5mm，5 个槽均匀分布圆孔锯上。圆孔锯锯片的物理参数：密度为 7800kg/m^3，弹性模量 E 为 200GPa，泊松比为 0.3。约束条件：在 ϕ16mm 圆孔面所有节点均为固定点。

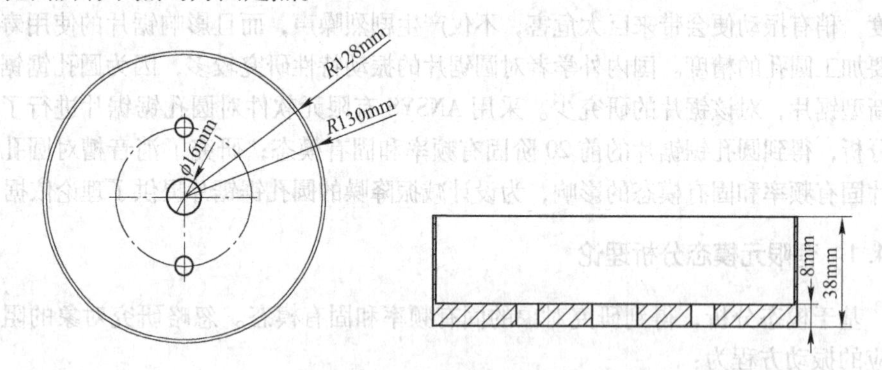

图 4-40　圆孔锯锯片结构

根据不同消音槽结构，采用 20node186 实体单元建立模型，采用三角 Smart Size 6 自由网格划分。方案 3，圆孔锯锯片的网格划分如图 4-41 所示。

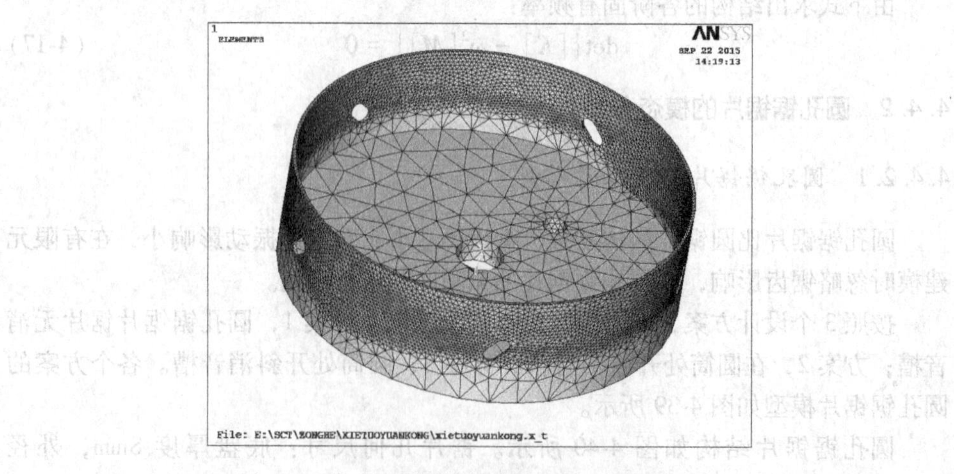

图 4-41　方案 3 圆孔锯锯片的有限元网格划分图

4.4.2.2 圆孔锯锯片的模态分析结果

用 ANSYS 软件对各个方案的圆孔锯锯片进行模态分析，得到了圆孔锯锯片的前 20 阶固有频率。把得到的各个方案的圆孔锯锯片的前 20 阶固有频率列在表中，见表 4-5~表 4-7。

表 4-5 方案 1 圆孔锯锯片的前 20 阶固有频率

阶数	1	2	3	4	5	6	7	8	9	10
频率/Hz	1412.5	1423.4	1835.5	2048.1	2071.8	2461.9	3117.0	3163.0	3540.4	3569.2
阶数	11	12	13	14	15	16	17	18	19	20
频率/Hz	3946.3	3996.6	4469.2	4507.4	5061.0	5154.7	5824.4	5943.8	6789.8	6876.0

表 4-6 方案 2 圆孔锯锯片前 20 阶固有频率

阶数	1	2	3	4	5	6	7	8	9	10
频率/Hz	1413.6	1421.6	1810.9	1947.3	1952.0	2467.0	2850.2	2863.3	3100.9	3116.5
阶数	11	12	13	14	15	16	17	18	19	20
频率/Hz	3242.3	3295.0	3539.6	3557.5	4013.7	4023.0	4688.6	4693.5	5540.5	5547.9

表 4-7 方案 3 圆孔锯锯片前 20 阶固有频率

阶数	1	2	3	4	5	6	7	8	9	10
频率/Hz	1416.0	1423.6	1814.4	1944.4	1965.9	2468.2	2859.7	2880.8	3110.8	3148.8
阶数	11	12	13	14	15	16	17	18	19	20
频率/Hz	3273.6	3308.5	3555.6	3587.1	4031.1	4054.3	4713.6	4718.6	5563.8	5575.1

方案 1、2、3 圆孔锯锯片的固有频率如图 4-42 所示。由图可知，方案 2、3 锯片的各阶固有频率相近，且圆筒处消音槽对锯片固有频率的影响主要体现在高阶模态。相同阶数中，方案 2、3 圆孔锯锯片相对于方案 1 圆孔锯锯片的固有频率要低。

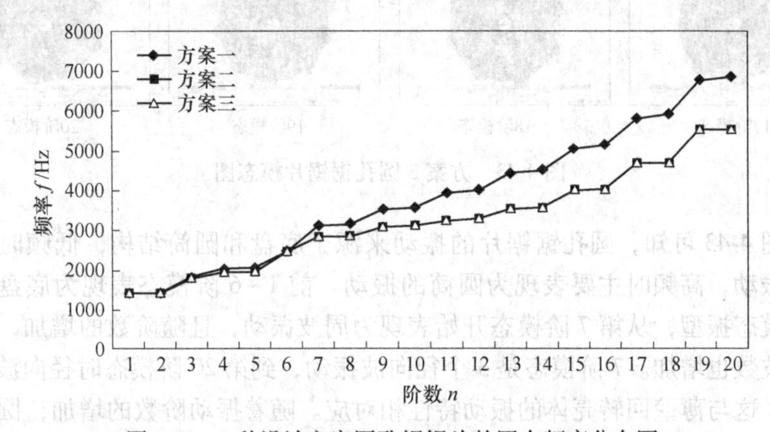

图 4-42 3 种设计方案圆孔锯锯片的固有频率分布图

方案 3 圆孔锯锯片的前 20 阶模态如图 4-43 所示。

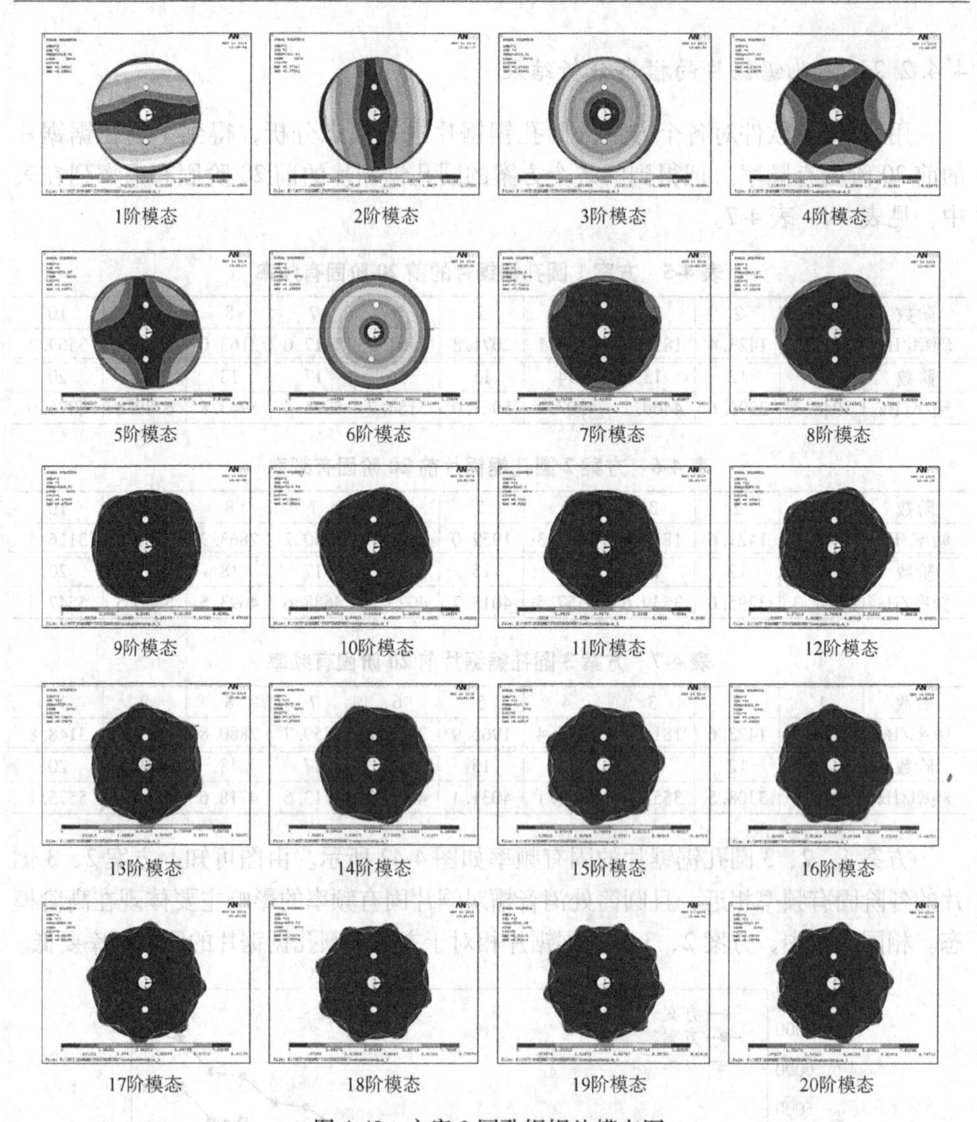

图 4-43 方案 3 圆孔锯锯片模态图

由图 4-43 可知，圆孔锯锯片的振动来源于底盘和圆筒结构，低频时表现为底盘的振动，高频时主要表现为圆筒的振动。前 1~6 阶模态表现为底盘的节径和节圆模态振型，从第 7 阶模态开始表现为周波振动，且随阶数的增加，振动的径向波波数也增加。7 阶模态是 3 个径向波振动，到第 20 阶模态时径向波数目增至 9 个，这与薄壁回转壳体的振动特性相对应。随着振动阶数的增加，圆孔锯锯片的固有频率也增加，前 6 阶的固有频率平缓地增加，而从第 7 阶开始固有频率增加较快，且从第 7 阶开始锯片振动主要表现为圆筒的周波振型。图 4-44 为方案 3 圆孔锯锯片第 7 阶模态图，固有频率 2868. 4Hz。

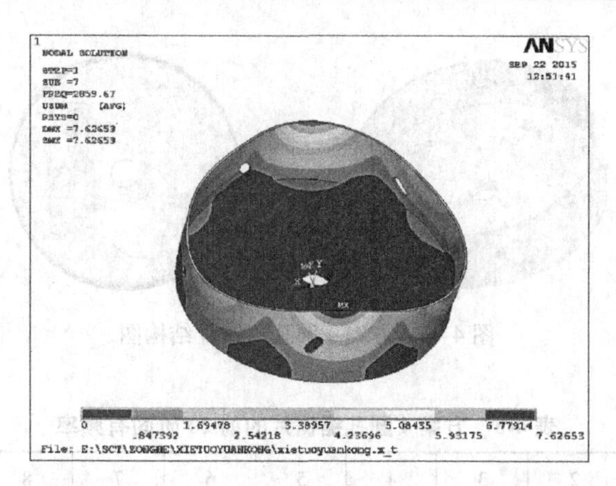

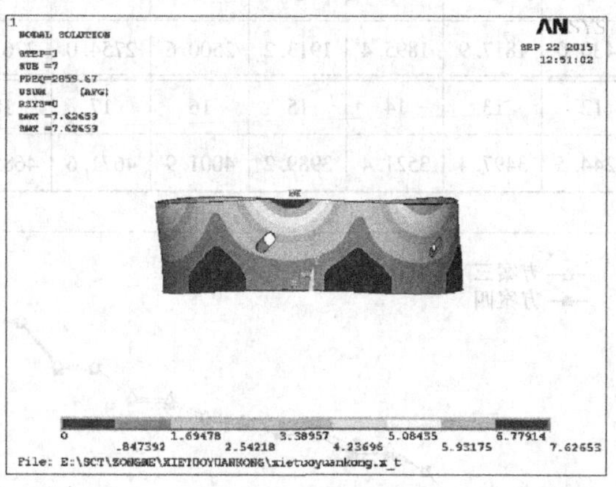

图 4-44 方案 3 圆孔锯锯片第 7 阶模态图

由图 4-44 可见，锯片的固有模态为圆筒上口径 3 个波径向摆动，呈三角形鼓曲形状。圆孔锯锯片的圆筒上开消音槽，使部分节线不连续，振动模态被撕裂，降低了圆孔锯工作时产生的噪声。

4.4.3 底盘带流线型消音槽的圆孔锯锯片模态分析

计算结果表明，在圆孔锯锯片的圆筒处开槽降低了第 7 阶以上固有频率，方案 3 锯片降幅更大，减振降噪效果更好。前 6 阶振动模态呈现底盘上（底盘呈现典型节直径模态），且圆筒处的消音槽对前 6 阶频率影响很小。因此在方案 3 圆孔锯锯片的底盘处设计流线形消音槽，因为撕裂了底盘的节直径模态，所以较大幅度地抑制圆孔锯锯片的振动和噪声。方案 4 圆孔锯锯片的模型如图 4-45 所示。

利用 ANSYS 程序对于方案 4 圆孔锯锯片进行模态计算，得到了圆孔锯锯片的前 20 阶固有频率，列在表 4-8 中。方案 4 圆孔锯锯片的固有频率与方案 3 圆孔锯锯片固有频率的比较如图 4-46 所示。

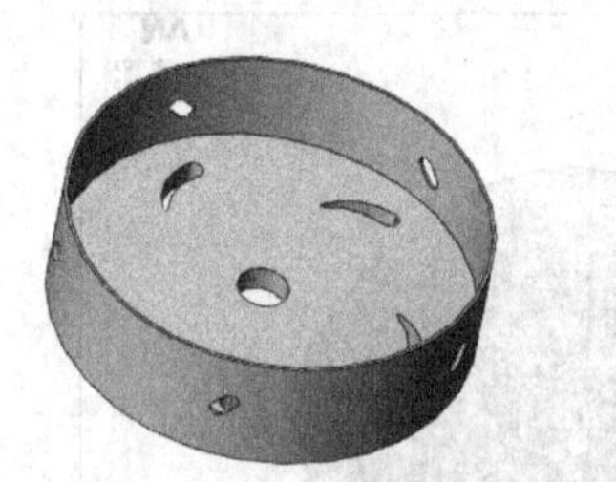
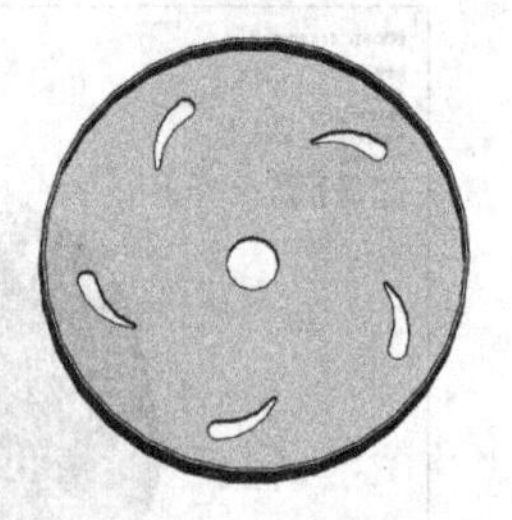

图 4-45　方案 4 圆孔锯锯片结构图

表 4-8　方案 4 圆孔锯锯片的前 20 阶固有频率

阶数	1	2	3	4	5	6	7	8	9	10
频率/Hz	1426.0	1430.0	1817.9	1895.4	1913.2	2500.6	2754.0	2761.2	3016.8	3028.1
阶数	11	12	13	14	15	16	17	18	19	20
频率/Hz	3171.7	3244.5	3497.4	3521.4	3989.2	4001.9	4671.6	4685.1	5535.7	5540.6

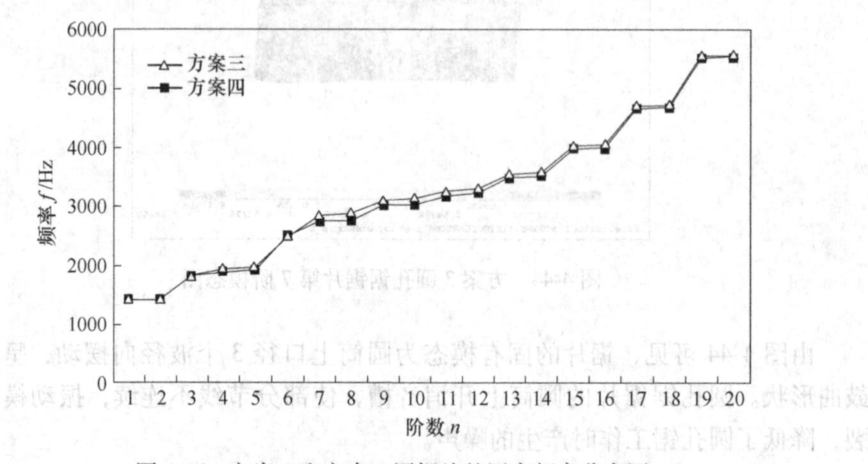

图 4-46　方案 3 和方案 4 圆锯片的固有频率分布图

计算结果表明，圆孔锯锯片底盘开消音槽对前 6 阶低模态有一定影响，且对高阶模态影响比较大。当圆孔锯锯片的模态表现为常见 2 阶节径模态时，方案 4 圆孔锯锯片比方案 3 圆孔锯锯片频率降低了 49Hz。此时，方案 4 圆孔锯锯片的底盘上开消音槽，使部分节线不连续，振动模态被撕裂，降低了圆孔锯工作时产生的噪声。方案 4 圆孔锯锯片的第 2 阶节直径模态如图 4-47 所示。

圆孔锯锯片的工作转速 500r/min(8.33Hz)，锯片齿数为 56，工件对于锯片的激振频率为 466.5Hz，4 种类型锯片的第一阶固有频率（基频）均大于 1412Hz。

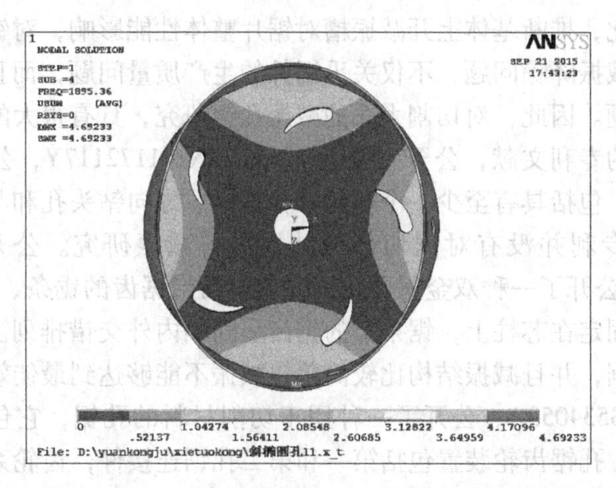

图 4-47 方案 4 圆孔锯锯片圆孔锯锯片第 2 阶节直径模态

对应于 1 阶节直径模态的前行波频率：$p_f = p(m, n) + n\Omega = 1433.33\text{Hz}$；

对应于 1 阶节直径模态的后行波频率：$p_b = p(m, n) - n\Omega = 1417.67\text{Hz}$；

激振力频率（锯齿通过频率）计算公式如下：$f_e = KZ\Omega = 466.67\text{Hz}$。

圆孔锯锯片激振力频率远小于后行波频率，不会发生行波共振。

因为底盘带流线型消音槽圆孔锯锯片能撕裂节直径的振动模态，所以减振降噪效果好。

4.5 创新产品设计中应用实例——减振圆孔锯锯片

4.5.1 减振圆孔锯锯片的设计背景

在木材加工行业，锯片因为切削性能良好和加工效率高而得到广泛应用。在家装中，大量使用木工板，为了造型设计会在木工板上切割大型空孔结构，为了使切出的圆孔不变形，此时会使用圆柱面锯片进行切割。锯片在工作时会高速旋转，会产生很大振动。锯片的振动主要是指锯片回转工作时，锯片在其平衡位置附近发生的微小往复运动。由于外部激振力的存在，锯片的振动是不可避免的，振动是锯切加工过程中普遍存在的现象。当激振力的频率与锯片固有阶频率相等时，锯片会发生共振，此时，振动会更加强烈。锯片旋转速度越高，锯切时锯片所受的激励越剧烈，产生的振动越大。振动不但会使锯切成的圆柱内表面不光滑，圆柱度公差带大，还会产生很大的振动噪声，造成严重的噪声污染。噪声中高频部分，尖锐刺耳，令人难以忍受，危害着车间工作人员的身体健康。据调查，绝大多数锯机车间的噪声水平都未达到国家相关部门的要求。因此，噪声污染不容忽视。为了降低工作时的振动，对锯片进行理论振动分析，在振动模态理论研究和试验分析的基础上，研究不同基体结构锯片的固有特性，分析其固有频率及振型的变化，推断基体上开减振槽对锯片整体性能影响，对锯片进行优化设计。解决锯片减振降噪问题，不仅关乎锯件的生产质量问题，而且也关乎着人们的身体健康问题。因此，对切割大孔的减振孔锯研究，具有很大的现实意义。

查阅公开的专利文献，公开（公告）号：CN201172117Y，公开了一种大型孔锯心轴装置，包括具有至少一个孔的心轴本体、导向钻头孔和与本体连接的第一端部，这个专利并没有对锯切部分结构进行减振研究。公开（公告）号：CN2445844Y，公开了一种双金属开孔锯，它包括带锯齿的锯条、芯柱、中心钻、锯条，中心钻固定在芯柱上，锯条上的锯齿呈间隔内外交错排列。这个开孔锯是一种金属开孔锯，并且减振结构比较简单，减振不能够达到最佳效果。公开（公告）号：CN103534053A，公开了一种用于切削材料的孔锯，它包括驱动系统和孔锯齿轮装置。孔锯齿轮装置包括第一和第二孔锯连接件，齿轮系统使第一孔锯连接件和第二孔锯连接件在启动驱动系统时沿相反的方向转动。这个孔锯重点研究传动系统，对于锯片减振降噪部分研究欠佳。公开（公告）号：CN202726139U，公开了一种可快速更换的孔锯组件，包括有孔锯和孔锯锁，孔锯锁包括有锁体、衬套、卡簧、弹簧、紧定螺钉、销子以及锁定块。公开（公告）号：CN203227852U，公开了一种新型孔锯，它包括一顶面开口、底面中心开设有一螺纹孔的转筒、上部设置有螺纹段的轴杆。公开（公告）号：CN101970159A，公开了一种改进废料移出能力的孔锯系统，提供了一种孔锯系统，它包括孔锯和心轴，孔锯包括底部和本体部，心轴包括用于容置孔锯的装置。公开（公告）号：CN103302354A，公开了一种圆弧表面孔加工用锯钻，它包括静套筒、动套筒、孔锯和可收缩其内径大小的夹紧环以及安装在静套筒上并能保持孔锯加工位置的弹性顶针定位机构。公开（公告）号：CN2759655Y，公开了一种快速接换圆孔锯钻，它包括圆孔锯的安装位，其转轴的接驳端设有与接驳插座配合的传递力矩的受力端面，接驳端还设有与接驳插座锁紧配合的环形槽，接换操作简单快速方便，提高工作效率。这些孔锯都没有充分考虑孔锯减振问题。锯片的振动和噪声与多种因素有关，需要进一步深入理论和实践研究，据此，推出能够减振降噪达到最佳效果的孔锯。

4.5.2　一种减振圆孔锯锯片的设计

设计一种减振圆孔锯锯片，能够大幅度减振降噪，提高工作效率，改善工作环境。

如图 4-48 所示，设计的一种减振圆孔锯锯片，包括：基体钢板、复合阻尼材料、流线形槽、通孔、柱孔、芯柱、中心钻、弹簧、锯条、螺旋线形槽、硅橡胶、钢丝网。

如图 4-49 所示，基体钢板为两片圆形钢板，两片圆形钢板中间夹复合阻尼

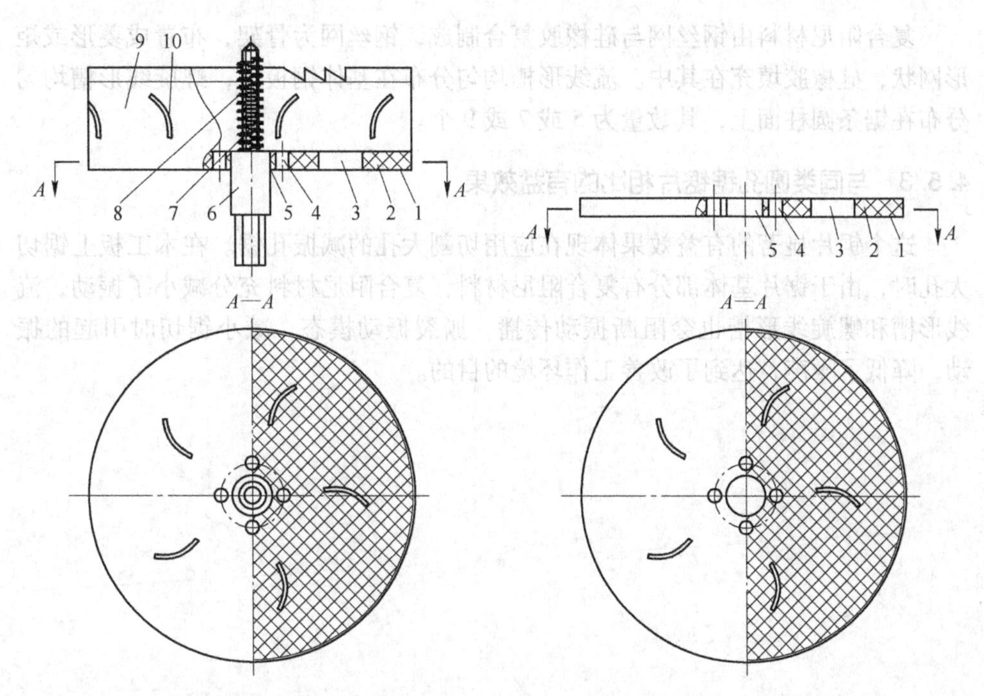

图 4-48 一种减振圆孔锯锯片结构示意图

1—基体钢板；2—复合阻尼材料；3—流线形槽；
4—通孔；5—柱孔；6—芯柱；7—中心钻；
8—弹簧；9—锯条；10—螺旋线形槽

图 4-49 锯片基体的结构示意图

1—基体钢板；2—复合阻尼材料；
3—流线形槽；4—通孔；5—柱孔

材料，形成一个“三明治”结构，在“三明治”结构的圆形表面上开有穿透的奇数流线形槽。复合阻尼材料起减振作用，流线形槽会阻断振动传播，减小锯切时引起的振动。在“三明治”结构的圆形表面中心开有柱孔，芯柱在柱孔处与基体钢板固接，中心钻固接在芯柱上，在锯切时靠中心钻定位。弹簧套装在中心钻上。在锯切定位时，弹簧使锯齿与木工板不接触；在锯切过程中，对木工板定位，防止木工板翘起；在锯切完成时，防止木工板嵌入锯条圆柱内腔，不容易取出。锯条结构如图 4-50 所示，柱孔周围是通孔，在圆形钢板的边缘焊一个锯条，锯条围成圆柱面，在锯条的圆周上开有奇数螺旋线形槽，螺旋线形槽与流线形槽的位置相互错开，锯条上加工锯齿。

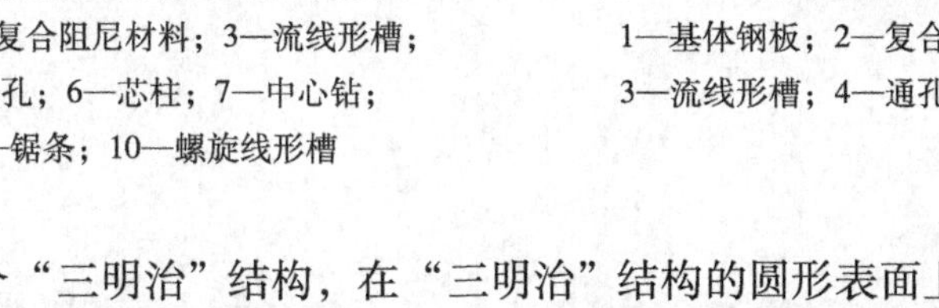

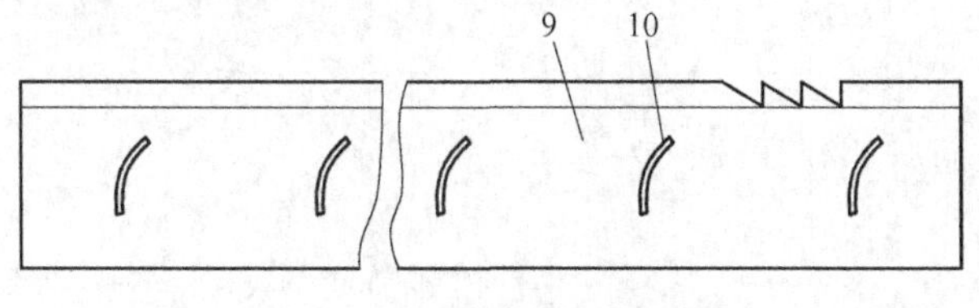

图 4-50 锯条结构示意图

复合阻尼材料由钢丝网与硅橡胶复合制成，钢丝网为骨架，布置成菱形或矩形网状，硅橡胶填充在其中。流线形槽均匀分布在基体钢板上，螺旋线形槽均匀分布在锯条圆柱面上，其数量为5或7或9个。

4.5.3 与同类圆孔锯锯片相比的有益效果

这个锯片显著的有益效果体现在应用切割大孔的减振孔锯。在木工板上锯切大孔时，由于锯片基体部分有复合阻尼材料，复合阻尼材料充分减小了振动，流线形槽和螺旋线形槽也会阻断振动传播，撕裂振动模态，减小锯切时引起的振动，降低了噪声，达到了改善工作环境的目的。

5 安装减振器的振动机械动力学分析及其应用

本章以振动机械中典型设备——振动筛为例，对单自由度和两自由度系统进行动力学分析，研究振动机械的稳态和共振阶段的动力学问题，研究振动机械在共振阶段时传到基础的动负荷，得到减振器最佳质量比。为了减小振动机械对基础的动负荷，在振动机械上安装减振器，对减振器优化设计。

5.1 单自由度振动筛动力学分析

对于振动筛而言，共振情况下，振动筛对于基础动负荷计算是一项重要课题，设计筛分机械的厂家，对共振状态下的振动筛对基础动负荷计算都是凭经验估算，没有理论计算公式。

在启动过渡阶段，由于电动机启动时间很短，转速增加较快，激振力频率在极短时间内快速越过振动筛系统各个固有频率（主频率），所以共振现象并不严重。在停车过程中，当电动机断电后，由于转动部分转动惯量较大，振动器振子缓慢地减速，停车减速时间较长，所以停车过程中产生的激振力频率有足够长的时间与系统的各个固有频率（主频率）重合。每当激振力频率经过系统固有频率时候，发生共振时间较长，共振现象比较剧烈。在停车阶段必须通过共振区，往往引起振幅异常增大，其振幅达到正常工作振幅的4~6倍，有时甚至8倍。停车过程中，共振强度最大的一次发生在第一阶固有频率，此时筛箱猛烈冲击缓冲器，使基础承受很大的冲击力。依据工程经验，在停车过程中，必须着重考虑强烈振动对于基础造成的动载荷。

基于利用模态分析理论，在停车和启动阶段，计算共振时对于地基的动负荷，以及稳态工作时对于地基的动负荷，并且推导两种情况下的动负荷比值 N 的计算公式（共振振幅和正常工作振幅比值的计算公式）。

5.1.1 振动筛对于基础动负荷的计算

依据振动筛设计理论，计算振动筛对于基础动负荷的计算模型如图 5-1 所示。

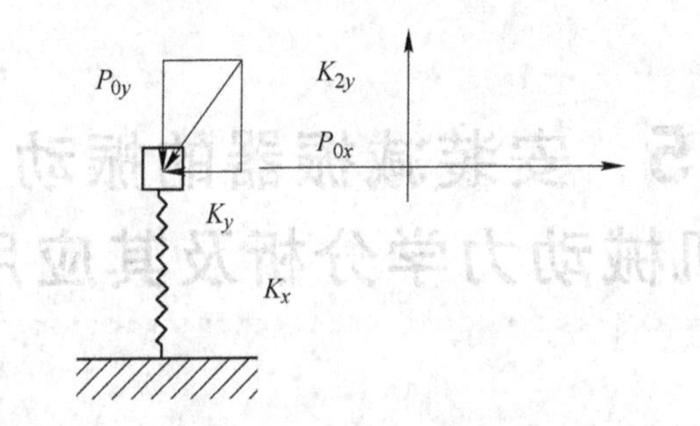

图 5-1　振动筛的计算模型

激振力 P_0 为:

$$P_0(\omega) = 2mr\omega^2 \tag{5-1}$$

系统的运动微分方程式为:

$$M\ddot{x} + K_x x = P_0(\omega)\sin\omega t\cos\theta \tag{5-2}$$

$$M\ddot{y} + K_y y = P_0(\omega)\sin\omega t\sin\theta \tag{5-3}$$

位移阻抗 $Z_d(\omega)$:

$$Z_d(\omega) = K - M\omega^2 - jc\omega \tag{5-4}$$

位移导纳 $H_d(\omega)$:

$$H_d(\omega) = \frac{1}{K - M\omega^2 + 2jc\omega} \tag{5-5}$$

无量纲位移导纳 $H'_d(\omega)$:

$$H'_d(\omega) = \frac{1}{(1-\lambda^2) + 2j\xi\lambda} \tag{5-6}$$

$$|H'_d(\omega)| = \beta(\omega) = \frac{1}{\sqrt{(1-\lambda^2)^2 + (2\xi\lambda)^2}} \tag{5-7}$$

稳态工作时候振幅:

$$x = \frac{1}{\sqrt{(1-\lambda^2)^2 + (2\xi\lambda)^2}} \frac{2mr\omega^2\cos\theta}{K_x} \tag{5-8}$$

$$y = \frac{1}{\sqrt{(1-\lambda^2)^2 + (2\xi\lambda)^2}} \frac{2mr\omega^2\sin\theta}{K_y} \tag{5-9}$$

式中　P_0——激振力, kN;

ω——激振力频率, rad/s, ω=103.62rad/s;

θ——激振力和水平方向夹角, (°), 取 θ = 40°;

M——筛箱及其振动部分的质量, 3800kg;

x, y——分别为 M 的位移坐标, m;

K_x, K_y——分别为支承弹簧的水平和垂直刚度系数, kN/m;

r——偏心距，mm；

ξ——阻尼比，$\xi=0.05$；

λ——频率比。

5.1.2 共振阶段单自由度振动筛对基础动负荷的计算

停车和启动阶段，共振时候振幅：

$$x = \frac{1}{2\xi}\frac{2mr\omega_{Nx}2\cos\theta}{K_x} \tag{5-10}$$

$$y = \frac{1}{2\xi}\frac{2mr\omega_{Ny}^2\sin\theta}{K_y} \tag{5-11}$$

N为停车和启动阶段，共振时候对于地基动负荷与稳态工作时候对于地基动负荷的比值：

$$N = \frac{\sqrt{(1-\lambda^2)^2+(2\xi\lambda)^2}}{\lambda^2}\frac{1}{2\xi} \tag{5-12}$$

阻尼比非常小的情况下：

$$N = \frac{\lambda^2-1}{2\xi\lambda^2} \tag{5-13}$$

频率比远远大于1时候：

$$N = \frac{1}{2\xi} \tag{5-14}$$

应该考虑X轴方向和Y轴方向，计算公式，$\xi_X=\xi_Y=\xi$。

N表示停车和启动阶段，共振时候振动筛对于基础动负荷和稳态工作时候振动筛对于基础动负荷的比值（也表示停车和启动阶段，共振时候振幅和稳态工作时候振幅的比值）：

$$F_{Gd} = \frac{\lambda^2-1}{2\xi\lambda^2}\frac{2Kmr}{M} \tag{5-15}$$

5.1.3 振动筛对基础动负荷的计算实例

黏弹性支承主要是橡胶，适合隔离较高频率的振动。在工作环境受到严格控制的环境中，天然橡胶是廉价的隔离器，天然橡胶还有一定的阻尼能力，天然橡胶和聚氯器丁橡胶的阻尼比$\xi=0.05$，比钢弹簧阻尼比大。用作隔振器的橡胶硬度较小，硬度值在30~80之间。

根据6.3m^{2}直线振动筛资料，进行了详细计算，把计算结果列在表5-1中，测试结果列在表5-2中。把不同阻尼比和共振时候对于地基动负荷与稳态工作时候，对于地基动负荷的比值列在表5-3中，经验数值$N=8$，实际测试$N=7.40$，理论计算$N=10$。分析结果表明，理论计算和测试结果比较吻合。

表 5-1 阻尼比和停车和启动阶段（共振）对于地基动负荷与稳态工作时候对于地基动负荷的比值

ξ	0.05	0.0625	0.06757
N	10	8	7.4

表 5-2 文献［3］中采用橡胶弹簧的直线振动筛对于地基动负荷测试结果

方向	$K/\mathrm{kg\cdot cm^{-1}}$	频率比	比值	稳态工作阶段动负荷 F/kg	停车阶段动负荷/kg
垂直	1103.2	5.92	7.4	390.72	2891.18
水平	367.73	10.64	7.4	155.2	1148.8

表 5-3 采用橡胶弹簧直线振动筛对于地基动负荷计算结果

方向	$K/\mathrm{kg\cdot cm^{-1}}$	频率比	比值	稳态工作阶段动负荷 F/kg	停车阶段动负荷 F/kg
垂直	1103.2	5.92	10.0	390.7	3907.0
水平	367.73	10.64	10.0	155.2	1552.0

引进德国 KHD 公司技术，采用橡胶弹簧支承直线振动筛。例如，以下 USL 系列振动筛，型号 USL1.40×3.00，USL1.60×3.75，USL1.80×4.50，USL2.0×5.25，USL2.40×4.50，USL2.40×5.25，USL2.40×6.00，USL3.0×4.50，USL3.0×5.25，USL3.0×6.00，USL3.60×4.50，USL3.60×5.25，USL3.60×6.00，USL4.50×6.50，2USL2.40×6.00，共振时候对于地基动负荷与稳态工作时候对于地基动负荷的比值 $N=8$。指出了计算 N 值的理论依据。

振动筛质量为 3800kg，采用橡胶弹簧时候系统固有频率为：$\omega=17.51\mathrm{rad/s}$，激振力频率 $\omega=103.62\mathrm{rad/s}$，橡胶弹簧阻尼比为 0.05。

5.1.4 固有频率的计算

对于系统固有频率进行计算：

$$\omega_{Ny}=\sqrt{\frac{K_Y}{M}},\ \omega_{Nx}=\sqrt{\frac{K_X}{M}}$$

采用橡胶弹簧时候，系统的垂直方向固有频率为 $\omega_{Ny}=17.51\mathrm{rad/s}$。

采用橡胶弹簧时候，系统的水平方向固有频率为 $\omega_{Nx}=9.74\mathrm{rad/s}$。

根据推导的停车阶段和稳定阶段振动筛对地基动负荷比值 N 的计算公式，并且计算振动筛对地基动负荷，以及计算停车阶段振动筛对地基动负荷，计算结果表明与实际测试结果比较吻合。

5.2 安装减振器大型振动筛的动力学分析

振动筛广泛应用于煤炭和冶金矿山工业中，大型振动筛基础设计是一项专门而复杂的课题，涉及机械和土建两个专业。在动力机器规范中，没有振动筛基础设计的标准和关于振动筛对于地基动负荷的计算。振动筛对于基础动负荷分析是一项重要的课题，对不带隔振台振动筛的共振状态下，对基础动负荷问题已有了一些研究，下面对带隔振台振动筛对于基础的动负荷进行讨论，重点研究发生共振情况下，阻尼对基础动负荷的影响。

共振阶段带隔振台大型直线振动筛对地基的动负荷计算，对其他振动筛对基础的动负荷分析具有重要意义，可为进一步研究振动筛和地基基础的耦合振动奠定基础。下面以实际例子为基础进行推导和计算。

5.2.1 无阻尼情况下安装减振器振动筛动力学分析

带隔振台振动筛计算模型，如图 5-2 所示。振动筛为刚性结构，Z 方向位移可以忽略。依据振动筛设计理论，计算对于基础的动负荷。

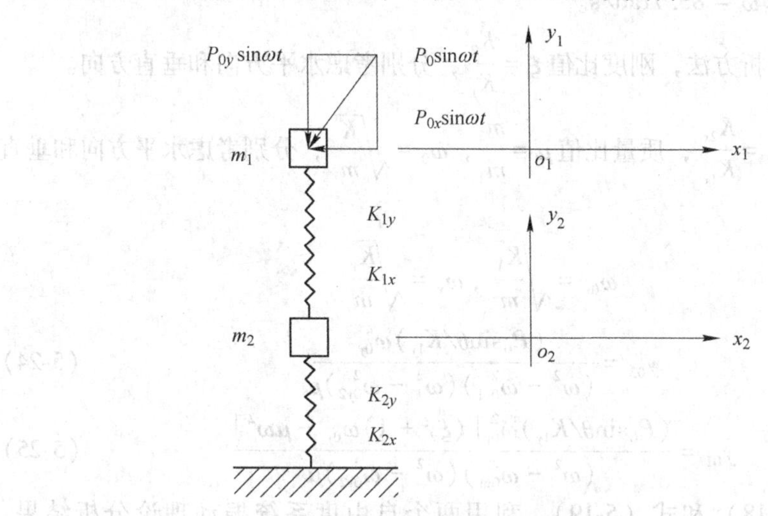

图 5-2 安装减振器振动筛的计算模型

P_0—激振力，kN；ω—激振力频率，rad/s；θ—激振力和水平方向夹角，(°)；m_1—筛箱及其振动部分的质量，kg；m_2—减振架质量，kg；x_1，y_1—m_1 的位移坐标，m；x_2，y_2—m_2 的位移坐标，m；K_{1x}，K_{1y}—分别为支承弹簧的水平和垂直刚度系数，kN/m；K_{2x}，K_{2y}—分别为减振弹簧的水平和垂直刚度系数，kN/m

5.2.1.1 振动筛和减振器振幅的计算

依据机械振动理论，对于振动筛及减振底架的振幅进行计算。

$$m_1\ddot{x}_1 + K_1(x_1 - x_2) = P_0\sin\omega t\cos\theta \tag{5-16}$$

$$m_2\ddot{x}_2 - K_1(x_1 - x_2) + K_2x_2 = 0 \tag{5-17}$$

$$m_1\ddot{y} + K_1(y_1 - y_2) = P_0\sin\omega t\sin\theta \tag{5-18}$$

$$m_2\ddot{y}_2 - K_1(y_1 - y_2) + K_2y_2 = 0 \tag{5-19}$$

根据式（5-16）和式（5-17），利用两个自由度系统振动理论分析结果，求得：

$$y_{01} = \frac{P_0(K_{1y} + K_{2y} - m_2\omega^2)\sin\theta}{(K_{2y} - m_2\omega^2)(K_{1y} - m_1\omega^2) - m_1K_{1y}\omega^2} \tag{5-20}$$

$$y_{02}=\frac{P_0K_{1y}\sin\theta}{(K_{2y}-m_2\omega^2)(K_{1y}-m_1\omega^2)-m_1K_{1y}\omega^2}\tag{5-21}$$

根据式（5-18）和式（5-19），利用两个自由度系统振动理论分析结果，求得：

$$x_{01}=\frac{P_0(K_{1x}+K_{2x}-m_2\omega^2)\cos\theta}{(K_{2x}-m_2\omega^2)(K_{1x}-m_1\omega^2)-m_1K_{1x}\omega^2}\tag{5-22}$$

$$x_{02}=\frac{P_0K_{1x}\cos\theta}{(K_{2x}-m_2\omega^2)(K_{1x}-m_1\omega^2)-m_1K_{1x}\omega^2}\tag{5-23}$$

激振力频率 $\omega=83.7\text{rad/s}$。

采用因子分析方法，刚度比值 $\xi=\frac{K_2}{K_1}$，分别考虑水平方向和垂直方向。

$\xi_y=\frac{K_{2y}}{K_{1y}}$，$\xi_x=\frac{K_{2x}}{K_{1x}}$，质量比值 $\mu=\frac{m_2}{m_1}$，$\omega_0=\sqrt{\frac{K}{m}}$，分别考虑水平方向和垂直方向。

$$\omega_{0x}=\sqrt{\frac{K_X}{m}}\ ,\ \omega_y=\sqrt{\frac{K_y}{m}}$$

$$y_{02}=\frac{(P_0\sin\theta/K_{1y})\omega_{0y}^4}{(\omega^2-\omega_{0y1}^2)(\omega^2-\omega_{0y2}^2)\mu}\tag{5-24}$$

$$y_{01}=\frac{(P_0\sin\theta/K_{1y})\omega_{0y}^2[(\xi y+1)\omega_{0y}-\mu\omega^2]}{(\omega^2-\omega_{0y1}^2)(\omega^2-\omega_{0y2}^2)\mu}\tag{5-25}$$

根据式（5-18）和式（5-19），利用两个自由度系统振动理论分析结果，求得：

$$x_{02}=\frac{(P_0\cos\theta/K_{1x})\omega_{0x}^4}{(\omega^2-\omega_{0x1}^2)(\omega^2-\omega_{0x2}^2)\mu}\tag{5-26}$$

$$x_{01}=\frac{(P_0\cos\theta/K_{1x})\omega_{0x}^2[(\xi_x+1)\omega_{0x}-\mu\omega^2]}{(\omega^2-\omega_{0x1}^2)(\omega^2-\omega_{0x2}^2)\mu}\tag{5-27}$$

5.2.1.2 振动筛对于基础动负荷的计算

稳态工作时，计算传到基础上的动载荷。

依据机械振动理论，对于振动筛对于基础的动负荷进行了计算。

$$F_x=K_{2x}x_{02}=\frac{P_0K_{1x}K_{2x}\cos\theta}{(K_{2x}-m\omega^2)(K_{1x}-Mm\omega^2)-m_1K_{1x}\omega^2}\tag{5-28}$$

$$F_y=K_{2y}y_{02}=\frac{P_0K_{1y}K_{2y}\sin\theta}{(K_{2y}-m_2\omega^2)(K_{1y}-m_1\omega^2)-m_1K_{1y}\omega^2}\tag{5-29}$$

垂直方向对于基础动负荷：

$$P_{d2y}=K_{2y}y_{02}=\frac{K_{2y}(P_0\sin\theta/K_{1y})\omega_{0y}^4}{(\omega^2-\omega_{0y1}^2)(\omega^2-\omega_{0y2}^2)\mu} \tag{5-30}$$

水平方向对于基础动负荷：

$$P_{d2x}=K_{2x}x_{02}=\frac{K_{2x}(P_0\cos\theta/K_{1x})\omega_{0x}^4}{(\omega^2-\omega_{0x1}^2)(\omega^2-\omega_{0x2}^2)\mu} \tag{5-31}$$

5.2.2 有阻尼情况下安装减振器振动筛的动力学分析

安装减振器振动筛的力学模型，如图 5-3 所示。

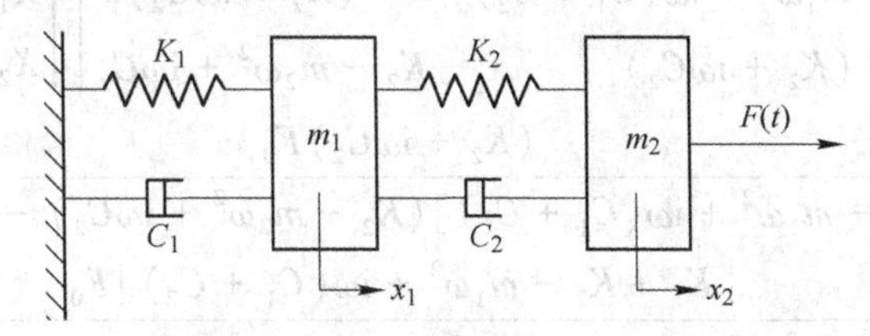

图 5-3 两个自由度系统振动力学模型

对于带隔振台的大型振动筛等设备，在稳态工作时候，阻尼影响非常小，而且是小阻尼，在共振情况下，阻尼影响非常显著。对于系统固有频率而言，带隔振台的大型振动筛等设备工作的时候，因为是小阻尼，所以有阻尼和无阻尼两种情况下，带隔振台的大型振动筛等设备没有差别。

对于忽略阻尼情况下，图中两个自由度系统，对于系统固有频率进行了计算。

$$\left.\begin{aligned}\omega_{Ny}^4-\omega_{Ny}^2\left(\frac{K_{2y}}{m_2}+\frac{K_{1y}+K_{2y}}{m_1}\right)+\frac{K_{1y}K_{2y}}{m_1m_2}=0\\ \omega_{Nx}^4-\omega_{Nx}^2\left(\frac{K_{2y}}{m_2}+\frac{K_{1y}+K_{2y}}{m_1}\right)+\frac{K_{1y}K_{2y}}{m_1m_2}=0\end{aligned}\right\} \tag{5-32}$$

写成通式：

$$\omega_N^4-\omega_N^2\left(\frac{K_2}{K_2}+\frac{K_1+K_2}{m_1}\right)+\frac{K_1K_2}{m_1m_2}=0 \tag{5-33}$$

$$a=1,\ b=\frac{K_2}{m_2}+\frac{K_1+K_2}{K_1},\ c=\frac{K_1K_2}{m_1m_2}$$

$$\Delta=\sqrt{b^2-4ac}$$

$$\left.\begin{aligned}\omega_{N1}=\frac{1}{2}\left(\frac{K_2}{m_2}+\frac{K_1+K_2}{K_1}-\Delta\right)^{\frac{1}{2}}\\ \omega_{N2}=\frac{1}{2}\left(\frac{K_2}{m_2}+\frac{K_1+K_2}{m_1}+\Delta\right)^{\frac{1}{2}}\end{aligned}\right\} \tag{5-34}$$

$$F_0 = m_{\mathrm{P}} e \omega^2$$
$$P_{\mathrm{Gd1}} = K_1 A_{\mathrm{G1}} \tag{5-35}$$
$$P_{\mathrm{d1}} = K_1 x_1$$

根据牛顿第二定律，其运动方程为：

$$m_1 \ddot{x}_1 + (C_2 + C_1)\dot{x}_1 - C_2 \dot{x}_2 + K_1 x_1 + K_2 x_1 - K_2 x_2 = 0 \tag{5-36}$$
$$m_2 \ddot{x}_2 + C_2 \dot{x}_2 - C_2 \ddot{x}_1 - K_2 x_1 + K_2 x_2 = F(t) \tag{5-37}$$
$$x_1 = X_1 \mathrm{e}^{\mathrm{i}\omega t},\ x_2 = X_2 \mathrm{e}^{\mathrm{i}\omega t}$$

$$\begin{bmatrix} K_1 + K_2 - m_1\omega^2 + \mathrm{i}\omega(C_1 + C_2) & -(K_2 + \mathrm{i}\omega C_2) \\ -(K_2 + \mathrm{i}\omega C_2) & K_2 - m_2\omega^2 + \mathrm{i}\omega C_2 \end{bmatrix} \begin{bmatrix} X_1 \\ X_2 \end{bmatrix} = \begin{bmatrix} 0 \\ F_0 \end{bmatrix} \tag{5-38}$$

$$X_1 = \frac{(K_2 + \mathrm{i}\omega C_2)F_0}{[K_1 + K_2 - m_1\omega^2 + \mathrm{i}\omega(C_1 + C_2)](K_2 - m_2\omega^2 + \mathrm{i}\omega C_2) - (K_2 + \mathrm{i}\omega C_2)^2}$$

$$X_2 = \frac{[K_1 + K_2 - m_1\omega^2 + \mathrm{i}\omega(C_1 + C_2)]F_0}{[K_1 + K_2 - m_1^2\omega + \mathrm{i}\omega(C_1 + C_2)](K_2 - m_2\omega^2 + \mathrm{i}\omega C_2) - (K_2 + \mathrm{i}\omega C_2)^2}$$

在阻尼 $C_2 = 0$，只有 C_1 的情况下，得到工作情况下，振动筛对于基础动负荷，激振力频率等于系统第一阶固有频率时：

$$P_{\mathrm{Gd1y1}} = \frac{K_1 K_2 F}{\omega_{N1}(K_2 - K_2\omega_{N1}^2)2\xi\sqrt{K_1 m_1}} \tag{5-39}$$

激振力频率等于系统第二阶固有频率时：

$$P_{\mathrm{Gd1y2}} = \frac{K_1 K_2 F}{\omega_{N2}(m_2 - m_2\omega_{N2}^2)2\xi\sqrt{K_1 m_1}} \tag{5-40}$$

设计振动筛基础时，需要考虑共振情况，下面以实例进行分析计算。对于模拟 SZR3175 型振动筛的实验筛（0.8 ×2.2m² 热矿振动实验筛）：

$$m_1 = 746\mathrm{kg},\ m_2 = 1538\ \mathrm{kg},\ k_1 = 72\ \mathrm{kg/mm},\ k_2 = 36\ \mathrm{kg/mm}$$
$$\omega_{N1} = 12\ \mathrm{rad/s},\ \omega_{N2} = 38.34\ \mathrm{rad/s}$$

起动阶段发生共振现象，达到共振时候，对于基础的动负荷计算公式为：

$$F_{\mathrm{DG}} = \frac{1}{2}\frac{0.5}{2\xi\eta_1(0.75 - 2.25\eta_1)}\frac{83.776}{\omega_{N1}^2}F_0\sin\theta \tag{5-41}$$
$$\xi = 0.5,\ \eta_1 = 0.156,\ \eta_2 = 1.59,\ \omega = 83.776\mathrm{rad/s}$$
$$F_0 = 33.52\ \mathrm{kN},\ F_{\mathrm{DG}} = 1.96\mathrm{kN}$$

共振时，动负荷与稳态工作时动负荷的比值：α=16.47。

实际测得共振时，动负荷 F_{DG} = 1.88kN，共振时动负荷与稳态工作时动负荷的比值 α=15.8，当量阻尼比 ξ=0.52。

无减振器和安装减振器的情况，进行分析计算。无减振器时候，ω = 83.776rad/s，稳态工作的时候，传到基础的动负荷 F_y = 724kN；发生共振情况下，传到基础的动负荷 $F_y = 3.62\text{kN}$。

安装减振器情况下振动筛传到基础的动负荷是无减振器情况下振动筛传到基础动负荷的 16.4%。

理论计算结果与实际测试结果基本吻合，可为今后振动筛安装施工地基设计提供理论依据。

5.3 安装摩擦式阻尼器的振动筛动力学分析

振动筛在停车和启动阶段，必须通过共振区，当激振力频率等于系统固有频率时，振动筛的振动非常强烈，造成工作弹簧有离位趋势。为了改善次工况，经常使用摩擦式阻尼器，如图 5-4 所示。正常工作时候，由橡胶制成的摩擦块，在阻尼弹簧的作用下，紧紧压在筛箱侧板上，并且随着侧板一起运动。两者之间保持正常接触，无任何相对运动。当筛箱通过共振区时，筛箱振幅猛增，摩擦块的振幅受到筒体阻挡，致使摩擦块与侧板产生相对运动，因此产生摩擦，吸收能量，限制筛箱振幅的增长。

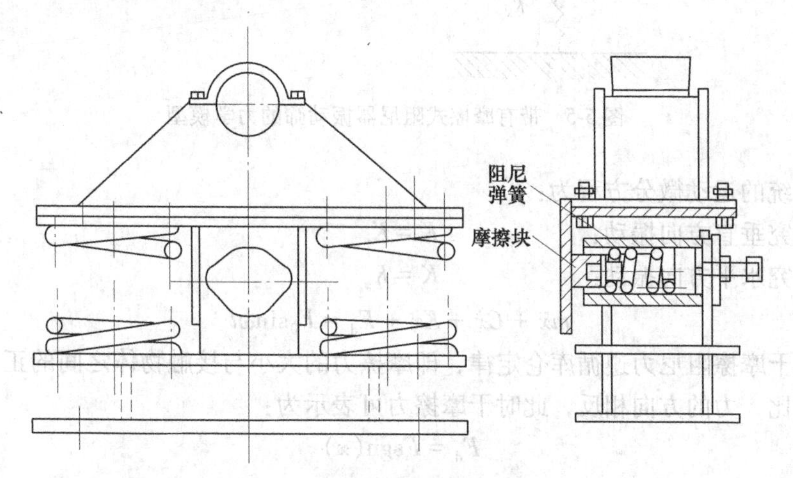

图 5-4　摩擦式阻尼器

振动筛由于工作频率远远高于其系统的自振频率，所以工作非常稳定，具有较高的筛分效率。但是，振动筛在启动和停车过程中，必须通过共振区，往往引起振幅的异常增大，其振幅达到正常工作振幅的 4~6 倍，有时甚至 8 倍。

例如，2ZS1756 双轴惯性振动筛，工作振幅为 5mm，停车时的最大双振幅达到 27.5mm。这种振幅的异常增大的现象，常常使振动筛的零部件遭受很大的应力，有时把弹簧全部压缩，甚至产生刚性冲击现象，使筛箱、筛板和弹簧在不长的时间内受到损坏。这种现象在停车过程中对振动筛强度的影响最为严重。因为在振动筛的启动过渡过程中只需 3~8s，而停车过程一般则要持续 30~60s。因此，振动筛停车过程的减振问题尤其值得注意。

为了降低共振对设备的不利影响，同时为了限制设备的横向摆动，大型的振动筛往往带有摩擦阻尼限位装置。例如，2ZS1756 双轴惯性振动筛采用摩擦阻尼限位装置后，停车时的最大双振幅为 20mm，比原来减少 7.5mm。研究带有摩擦阻尼的振动筛的动力响应，对设备维护利用、提高生产效率和对设备的失效分析都具有重要意义。

安装有摩擦式阻尼器的振动筛受简谐振力作用，受摩擦力作用，可建立如图 5-5 所示的力学模型。

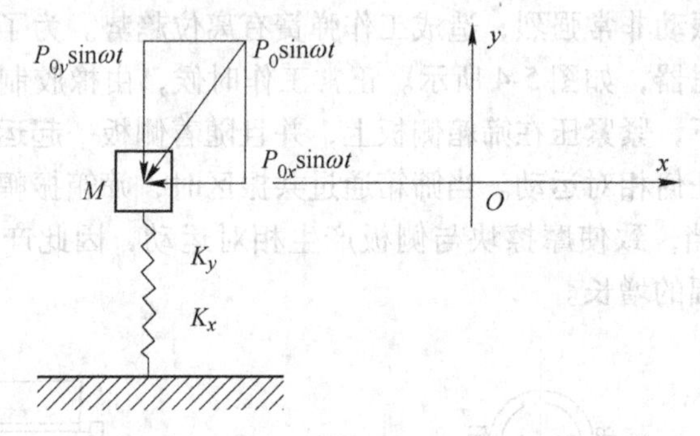

图 5-5　带有摩擦式阻尼器振动筛的力学模型

系统的运动微分方程为：

研究垂直方向振动：　　$K = K_y$

研究水平方向振动：　　$K = K_x$

$$m\ddot{x} + C\dot{x} + Kx + F_{\mathrm{d}} = F_0\sin\omega t \tag{5-42}$$

设干摩擦阻尼力遵循库仑定律，即摩擦力的大小与接触物体之间的正压力大小成正比，力的方向相反，此时干摩擦力可表示为：

$$F_{\mathrm{d}} = F\mathrm{sgn}(\dot{x}) \tag{5-43}$$

$$\mathrm{sgn}(x) = \begin{cases} 1 \\ 0 \\ -1 \end{cases} \tag{5-44}$$

$$C = C_{\mathrm{m}} = \frac{4F}{\pi\omega x_0} \tag{5-45}$$

$$m\ddot{x} + + C\dot{x} + C_{\mathrm{m}}x + Kx = F_0\sin\omega t \tag{5-46}$$

$$x(t) = x_0\sin(\omega t - \varphi)$$

$$x_0 = \frac{F_0}{K}\frac{1}{\sqrt{(1-\lambda^2) + \left(2\xi\lambda + \frac{4F}{\pi\omega x_0}\frac{\omega}{K}\right)^2}} \tag{5-47}$$

推导得到：

$$x_{\mathrm{j}} = \frac{me}{M}$$

$$x_0^2 + \frac{16F\xi n}{\pi K}\frac{1}{(1-\lambda^2)^2+4\xi^2\lambda^2}x_0 + \frac{\left(\frac{4F}{\pi K}\right)^2 - \left(\frac{F_0}{K}\right)^2}{(1-\lambda^2)^2+4\xi^2\lambda^2} = 0 \tag{5-48}$$

$$x_{\mathrm{st}} = \frac{F}{K}$$

$$\beta = \frac{x_0}{x_{\mathrm{j}}} = \left[\frac{-2\xi\lambda\eta}{(1-\lambda^2)^2+4\xi^2\lambda^2} + \frac{\sqrt{(1-\eta^2)(1-\lambda^2)^2+4\xi^2\lambda^2}}{(1-\lambda^2)^2+4\xi^2\lambda^2}\right] \tag{5-49}$$

$$\eta = \frac{4F}{\pi F_0}$$

共振时：

$$\beta = \frac{x_0}{x_{\mathrm{j}}} = \frac{1}{2\xi}(1-\eta) \tag{5-50}$$

对于振动筛之类的以惯性力为激振力的设备：

$$F_0 = m_{\mathrm{P}} e\omega^2$$

m_{P} 为偏心质量，e 为偏心距：

$$\beta = \frac{x_0}{x_{\mathrm{j}}} = \lambda^2\left[\frac{-2\xi\lambda\eta}{(1-\lambda^2)^2+4\xi^2\lambda^2} + \frac{\sqrt{(1-\eta^2)(1-\lambda^2)^2+4\xi^2\lambda^2}}{(1-\lambda^2)^2+4\xi^2\lambda^2}\right] \tag{5-51}$$

$$F_{\mathrm{d}} = \lambda^2\left[\frac{-2\xi\lambda\eta}{(1-\lambda^2)^2+4\xi^2\lambda^2} + \frac{\sqrt{(1-\eta^2)(1-\lambda^2)^2+4\xi^2\lambda^2}}{(1-\lambda^2)^2+4\xi^2\lambda^2}\right]\frac{Km_1 e}{m} \tag{5-52}$$

共振时：

$$F_{\mathrm{Gd}} = \frac{1}{2\xi}(1-\eta)K\frac{m_1 e}{m} \tag{5-53}$$

采用等效阻尼系数，阻尼比 $\zeta=0.1$ 时，频率比 $\eta=0$、0.3、0.5 时相应的动力放大系数关系曲线，如图 5-6 所示。

没有摩擦阻尼器时，理论计算动力放大系数 $\beta=5$，振动筛稳态工作时的振幅 $x_{\mathrm{j}}=\dfrac{m_{\mathrm{P}}e}{m}=5\mathrm{mm}$，停车阶段振幅为 25mm。

有摩擦阻尼器时，摩擦力影响因子 $\eta=0.18$，理论计算动力放大系数 $\beta=3.6$，振动筛稳态工作时的振幅 $x_{\mathrm{j}}=\dfrac{m_{\mathrm{P}}e}{m}=5\mathrm{mm}$，停车阶段（共振时候）振幅为 18mm，和实测比较吻合。

根据建立的带摩擦式阻尼器的振动筛的远动微分方程，以及带摩擦阻尼器振

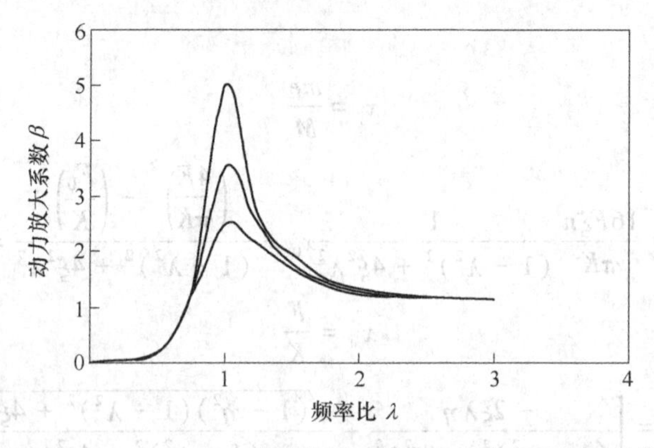

图 5-6　$\eta=0$、0.3、0.5 时对应不同频率比的动力放大系数曲线

动筛振幅的计算公式，探讨摩擦力的影响，进行振动筛设计。

5.4　安装减振器的大型振动筛最优质量比的理论研究

在实际工程当中，停车和启动阶段有明显的共振现象，造成弹簧产生压扁现象甚至造成刚性撞击，弹簧用几天就断裂一次，使振动筛无法正常工作。有些单位的设计不合理，由于隔振台质量与筛箱质量之比过小，导致振动筛无法正常工作，造成重大经济损失。因此，应对带隔振台振动筛进行详细地计算，研究质量比对系统振幅和固有频率的影响，确定最佳质量比合理范围，为振动筛的优化设计提供理论依据。

5.4.1　安装减振器的大型振动筛振幅和固有频率计算

带隔振台振动筛计算模型如图 5-7 所示。依据振动筛设计理论，计算了振动筛的振幅和固有频率。

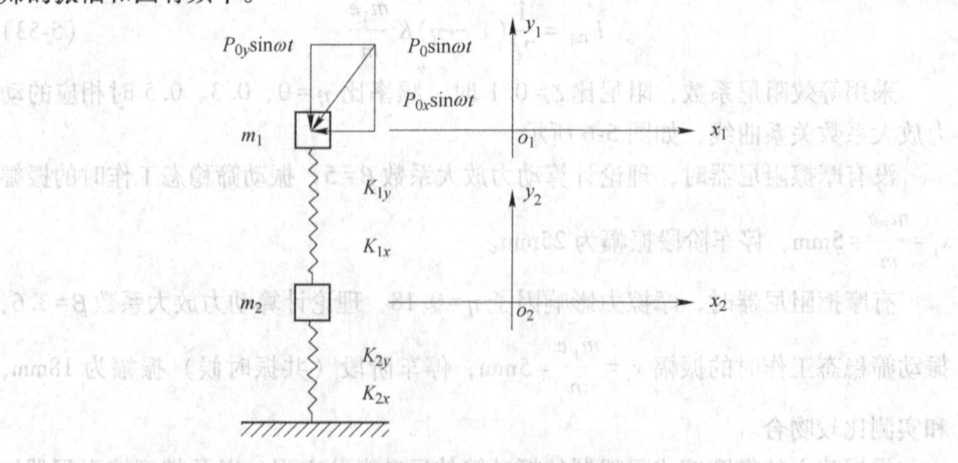

图 5-7　带隔振台振动筛计算模型

水平方向对地基的作用力：

$$F_X = \frac{P_0 K_{1x} K_{2x} \cos\theta}{(K_{2x} - m_2\omega^2)(K_{1x} - m_1\omega^2) - m_1 K_{1x}\omega^2} \tag{5-54}$$

垂直方向对地基的作用力：

$$F_Y = \frac{P_0 K_{1y} K_{2y} \sin\theta}{(K_{2y} - m_2\omega^2)(K_{1y} - m_1\omega^2) - m_1 K_{1y}\omega^2} \tag{5-55}$$

对式（5-54）、式（5-55）采用固有频率表示，得到以下公式：

水平方向对地基的作用力：

$$F_X = \frac{P_0 \omega_{N1x} \omega_{N2x} \cos\theta}{(\omega^2 - \omega_{X1}^2)(\omega^2 - \omega_{X2}^2)} \tag{5-56}$$

垂直方向对地基的作用力：

$$F_Y = \frac{P_0 \omega_{N1y} \omega_{N2y} \sin\theta}{(\omega^2 - \omega_{y1}^2)(\omega^2 - \omega_{y2}^2)} \tag{5-57}$$

$$\omega_{N1x} = \sqrt{\frac{K_{1x}}{m_1}},\quad \omega_{N2x} = \sqrt{\frac{K_{2x}}{m_2}},\quad \omega_{N1y} = \sqrt{\frac{K_{1y}}{m_1}},\quad \omega_{N2y} = \sqrt{\frac{K_{2y}}{m_2}}$$

激振力：

$$P_0(\omega) = m_P r \omega^2 \tag{5-58}$$

隔振台水平方向振幅：

$$x_{02} = \frac{P_0 \omega_{N1x} \omega_{N2x} \cos\theta}{K_2(\omega^2 - \omega_{x1}^2)(\omega^2 - \omega_{x2}^2)} \tag{5-59}$$

隔振台垂直方向振幅：

$$y_{02} = \frac{P_0 \omega_{N1y} \omega_{N2y} \sin\theta}{K_2(\omega^2 - \omega_{y1}^2)(\omega^2 - \omega_{y2}^2)} \tag{5-60}$$

固有频率计算公式：

$$\omega_y^4 - \omega_y^2\left(\frac{K_{1y}}{m_1} + \frac{K_{1y} + K_{2y}}{m_2}\right) + \frac{K_{1y}K_{2y}}{m_1 m_2} = 0 \tag{5-61}$$

式中，K_{1x}为主弹簧水平的刚度系数；K_{2x}为隔振弹簧水平的刚度系数；K_{1y}为主弹簧垂直的刚度系数，$K_{1y} = 3810400\text{N/m}$；$K_{2y}$为隔振弹簧垂直的刚度系数，$K_{2y} = 3280600\text{N/m}$；$m_1$为筛箱质量，$m_1 = 13070\text{kg}$；$m_2$为隔振台质量，$m_2 = um_1$；$u$为隔振台质量与筛箱质量之比；$\omega_{x1}$为水平方向第一阶固有频率；$\omega_{x2}$为水平方向第二阶固有频率；$\omega_{y1}$为垂直方向第一阶固有频率；$\omega_{y2}$为垂直方向第二阶固有频率。

对某型号安装减振器的振动筛进行计算，结果列于表5-4。

表 5-4　不同质量比情况下振幅和固有频率

m_2/kg	u	Y_{02}/mm	Y_{01}/mm	ω_{y1}/rad · s^{-1}	ω_{y2}/rad · s^{-1}
2635	0. 181	0. 4378	1. 3375	11. 3	56. 23
3921	0. 3	0. 188	1. 327	11. 1	44. 5
5228	0. 4	0. 135	1. 326	10. 9	39. 1
6535	0. 5	0. 113	1. 325	10. 8	35. 5
7482	0. 6	0. 091	1. 324	10. 7	33. 5
9145	0. 7	0. 074	1. 323	10. 4	30. 9
10456	0. 8	0. 064	1. 323	10. 3	29. 4
11763	0. 9	0. 057	1. 322	10. 1	28. 1
13070	1. 0	0. 051	1. 322	9. 98	27. 1

5. 4. 2　安装减振器的振动筛合理质量比

为了更直观的表现隔振台与筛箱的质量比对隔振台的影响，做出图 5-8 和图 5-9。

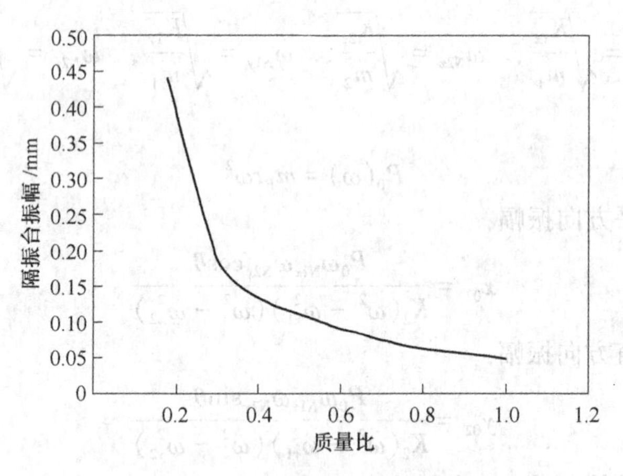

图 5-8　隔振台振幅与质量关系曲线

以上计算是在稳态情况下进行的，然而在停车和启动时的振幅是稳态情况的 5 倍以上。质量比的合理非常重要，例如，某振动筛的质量比为 0.18，在实际生产的时候，停车启动阶段造成强烈的共振，不能正常运行，对于周围的楼房造成强烈的影响，引起严重后果。采用合理的质量比之后，消除了强烈振动，振动筛工作良好。

质量比对筛箱的振幅和第一阶固有频率几乎没有影响，对隔振台振幅和第二阶固有频率影响较大。当 u 在 0. 18 到 0. 6 时，对隔振台振幅和第二阶固有频率

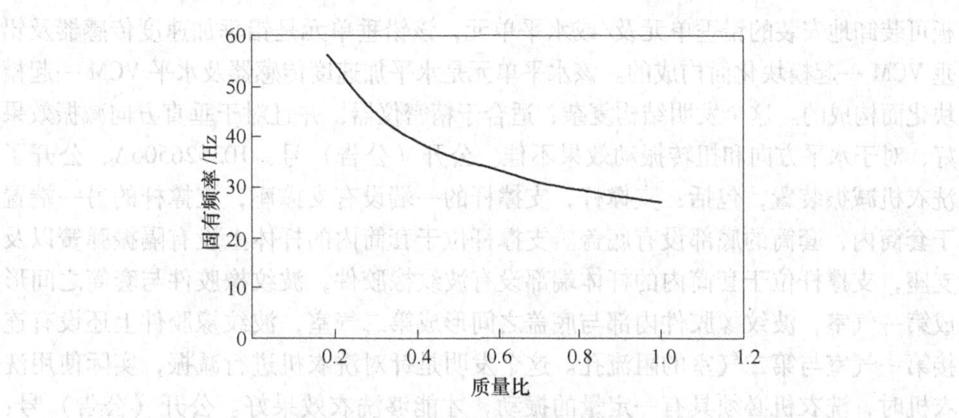

图 5-9 隔振台的垂直方向第二阶固有频率与质量比的关系曲线

影响明显，质量比的合理取值范围是 0.4 到 0.6。质量比的合理取值范围是 0.4 到 0.6 是一项重要成果，对于以惯性力作为激振力的振动筛的设备设计具有重要的指导意义。

5.5 创新产品设计应用实例——洗衣机隔振装置

洗衣机与振动筛的共同之处是都以惯性力作为激振力，并且洗衣机的振动模型是两自由度动力学模型，也是典型的振动机械。洗衣机洗涤衣物时候，当在水中的衣物偏心一种情况下，洗衣机引起强烈振动，必须进行减振。前面提到的振动筛减振质量比的合理取值范围是 0.4~0.6，在这个原则指导下进行设计洗衣机。在设计洗衣机隔振装置时，减振质量和洗衣机衣物和水的质量的比值范围是 0.4~0.6。

5.5.1 洗衣机隔振装置的设计背景

在日常生活中，经常使用洗衣机洗涤纺织品，在洗涤的过程中，无论采用什么牌的洗衣机都会产生振动和噪声，特别是在启动和停机的过程中，振动和噪声更大。多次洗涤，产生的噪声不但会影响人们休息，而且洗衣机反复对地面的撞击也会对地面造成损伤，还会减小洗衣机的使用寿命。因此，利用动力学理论和机械设计原理，设计一种洗衣机的隔振装置，在洗涤衣物时，把洗衣机放到隔振装置上进行洗涤作业，能够减小洗衣机的振动和噪声，大大减小对地面的损伤，具有很大的现实意义。

查阅公开的专利文献，公开（公告）号：102374258A，公开了一种隔振装置包括：支撑平台的顶板，放置在地板上的基板，以及在顶板与基板之间安装在这两板上，并且用螺旋弹簧在地板上对被放置精密设备的平台进行隔振支撑的弹簧单元。该隔振装置构成为：能够以收纳在顶板与基板之间的空间内的方式，对顶板可装卸地安装的铅垂单元及/或水平单元，该铅垂单元是铅垂加速度传感器及铅垂 VCM 一起模块化而构成的。该水平单元是水平加速度传感器及水平 VCM 一起模块化而构成的。这个发明结构复杂，适合于精密仪器，并且对于垂直方向减振效果好，对于水平方向和扭转振动效果不佳。公开（公告）号：103526506A，公开了洗衣机减振装置，包括：支撑杆，支撑杆的一端设有支撑座，支撑杆的另一端置于套筒内，套筒的底部设有底盖。支撑杆位于套筒内的杆体上设有隔振弹簧以及支座，支撑杆位于套筒内的杆体端部设有波纹橡胶件，波纹橡胶件与套筒之间形成第一气室，波纹橡胶件内部与底盖之间形成第二气室，波纹橡胶件上还设有连接第一气室与第二气室的阻流孔。这个发明是针对洗衣机进行减振，实际使用洗衣机时，洗衣机必须具有一定量的振动，才能够洗衣效果好。公开（公告）号：102191662A，公开了一种洗衣机的减振装置，洗衣机的减振装置构成为：洗涤物收容用滚筒，收容上述滚筒并支撑在洗衣机的壳体上的洗衣槽，旋转驱动上述滚筒的驱动马达，检测上述洗衣槽的水平方向的加速度的加速度检测机构，固定在上述洗衣机壳体上并产生水平方向的驱动力的线性致动器，将上述线性致动器的可动轴与上述洗衣槽之间连接的力传递机构，基于由上述加速度检测机构检测到的加速度控制上述线性致动器的驱动力的控制机构。上述力传递机构将上述线性致动器产生的水平方向的驱动力传递给上述洗衣槽，将前后、上下方向的相对变位机构性地吸收。这个发明是针对滚筒洗衣机减振，减振装置与洗衣机形成整体，减振装置适用面小。公开（公告）号：101492876B，公开了一种滚筒洗衣机用动力减振装置，包括配重块和动力减振器，两只配重块分别设置在滚筒洗衣机外筒的左右两侧，两个用来减小滚筒洗衣机振动的动力减振器分别设置在左右两侧的配重块上。动力减振器用来转移振动系统的能量，减小滚筒洗衣机的振动。动力减振器包括振子、弹簧、上盖板和下盖板，上盖板和下盖板设置在配重块上。在振子的两端均设有弹簧，振子通过两端设置的弹簧安装在上盖板和下盖板上。这个发明只适用各种滚筒洗衣机中，并且是针对滚筒洗衣机进行减振。

5.5.2 一种洗衣机的隔振装置的设计

设计一种洗衣机的隔振装置，能够减小水平方向、垂直方向和扭转的振动，降低噪声，减小对地面的损坏，使用方便、安全可靠。

如图 5-10 所示，该隔振装置包括底板、导向杆、弹簧、箱体、豆包减振器、盖板和防滑层。如图 5-11 所示，底板为矩形钢板，底板的上表面垂直设置导向杆，底板的下表面粘防滑层。弹簧套到导向杆上，弹簧的一端与底板上表面固接，弹簧的另一端与箱体下表面固接。如图 5-12 所示，箱体为长方体形的盆状壳体结构，内腔设置豆包减振器。豆包减振器包括颗粒物质和皮革袋，颗粒物质装入皮革袋，皮革袋口封闭，盖板盖到箱体上。

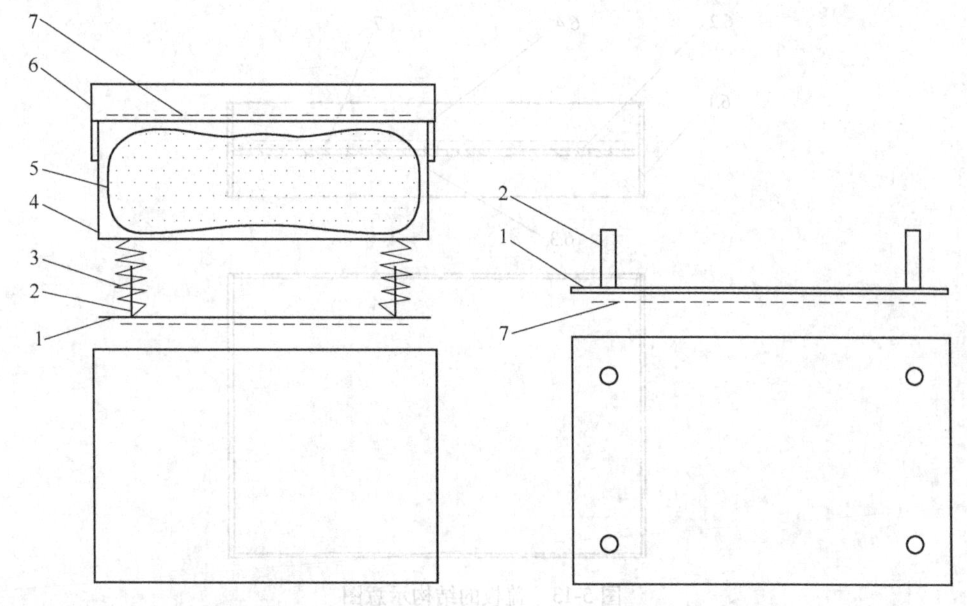

图 5-10 一种洗衣机的隔振装置的结构示意图

1—底板；2—导向杆；3—弹簧；4—箱体；5—豆包减振器；6—盖板；7—防滑层

图 5-11 底板和导向杆的结构示意图

1—底板；2—导向杆；7—防滑层

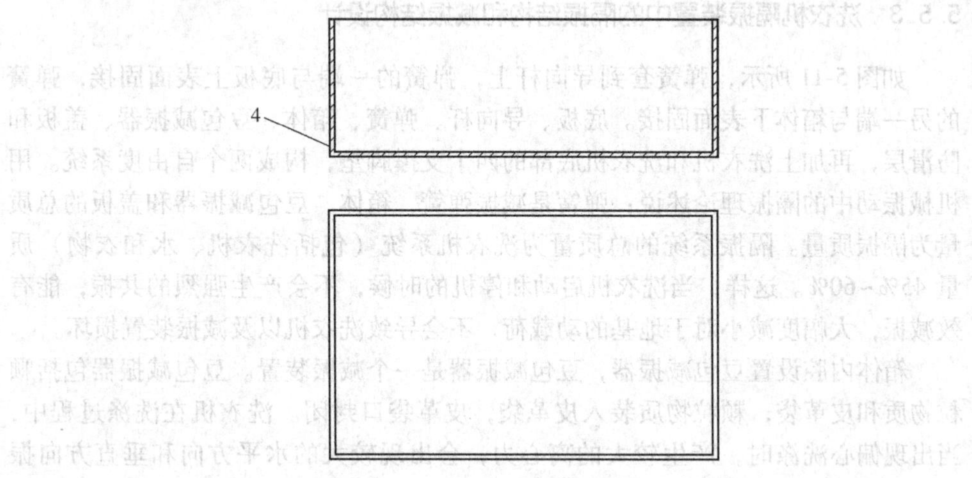

图 5-12 箱体的结构示意图

4—箱体

如图 5-13 所示，盖板为长方体形的壳体结构，包括套筒、隔板、下嵌槽和上嵌槽。套筒是用钢板制成的截面为矩形的壳体结构，内腔设置隔板，隔板分割套筒内腔为下嵌槽和上嵌槽，上嵌槽底面粘防滑层；盖板中的下嵌槽盖到箱体上，上嵌槽中放置洗衣机。

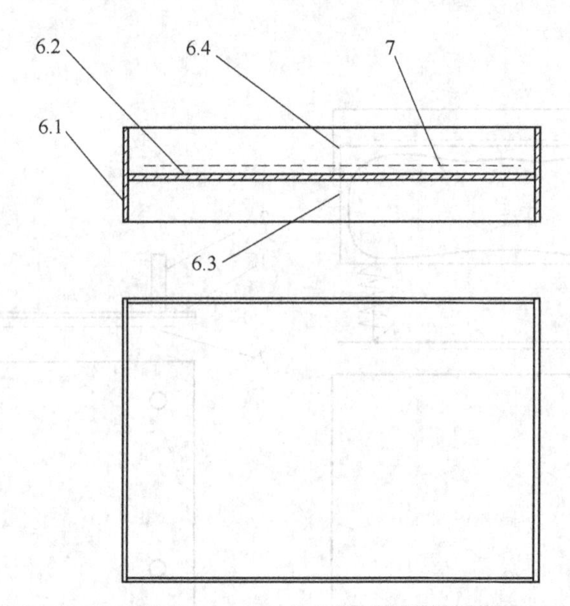

图 5-13 盖板的结构示意图

6.1—套筒；6.2—隔板；6.3—下嵌槽；6.4—上嵌槽；7—防滑层

5.5.3 洗衣机隔振装置中的隔振结构和减振结构设计

如图 5-11 所示，弹簧套到导向杆上，弹簧的一端与底板上表面固接，弹簧的另一端与箱体下表面固接。底板、导向杆、弹簧、箱体、豆包减振器、盖板和防滑层，再加上洗衣机和洗衣机底部的四个支撑脚垫，构成两个自由度系统。用机械振动中的隔振理论述说：弹簧是减振弹簧，箱体、豆包减振器和盖板的总质量为隔振质量。隔振系统的总质量为洗衣机系统（包括洗衣机、水和衣物）质量 45%~60%。这样，当洗衣机启动和停机的时候，不会产生强烈的共振，能有效减振，大幅度减小对于地基的动载荷，不会导致洗衣机以及减振装置损坏。

箱体内腔设置豆包减振器，豆包减振器是一个减振装置。豆包减振器包括颗粒物质和皮革袋，颗粒物质装入皮革袋，皮革袋口封闭。洗衣机在洗涤过程中，当出现偏心洗涤时，产生较大的离心力，会出现较大的水平方向和垂直方向振动。此时，颗粒物质会产生多方位振动，相互碰撞，吸收多方位振动能量，不但会减小垂直方向的振动，还会减小水平各个方向的振动，能够减小多模态振动。

5.5.4 与现有同类洗衣机的隔振装置相比的显著有益效果

在洗衣机的隔振装置中，在箱体中装入豆包减振器，当产生冲击和振动时，发生水平方向、垂直方向和扭转振动，豆包减振器中的颗粒会相互撞击吸收各个方位的振动能量，从而减小水平振动、垂直振动和扭转振动。

盖板、箱体和豆包减振器的整体质量相当于质量块，这个质量块和箱体底下的弹簧，构成了隔振系统，对盖板上方的洗衣机传递的振动进行二次减振，从而进一步减小了传到地面的振动。振动减小了，噪声也就降低了，地面受到的撞击也大大地减小了。

通过动力学原理设计，隔振系统的总质量为洗衣机系统（包括洗衣机、水和衣物）质量45%~60%，减振效果最佳。

在这个隔振装置中，底板的下底面粘防滑层，防止隔振装置与地面之间相对滑动；在盖板的上嵌槽内腔底面也粘有防滑层，防止洗衣机与上嵌槽内腔底面之间相对滑动。盖板中的下嵌槽盖到箱体上，箱体嵌入到下嵌槽中，防止盖板从箱体上滑落；洗衣机放置到盖板中的上嵌槽中，防止洗衣机从盖板上滑落。

这个洗衣机的隔振装置适用于任何洗衣机，不受洗衣机的品牌限制，不需要电源。洗衣机正常洗衣，不改变洗衣机本身的振动，而是阻断洗衣机整体产生振动的传递路径，进行隔振和减振，防止对地面损坏。这个设计结构简单，使用方便，安全可靠，使用这个洗衣机的隔振装置能够减小振动，降低噪声，减小对人们日常生活的影响，减小对地面的损坏。

6 动力减振理论及其应用

奥蒙德罗伊德等在1928年提出了动力减振器的方法。当机器设备受到激励而产生振动时，可以在该设备上附加一个辅助系统，该系统由辅助质量、弹性元件和阻尼元件组成。其原理是，当主系统振动时，这个辅助系统也随之振动，利用辅助系统的动力作用，使其加到主系统上的动力（或力矩）与激振力（或力矩）互相抵消，使得主系统的振动得到抑制减小，这种振动控制技术叫做动力减振动技术（又称动力吸振技术），所附加的辅助系统叫做动力减振器（又称动力吸振器）。动力减振器是一种应用广泛的减振技术，近年来，动力减振器的研究和应用已经得到不断的发展，动力减振器又称谐调质量阻尼器。当激发力以单频为主，或频率很低，不宜采用一般隔振器时，动力减振器特别有用。如果附加一系列的这种动力减振器，还可以抵消不同频率的振动。

动力减振器分无阻尼动力减振器、摩擦减振器和有阻尼动力减振器两种。仅由辅助质量和弹性元件组成的辅助系统，称为无阻尼动力减振器；仅由辅助质量和阻尼元件组成的辅助系统称为摩擦减振器；既有弹性元件又有阻尼元件组成的包含辅助质量的辅助系统称为有阻尼动力减振器。各种减振器都有不同的特性，适用于不同的情况。根据适用场合，可以设计结构形状不同的减振器，例如辅助质量轨迹可以分为圆弧轨迹和非圆弧轨迹。在设计产品时，如果忽略空气阻尼的影响，可看成是应用无阻尼动力减振器进行减振；如果考虑空气阻尼影响，可看成是有阻尼动力减振器进行减振。

6.1 无阻尼动力减振器

6.1.1 基本原理

如图6-1所示，原有振动主系统安装了无阻尼动力减振器后所组成的无阻尼动力减振系统的动力学模型，假设主系统中的主质量 m_1 受到的激振力为 $F_1e^{j\omega t}$，主质量与地基的连接刚度为 K_1。无阻尼动力减振器由辅助质量 m_2 和弹性元件 K_2 组成。从图中可以看出，原有主系统安装动力减振器后，由一个单自由度振动系统变成了一个两自由度振动系统。

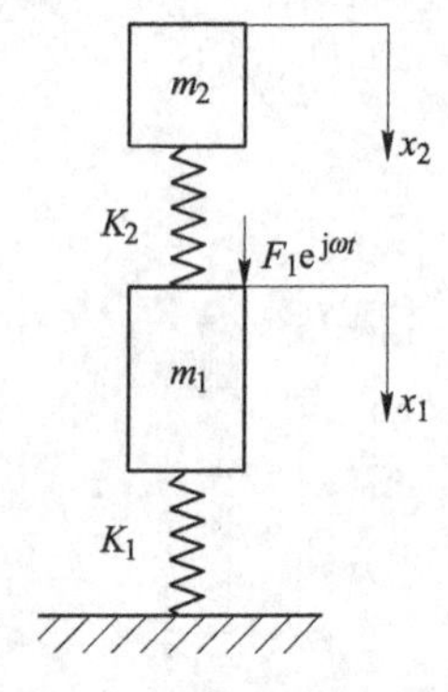

图6-1 无阻尼动力减振系统的动力学模型

其运动方程为：

$$\begin{bmatrix} m_1 & 0 \\ 0 & m_2 \end{bmatrix}\begin{Bmatrix} \ddot{x}_1 \\ \ddot{x}_2 \end{Bmatrix} + \begin{bmatrix} K_1 + K_2 & -K_2 \\ -K_2 & K_2 \end{bmatrix}\begin{Bmatrix} x_1 \\ x_2 \end{Bmatrix} = \begin{Bmatrix} F_1 e^{j\omega t} \\ 0 \end{Bmatrix} \tag{6-1}$$

下面利用频响函数法求系统的稳态响应，系统的频响函数矩阵为：

$$\begin{aligned} H_d(\omega) &= (K - \omega^2 M)^{-1} \\ &= \frac{1}{(K_1 + K_2 - m_1\omega^2)(K_2 - m_2\omega^2) - K_2} \\ &\quad \begin{bmatrix} K_2 - m_2\omega^2 & K_2 \\ K_2 & K_1 + K_2 - m_1\omega^2 \end{bmatrix} \end{aligned} \tag{6-2}$$

经计算整理后，得主质量和辅助质量的相对振幅分别为：

$$\left.\begin{aligned} \frac{A_1}{\delta_{st}} &= \frac{\alpha^2 - \lambda^2}{(1 - \lambda^2)(\alpha^2 - \lambda^2) - \mu\lambda^2\alpha^2} \\ \frac{A_2}{\delta_{st}} &= \frac{\alpha^2}{(1 - \lambda^2)(\alpha^2 - \lambda^2) - \mu\lambda^2\alpha^2} \end{aligned}\right\} \tag{6-3}$$

式中，A_1、A_2 分别为主质量、辅助质量的振幅；δ_{st} 为原有主系统在与激励力幅 F_1 相等的静力作用下产生的静变形，$\delta_{st} = F_1/K_1$；λ 为激励频率与原有主系统固有频率之比，$\lambda = \omega/\omega_1$；$\alpha$ 为减振器与原有主系统的固有频率之比，$\alpha = \omega_2/\omega_1$；$\omega_1$ 为原有主系统的固有频率，$\omega_1 = \sqrt{K_1/m_1}$；$\omega_2$ 为减振器的固有频率 $\omega_2 = \sqrt{K_2/m_2}$；$\mu$ 为辅助质量与主质量之比，$\mu = m_2/m_1$。

从式（6-3）可看出，当 $\alpha = \lambda$ 时，$A_1 = 0$，即主系统振幅为零，动力减振器就是利用这一特性来消除主系统振动的。此时，主质量静止，外激励力仅仅使动力减振器中的辅助质量产生振动，其最大振幅为

$$A_2 = -F_1/K_2 \tag{6-4}$$

6.1.2 设计要点

在设计无阻尼动力减振器时，应注意考虑以下问题：

（1）减振器应消除主系统的共振振幅。应使减振器的固有频率 ω_2 等于主系统的固有频率 ω_1，则当 $\lambda = \alpha = 1$ 时，由式（6-3）可知主系统的 $A_1 = 0$ 共振振幅，消除了主振系统的共振振幅。

（2）扩大减振器的减振频带。按（1）设计的减振器，即 $\lambda = 1$，虽然消除了主系统原有的共振振幅，但在原共振点附近的 λ_1 和 λ_2 处，又出现了两个新的共振点。一旦激振频率 ω 偏离减振器的固有频率 ω_2，主系统的 A_1 就不等于 0，甚至产生共振，此时，要扩大减振频带。由式（6-3）很容易求得 λ_1 和 λ_2 的值，令

式（6-3）分母为 0，可得：

$$\lambda_{1,2}=\sqrt{\frac{2+\mu\ \pm\sqrt{(2+\mu)^2-4}}{2}} \tag{6-5}$$

λ_1 和 λ_2 只与质量比 μ 有关。考虑到外部激励频率往往有一定的变化范围，为了使主系统能够在远离新共振点的范围内安全地运转，要求这两个新共振点相距越远越好，一般要求 $\mu>0.1$。若主系统上还作用有其他不同频率的激励力，还需校核这些激励力是否在新的共振点处发生共振。

（3）使减振器的振幅 A_2 能否满足结构空间要求。由式（6-3）可知，若按（1）的要求，取 $\alpha=1$，可能导致 A_2 过大，辅助质量 m_2 在减振器内的活动空间不够。由式（6-4）可知，增大 K_2 可使 A_2 减小。因此，适当调整 m_2 与 K_2 的比例，并相应的增加 m_2 较为有利。

由上看出，无阻尼动力减报器结构简单，元件少，减振效果好，但减振频率范围窄，适用于激振频率变化不大的情况。

6.2　有阻尼动力减振器

6.2.1　基本原理

在无阻尼动力减振器中，加入适当的阻尼就构成了有阻尼动力减振器。它除了具有动力减振作用外，还可利用阻尼消耗振动能量，使得减振效果更好，而且还可使减振频带加宽，具有更广的适用范围。有阻尼动力减振器主系统相对于振幅 A_1/δ_{st} 的数学表达式。

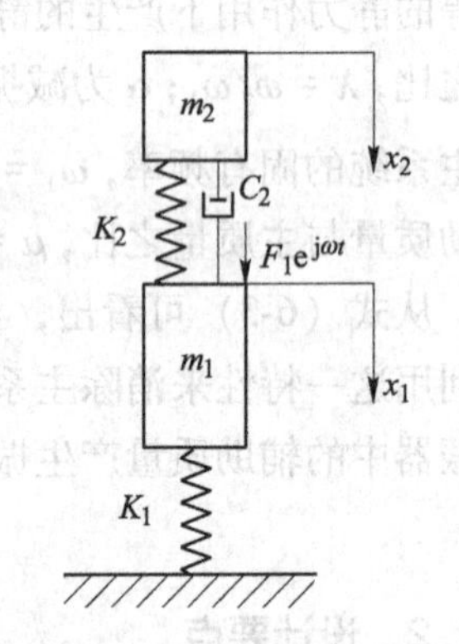

图 6-2　有阻尼动力减振系统的动力学模型

将图 6-2 与图 6-1 相比可知，有阻尼动力减振系统的辅助质量 m_2 与主质量 m_1 之间除了弹性元件 K_2 外，还加入了阻尼元件 C_2，则相应的运动微分方程为：

$$\begin{bmatrix} m_1 & 0 \\ 0 & m_2 \end{bmatrix}\begin{Bmatrix} \ddot{x}_1 \\ \ddot{x}_2 \end{Bmatrix}+\begin{bmatrix} C_2 & -C_2 \\ -C_2 & C_2 \end{bmatrix}\begin{Bmatrix} \dot{x}_1 \\ \dot{x}_2 \end{Bmatrix}+\begin{bmatrix} K_1+K_2 & -K_2 \\ -K_2 & K_2 \end{bmatrix}\begin{Bmatrix} x_1 \\ x_2 \end{Bmatrix}=\begin{bmatrix} F_1e^{j\omega t} \\ 0 \end{bmatrix} \tag{6-6}$$

频响函数矩阵为有阻尼频响函数矩阵，同样利用频响函数法求得主质量和辅助质量的相对振幅分别为：

$$\left.\begin{aligned}\left(\frac{A_1}{\delta_{st}}\right)^2 &= \frac{(\alpha^2-\lambda^2)^2+(2\zeta\alpha\lambda)^2}{[(1-\lambda^2)(\alpha^2-\lambda^2)-\mu\lambda^2\alpha^2]^2+(2\zeta\alpha\lambda)^2(1-\lambda^2-\mu\lambda^2)}\\ \left(\frac{A_2}{\delta_{st}}\right)^2 &= \frac{\alpha^4+(2\zeta\alpha\lambda)^2}{[(1-\lambda^2)(\alpha^2-\lambda^2)-\mu\lambda^2\alpha^2]^2+(2\zeta\alpha\lambda)^2(1-\lambda^2-\mu\lambda^2)}\end{aligned}\right\}\quad(6\text{-}7)$$

式中，$\zeta = C_2/2\sqrt{K_2 m_2}$ 为减振器的阻尼比；其他参数的含义同前。

6.2.2 设计要点

在设计有阻尼动力减振器时，应注意以下两个问题：

（1）保证减振器在整个频率范围内都有较好的减振效果，最优的减振器参数最佳阻尼比 ζ_{opt} 和最佳频率比 α_{opt} 如下：

$$\alpha_{opt} = \frac{1}{1+\mu} \quad (6\text{-}8)$$

$$\zeta_{opt}^2 = \frac{3\mu}{8(1+\mu)} \quad (6\text{-}9)$$

（2）为了保证减振效果达到预定的要求，在满足上述最佳参数的情况下，振幅小于允许的振幅，即：

$$A_1 = \delta_{st}\sqrt{1+\frac{2}{\mu}} \leqslant A_{允许} \quad (6\text{-}10)$$

式中，$A_{允许}$ 为允许幅值。

根据以上公式，即可设计有阻尼动力减振器。设计有阻尼动力减振器的设计步骤如下：首先根据主系统所受激励力大小及减振后的振幅允许值，按照式（6-10）选取合适的质量比 μ，从而得到减振器质量 m_2；然后由式（6-8）求出最佳频率比 α_{opt}，根据 α_{opt} 和 m_2 求出减振器弹簧刚度 K_2；由式（6-9）算出最佳阻尼比 ζ_{opt} 及相应的阻尼系数 c_2；最后根据减振器弹性元件的最大位移验算其强度。

6.3 动力减振器在创新产品设计应用实例一

6.3.1 减振轻便的碾碎装置设计背景

在日常生活中，家庭主妇烹饪美食，缺少不了花椒面、胡椒面、芝麻面和花生面等调味品，这些调味品多数都是在大型超市或农贸市场购买。但是，购买的这些调味品不保真，常常会遇到假货。因此，家庭主妇们常常会自己加工。例如，把花椒炒熟，自己加工花椒面，由于一个家庭个体用量比较少，用擀面杖碾碎，也可以用小型粉碎机粉碎。在用擀面杖碾碎花椒的过程中，由于花椒粒呈微小颗粒状，质地坚硬，因此，用手擀制时比较费力，并且会产生连续撞击振动，使人感到手臂疼痛；用小型粉碎机粉碎花椒，虽然不用费力，但是，小型粉碎机需要电源，并且粉碎机设备复杂，购买成本高；在农贸市场，也有现磨现卖的花椒面，小贩们是用石磨加工而成的，这种石磨更不适合家庭使用。在家庭生活中，家庭主妇经常进行碾碎花椒、胡椒、芝麻和花生等调味品物料，为了解决碾碎工作中遇到的难题，基于动力学理论和摩擦学原理，推出一种减振轻便的碾碎装置，对于人们的生活有很大的现实意义。

查阅公开的专利文献，公开(公告)号：CN202512007U，公开了一种药物碾碎器，它包括两只把手和中间同轴活动套接的滚轴；两只手紧握把手，并同时施以推力，就能将试剂药物碾碎，方便快捷，粉碎效果均匀。这个碾碎器在碾压的过程中，不但振手，还费力。公开(公告)号：CN203123041U，公开了一种药物碾碎器，它包括碾碎器主体、盖和碾锤，碾碎器主体上部呈柱形，底部为圆形平底；使用时药物不易分散，碾碎充分、均匀；主体下部及碾锤球体便于清洗，可反复使用；配置中心开孔的盖，可有效防止药物捶出，避免浪费。公开(公告)号：CN203061216U，公开了一种新型简易西药片碾碎器，它包括盖子、本体、碾碎棒、转动棒、滑道和放药槽；产品设计合理，结构简单，使用方便。这些碾碎器适用于家庭，但是碾碎器主体内腔很小，只能碾碎少量西药片，每次碾碎量很小，调料使用量相对较多，因此，当用来碾碎调料时，用这个碾碎器效率会很低。公开(公告)号：CN2907893Y，公开了一种碾碎装置，它包括碾盘、碾轮、撬松铲、加水机构和驱动机构。该装置特别适用于把炭化后的炭料碾碎，在碾碎过程中碾轮始终与物料密切接触，同时可根据要求的加水剂量方便定量喷水。它构造简单，制造容易，碾碎炭料简捷方便，实用性好。但这个碾碎装置不适用于家庭，因为，虽然家庭烹饪时必须使用调料，但是每次使用的调料量相对较少，并且都是干调料。公开(公告)号：CN101829619A，公开了一种分级碾碎装置，它包括机架、粉碎机和分选机；分选机设置在粉碎机的上方，粉碎机的出料口即为分选机的进料口；旋转轴分别穿过粉碎机和分选机，旋转轴的两端分别通过轴承固定在机架上，旋转轴的下端与一驱动装置连接，在驱动装置的驱动下，旋转轴可绕其轴线旋转。这个分级碾碎装置由于集粉碎、筛选为一体，大大节省了空间，而且结构简单。公开(公告)号：CN103405169A，公开了一种家用豆物碾碎机，它包括上杯体、下杯体、上磨盘和下磨盘，上杯体包括电机、线路板、提手和上卡扣，下杯体包括下卡扣、支撑架、把手。通电后，下磨盘在电机带动下绕支撑架旋转并带动豆料进入上磨盘和下磨盘的碾磨区。这些碾碎装置必须用电驱动，没有电源就不能够工作。

6.3.2 一种减振轻便的碾碎装置的设计

设计一种减振轻便的碾碎装置，能够减小碾碎振动，碾碎物料轻便，不需要电源。

如图6-3所示，设计的一种减振轻便的碾碎装置包括：轴套、芯轴、短套筒、端盖、套筒、挂环、弹簧、质量块、碾辊、长套筒、手柄、碾盘、旋转轴、平垫圈、螺母和开口销。轴套与芯轴焊接在一起，轴线与芯轴的轴线相垂直。芯轴承担动力减振器，动力减振器中的套筒设置在芯轴上两端盖的中间位置。把短套筒和端盖套到芯轴上，短套筒一端紧靠轴套，另一端紧靠端盖，对端盖进行轴向定位。碾辊用钢管制作，钢管外表面制作网纹，增加与物料之间的摩擦力；碾辊两端用端盖支撑，碾辊与端盖通过螺纹紧固到一起，一起绕着芯轴转动。二个端盖套在芯轴上，进行支撑碾辊，对碾辊进行轴向定位，对碾辊内腔进行密封，同时端盖和碾辊对物料提供压力。长套筒套在芯轴上，一端紧靠手柄端面，另一端紧靠端盖，对端盖进行轴向定位。手柄与芯轴相插接，手柄的外表面带有防滑的网纹，手柄带动芯轴围绕着旋转轴旋转。根据杠杆省力原理，使用长型手柄，手柄长度为芯轴长度的0.4~0.8倍，不使用时，手柄可以从芯轴拔出，防止手柄太长影响收藏。碾盘由底板和遮挡边组成，底板的上表面和下表面都制作网纹。上表面制作网纹，增加与物料的摩擦力，底板的上表面与碾辊相配合，对物

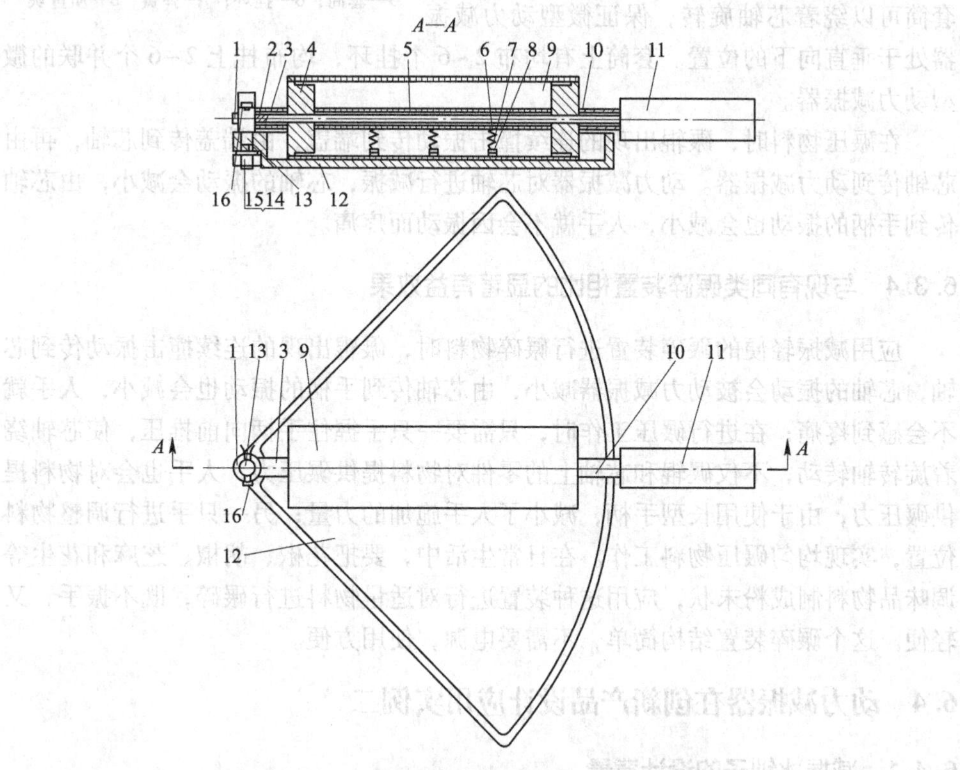

图6-3　一种减振轻便碾碎装置的结构示意图

1—轴套；2—芯轴；3—短套筒；4—端盖；5—套筒；6—挂环；7—弹簧；8—质量块；9—碾辊；10—长套筒；11—手柄；12—碾盘；13—旋转轴；14—平垫圈；15—螺母；16—开口销

料进行碾压；下表面制作网纹，增加与工作台面的摩擦力，防止碾压时带动整个装置移动。底板形状呈扇形，满足人手控制碾辊转动的范围；底板的周边带有物料遮挡边，防止物料在碾盘上滑落。旋转轴在碾盘轴孔中自由转动，垫上平垫圈，拧上螺母，防止旋转轴从碾盘轴孔中拽出。把芯轴一端的轴套套到旋转轴上，芯轴带着轴上零件可以围绕旋转轴旋转，把开口销插入旋转轴的销孔中，防止芯轴从旋转轴上脱落。

6.3.3　碾碎装置中的动力减振器设计

如图 6-4 所示，套筒、挂环、弹簧和质量块组成动力减振器，弹簧两端有挂钩，质量块上有挂环。弹簧一端挂在质量块的挂环上，一个弹簧和一个质量块组成一个微型动力减振器，把微型动力减振器通过弹簧的挂钩悬挂在套筒的挂环上。套筒套在芯轴上，套筒可以绕着芯轴旋转，保证微型动力减振器处于垂直向下的位置。套筒上有均布 2~6 个挂环，均布挂上 2~6 个并联的微型动力减振器。

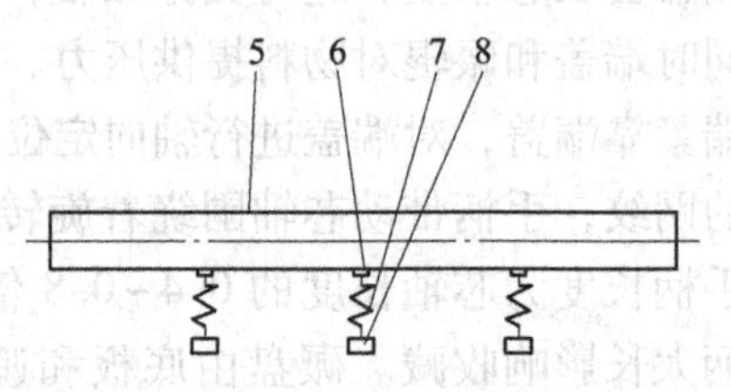

图 6-4　动力减振器的结构示意图
5—套筒；6—挂环；7—弹簧；8—质量块

在碾压物料时，碾辊出现的连续撞击振动传到端盖，由端盖传到芯轴，再由芯轴传到动力减振器。动力减振器对芯轴进行减振，芯轴的振动会减小，由芯轴传到手柄的振动也会减小，人手就不会因振动而疼痛。

6.3.4　与现有同类碾碎装置相比的显著有益效果

应用减振轻便的碾碎装置进行碾碎物料时，碾辊出现的连续撞击振动传到芯轴，芯轴的振动会被动力减振器减小，由芯轴传到手柄的振动也会减小，人手就不会感到疼痛；在进行碾压工作时，只需要一只手握住手柄向前推压，使芯轴绕着旋转轴转动，不仅碾辊和芯轴上的零件对物料提供碾压力，人手也会对物料提供碾压力，由于使用长型手柄，减小了人手施加的力量；另一只手进行调整物料位置，实现均匀碾压物料工作。在日常生活中，要把花椒、胡椒、芝麻和花生等调味品物料制成粉末状，应用这种装置进行对适量物料进行碾碎，既不振手，又轻便。这个碾碎装置结构简单，不需要电源，使用方便。

6.4　动力减振器在创新产品设计应用实例二

6.4.1　减振冰钏子的设计背景

在北方的冬天，进行冰钓，或者养鱼池给鱼喂料、补充氧气，首先要用破冰工具在冰面上打穿冰窟窿。传统的冰钏子是在铁匠铺打造一个沉重并且尖锐的铁枪头，安装一个木制把手，用来打穿冰窟窿使用。在穿冰作业时，双手握住把手，用力向上提起，再向冰面撞击穿入，在人手向下推力和冰钏子的重力作用下，铁枪头穿入冰中实现破冰。由于冰面具有一定的硬度，在冰钏子与冰面的撞击过程中，双手会受到很大的冲击振动，感到酸麻疼痛。因此，利用动力学理论和机械设计原理，设计一种减振的冰钏子，具有很大的现实意义。

查阅公开的专利文献，公开(公告)号：CN205778543U，公开了一种渔业养殖业用破冰器，包括套筒和收放螺杆。套筒的上部侧壁设置直角弯曲形固定把手，收放螺杆的顶部设置直角弯曲形旋转把手；套筒的下部外壁设置三个具备转动功能的支撑杆，收放螺杆的底部安装破冰钻头，破冰钻头的底部中心位置设置主杆钻头，破冰钻头的侧壁环形设置附属刀片。钻头的设计减小了冰层卡住钻头的可能性，支撑杆可以在冰层上将装置固定，方便使用者使用；同时在进行作业的时候，整体的操作更加简单、顺手，实践性强；在对鱼塘快速破冰的要求下，可以达到高效率的效果。公开(公告)号：CN203353464U，公开了一种适用于渔业养殖业的破冰器，包括套筒、螺杆和钻头。套筒内壁设有与螺杆相适配的螺纹，套筒外壁下端固连有若干可折叠的支架；螺杆上端连接有摇手。该装置无需大面积去除鱼塘冰层，只需在冰层上多钻几个洞就能起到给鱼类喂料，增加水中氧气的目的。这些破冰器都不能够减振，在破冰过程中产生的撞击振动，都会振动手臂，让工作人员产生不舒服感。现在，市场上卖的冰钏子也都不具有减振功能。

6.4.2 一种减振冰钏子的设计

如图6-5所示，设计一种减振冰钏子，包括：钢枪头、竖式减振器、端盖、立柱、把手。钢枪头用不锈钢制成，钢枪头形状是上部为圆柱形、下部为棱锥形；上部圆柱部分具有空腔，空腔内装有竖式减振器；下部棱锥为正多棱锥，保证钢枪头与冰面接触时容易定位，不易打滑。

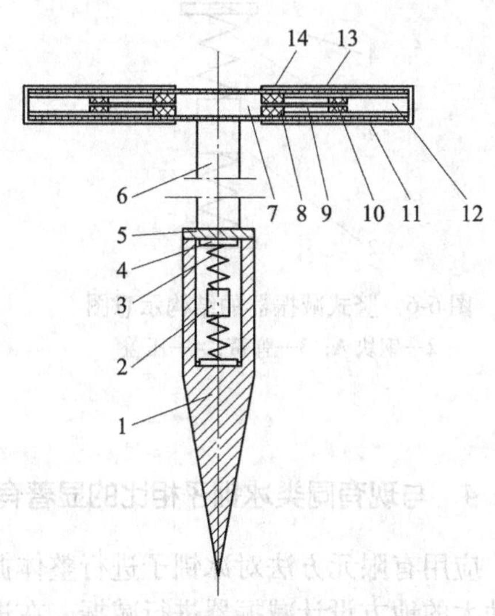

图6-5 一种减振冰钏子的结构示意图

1—钢枪头；2—钢块A；3—弹簧；4—压盖；5—端盖；6—立柱；7—横梁；8—硅胶块；9—钢丝；10—钢块B；11—细钢管；12—塑料管；13—螺钉；14—把手套

端盖用不锈钢制成，端盖形状为圆柱形，上底面与立柱焊接在一起。立柱用不锈钢制成，形状为圆柱形，立柱的上端焊接到把手中的横梁中央，使立柱与横梁形成整体。把手由横梁、横式减振器、把手套和螺钉组成，横梁用钢管制作，与立柱相垂直。把两个横式减振器分别从把手横梁的两端装入内腔，横式减振器位于手握的地方。横梁两端套上把手套，用把手套对细钢管和塑料管进行轴向定位，采用螺钉把把手套、横梁、细钢管和硅胶块固定到一起，将细钢管、硅胶块进行轴向和周向定位。

6.4.3 冰钏子中的动力减振器设计

冰钏子中的动力减振器有竖式减振器和横式减振器。

如图 6-6 所示，竖式减振器由钢块 A、弹簧和压盖组成。钢块 A 为圆柱形，上下底面分别与两根弹簧焊接在一起；弹簧为压簧，一端与钢块 A 底面焊接在一起，另一端与压盖焊接在一起；压盖用钢板制作，形状为圆柱形。在自然状态下，竖式减振器比钢枪头内腔高，把竖式减振器放到钢枪头的上部圆柱内腔，用端盖盖上，端盖与钢枪头焊接成整体。当进行破冰作业时，钢枪头与冰面产生很大冲击，此时，钢块 A 会上下振动，吸收垂直方向的冲击能量。

如图 6-7 所示，横式减振器是悬臂式动力减振器，由钢丝、硅胶块、钢块 B、细钢管和塑料管组成。一块硅胶块与钢块 B 用钢丝串联紧固在一起，并且中间具有距离。把它们一起装入细钢管，硅胶块紧靠细钢管的底部，用塑料管压住硅胶块，对硅胶块进行轴向定位。当产生撞击振动时，钢块 B 用钢丝悬挂在硅胶块上，钢块 B 会摆动吸振。

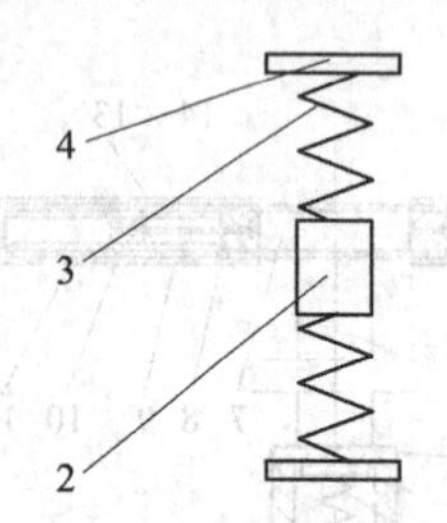

图 6-6 竖式减振器的结构示意图
2—钢块 A；3—弹簧；4—压盖

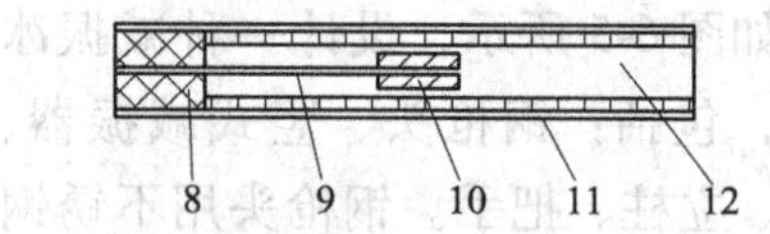

图 6-7 横式减振器的结构示意图
8—硅胶块；9—钢丝；10—钢块 B；11—细钢管；12—塑料管

6.4.4 与现有同类冰钏子相比的显著有益效果

应用有限元方法对冰钏子进行整体振动模态分析，得到冰钏子振动模态，在振动大的地方设计减振器进行减振。在进行破冰作业时，钢枪头与冰面产生很大冲击，冲击越大，振动越大，因此，在钢枪头内腔安装一个竖式减振器，减小垂直方向冲击，冲击越小，振动就越小。根据振动理论设计横式减振器，把横式减振器安装在手握区域进行第二次减振。经过两次减振，传到双手的振动会大大减小，人们在进行破冰作业时，受到的振动就会减小，就不会轻易感到酸麻疼痛。

这个减振冰钏子结构简单，使用方便，在没有电源的地方，使用减振冰钏子作业，不会振手。

6.5 圆弧轨道动力减振器

6.5.1 基本原理

动力减振器是针对直线振动的情况开发出来的。对于在圆弧轨道上摆动的对象来说，动力减振器的设置有着与直线振动不同的特征。对于直线振动的情况来说，把动力减振器设置在制振对象的振幅最大的位置效果最好。但是，对于在圆弧轨道上摆动的对象来说，这种在最大振幅位置设置动力减振器的观点不再适用。如图6-8所示，对于单臂吊摆来说，如果在振幅最大位置安装动力减振器A，则动力减振器A与主体同步摆动，无法得到制振所需的反作用力。如果把动力减振器B设置在主体尽可能上方的位置，通过力矩就可以获得反作用力，减小摆动幅度。

6.5.2 设计要点

如图6-9所示，把动力减振器设置在主体上方的位置，动力减振器的摆动圆心也在主体摆动圆心上方，得到系统摆动的运动微分方程如下：

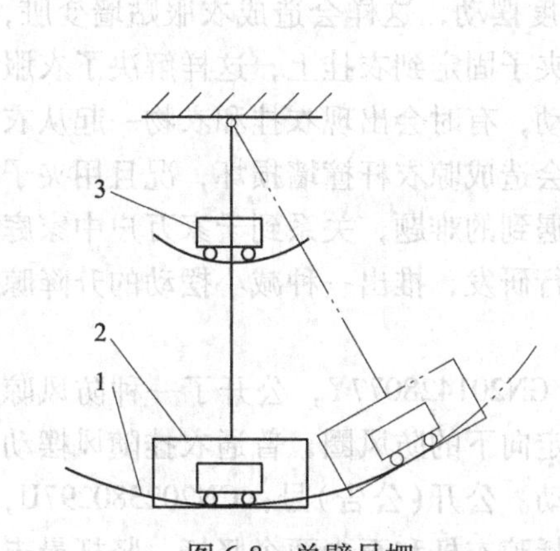

图6-8 单臂吊摆

1—轨迹；2—主体；3—动力减振器A

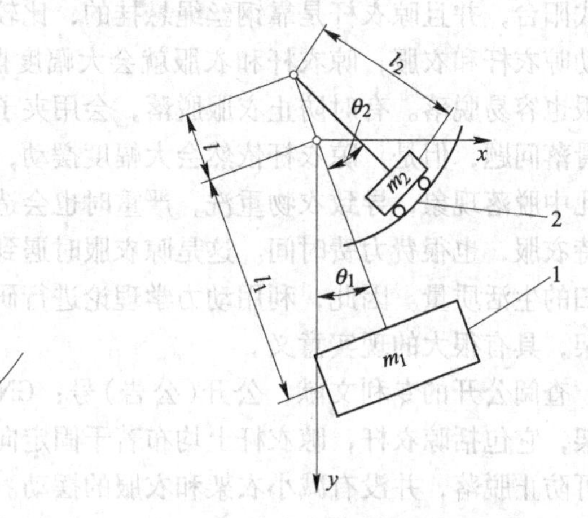

图6-9 圆弧轨道动力减振器进行系统减振模型

1—主体；2—减振器

$$(m_1 l_1^2 + m_2 l_2^2 + m_2 l^2 - 2m_2 l l_2)\ddot{\theta}_1 + (m_2 l_2^2 - m_2 l l_2)\ddot{\theta}_2 + (m_1 l_1 + m_2 l_2 - m_2 l) g\theta_1 + m_2 l_2 g\theta_2 = P l_1 e^{j\omega t} \tag{6-11}$$

$$\begin{aligned}&(m_2l_2^2 - m_2ll_2)\ddot{\theta}_1 + m_2l_2^2\ddot{\theta}_2 + cl_2^2\dot{\theta}_2\\&m_2l_2g\theta_1 + m_2l_2g\theta_2 = 0\end{aligned} \tag{6-12}$$

式中，l_1 为从中心支点 o 到质量 m_1 重心的距离；l 为减振器离开中心支点 o 的距离；l_2 为减振器质量 m_2 运动的圆弧半径；m_1 为主体系统的主质量；m_2 为减振器的质量（系统的辅助质量）；θ_1 为主体系统的主质量 m_1 的摆动角；θ_2 为主体系统的减振器质量 m_2 的摆动角；c 为阻尼系数；P 为作用于主体系统的主质量 m_1 上的激振力的幅值；ω 为作用于主体系统的主质量 m_1 上的激振力的频率。

由式（6-11）和式（6-12）得到主体的摆动角度 θ_1 和减振器的摆动角度 θ_2，基于减振理论，考虑最优同调条件、等价质量比，设计圆弧轨道减振器。

6.6 圆弧轨道动力减振器在创新产品设计应用实例一

6.6.1 减小摆动升降晾衣架的设计背景

晾衣架是人们日常生活中的常用晾衣工具，特别是在外阳台晾衣时，往往在阳台上安装一个升降式晾衣架。当不晾衣时，为节省空间，把晾衣杆抬到天棚位置；当晾衣时，把晾衣杆摇下，到达人手可以触及的位置，把衣服挂到衣挂上，再把衣挂钩钩入晾衣杆下方的孔中，进行晾晒衣服。由于外阳台是向外敞开不封闭式阳台，并且晾衣杆是靠钢丝绳悬挂的，比较柔软，如果出现大风天气，大风吹动晾衣杆和衣服，晾衣杆和衣服就会大幅度摆动，这样会造成衣服贴墙变脏，衣服也容易脱落。有时防止衣服脱落，会用夹子固定到衣挂上，这样解决了衣服不滑落问题，但是，晾衣杆依然会大幅度摆动，有时会出现衣挂和衣物一起从衣挂孔中脱落现象，导致衣物重洗，严重时也会造成晾衣杆撞墙损坏，况且用夹子夹持衣服，也很费力费时间。这是晾衣服时遇到的难题，关系到千家万户中家庭主妇的生活质量。因此，利用动力学理论进行研发，推出一种减小摆动的升降晾衣架，具有很大的现实意义。

查阅公开的专利文献，公开(公告)号：CN201428077Y，公开了一种防风晾衣架，它包括晾衣杆，晾衣杆上均布若干固定向下的防风圈，普通衣挂随风摆动时可防止脱落，并没有减小衣架和衣服的摆动。公开(公告)号：CN202380297U，公开了一种室外壁挂式防风抗脏晾衣架，包括晾衣杆和至少两个竖杆，竖杆最末端有 1 个用来夹持衣物下摆的夹子，夹子与衣物的下摆夹好，从而固定衣物的下摆，避免其在风力作用下摆动被蹭脏，但是，在风力作用下，衣架的摆动不会减小，衣服整体还会随着衣架摆动，并且衣架不会升降。公开（公告）号：CN201193291Y，公开了一种升降式晾衣架，这个升降式晾衣架在传动机座固定板和从动机座固定板上连接有伸缩管，利用伸缩管减小晾衣范围，减小摆动空间，但是，当晾衣空间一定时，有风力作用，不能够减小因风力作用的摆动。公开号：CN202515307U，公开了一种带防摆动挂钩的晾衣架，晾衣架包括一个八字支撑架和防摆动挂钩，防摆动挂钩与八字支撑架相连接，但是，此晾衣架只能晾晒一件衣服。公开(公告)号：CN103590220A，公开了一种防风晾衣杆及其配套晾衣架，包括磁力装置、横杆、晾衣架、复数个磁铁、两个支架和两个基座，磁力装置包括电源、开关和电磁铁。通过磁力吸附，固定晾衣架位置，不易被风吹动，但是这个晾衣杆不是升降式的。公开(公告)号：CN102409520A，公开了一种升降式防风晾衣杆架，其包括晾衣杆、防风杆、晾衣架、三组定滑轮、三根绳索和升降摇把，靠防风杆作用防止晾衣杆摆动，但是，只有当防风杆与晾衣杆距离很近时，防风杆才能阻止晾衣杆摆动。

6.6.2 一种减小摆动升降晾衣架的设计

设计一种减小摆动升降晾衣架，能够减小晾衣杆和衣服摆动，防止晾衣架损坏和衣服脱落玷污。

如图6-10所示，设计的一种减小摆动的升降晾衣架包括：纵向动力减振器、横向动力减振器、两个吊环、钢丝绳、两个装饰盖、两个定滑轮、膨胀螺栓、转角定滑轮、膨胀螺丝和手摇器。纵向动力减振器包括：钢球、晾衣杆、晾衣杆端盖、加强肋和衣挂孔，纵向动力减振器中的晾衣杆两端分别设置一个横向动力减振器。纵向动力减振器中的晾衣杆两端分别设置一个吊环。

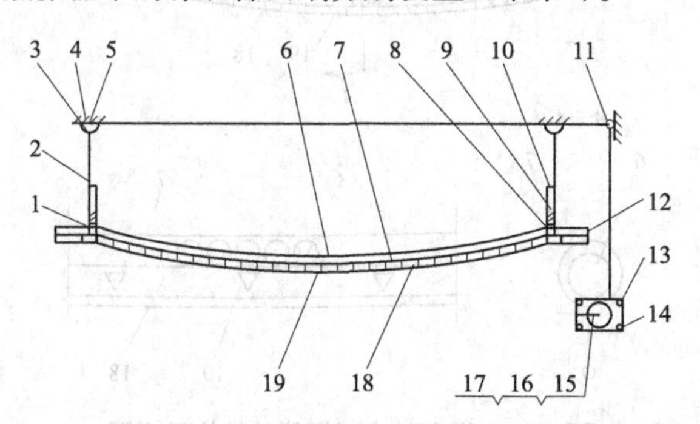

图6-10 一种减小摆动升降晾衣架的结构示意图

1—吊环；2—钢丝绳；3—装饰盖；4，15—定滑轮；5—膨胀螺栓；6—钢球；7—晾衣杆；8—连接板；9—滑道；10—滑道端盖；11—转角定滑轮；12—晾衣杆端盖；13—膨胀螺丝；14—壳体；16—转轴；17—手柄；18—加强肋；19—衣挂孔

膨胀螺栓将两个定滑轮固定到天花板上，用膨胀螺栓把转角定滑轮固定到墙与天花板的转角处，用膨胀螺丝把手摇器固定到墙上，高度为人手摇动方便的高度。钢丝绳剪成两段，一段是长的钢丝绳，另一段是短的钢丝绳，长钢丝绳与短钢丝绳的尺寸比例为2∶1。两段钢丝绳分别与两个吊环连接，两个装饰盖带有中间孔，两段钢丝绳分别连接到纵向动力减振器中的晾衣杆两端吊环上，然后穿

过两个装饰盖的中间孔，再分别穿过两个固定到天花板上的定滑轮，长钢丝绳与短钢丝绳在靠近转角定滑轮的定滑轮处相汇合，并且一起穿入转角定滑轮，在转角定滑轮与手摇器中间位置，短钢丝绳与长钢丝绳固定连接。手摇器由壳体、定滑轮、转轴和手柄组成，长钢丝绳缠绕到手摇器中的定滑轮上，把壳体盖上，用膨胀螺丝固定壳体，最后把手柄的端部轴杆插到定滑轮轴孔中。壳体内腔中存放钢丝绳，转动手柄，带动手摇器中定滑轮转动，通过手摇与晾衣杆重力的配合，调整钢丝绳的长短，进而调整晾衣杆的高度，实现晾衣杆抬起和放下功能，并且钢丝绳能够随时自锁。

6.6.3 升降晾衣架中的动力减振器设计

升降晾衣架中包括纵向动力减振器和横向动力减振器。

如图 6-11 所示，纵向动力减振器由钢球、晾衣杆、晾衣杆端盖、加强肋和衣挂孔组成。其中的晾衣杆由铝镁合金管制成，晾衣杆中间部分管道外形为圆弧形，钢球放入晾衣杆的圆弧形管道内腔中，管道两端用晾衣杆端盖盖上，防止风吹纵向摆动时钢球冲出晾衣杆管道内腔。

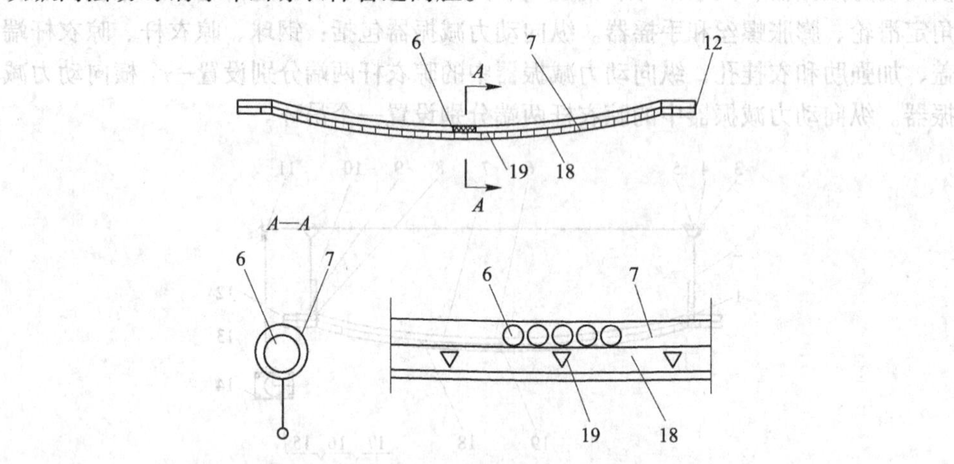

图 6-11 纵向动力减振器的结构示意图
6—钢球；7—晾衣杆；12—晾衣杆端盖；18—加强肋；19—衣挂孔

如图 6-12 所示，横向动力减振器由钢球、连接板、滑道和滑道端盖组成。其中的滑道由铝镁合金管制成，滑道为圆弧形，把钢球放入滑道的管道内腔，管道两端用滑道端盖盖上，防止风吹横向摆动时钢球冲出滑道的管道内腔。连接板把横向动力减振器固接到纵向动力减振器上，固接位置为晾衣杆圆弧滑道的两个端点，吊环从两端套到晾衣杆上。

钢球的直径为 ϕ20~30mm，晾衣杆的圆弧形管道内腔中和滑道的管道内腔中的钢球个数分别为 1~10 个。

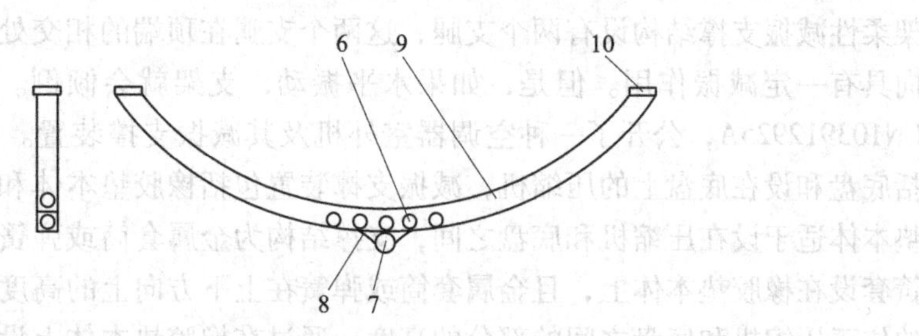

图 6-12　横向动力减振器的结构示意图
6—钢球；7—晾衣杆；8—连接板；9—滑道；10—滑道端盖

6.6.4　与现有同类升降晾衣架相比的显著有益效果

应用减小摆动的升降晾衣架进行晾晒衣服时，遇到大风天气，纵向动力减振器会随风纵向摆动，钢球也会在圆弧形管道内腔滚动，吸收纵向摆动能量，使晾衣杆纵向摆动幅度减小。钢球和晾衣杆一起也会吸收纵向摆动能量，使衣服纵向摆动幅度减小。横向动力减振器会随风横向摆动，钢球会在圆弧形管道内腔滚动，吸收横向摆动能量，使晾衣杆横向摆动幅度减小。钢球和晾衣杆一起也会吸收横向摆动能量，使衣服横向摆动幅度减小。这个减小摆动的升降晾衣架结构简单，使用方便。在大风天气，利用此升降式晾衣架在阳台上晾晒衣服时，在满足承载能力的基础上，减小了晾衣杆和衣服大幅度摆动，避免了晾衣架损坏或者衣服滑落玷污现象。

6.7　圆弧轨道动力减振器在创新产品设计应用实例二

6.7.1　行车记录仪支撑装置的设计背景

行车记录仪是记录车辆行驶途中影像及声音的仪器，安装行车记录仪后，能够记录汽车行驶全过程的视频图像和声音，可为交通事故提供证据。喜欢自驾游的人，还可以用它来记录征服艰难险阻的过程，开车时边走边录像，同时把时间、速度、所在位置都记录在录像里，相当“黑匣子”。行车记录仪一般安装在支架的一端，支架另一端有一个吸盘，吸在车辆挡风玻璃上。但是，吸盘很容易脱落，并且车辆在行驶过程中经常振动，引起录像颤动不清晰。因此，利用动力学理论设计一种减振防滑的行车记录仪支撑装置，改善录像质量，提高录像清晰度，具有很大的现实意义。

查阅公开的专利文献，公开(公告)号：CN105650196A，公开了一种用于空间光学相机的双脚架柔性减振支撑结构，包括：光学相机、三个双脚架柔性减振支撑结构以及卫星平台。其中，光学相机通过三个双脚架柔性减振支撑结构与卫星平台连接，双脚架柔性减振支撑结构顶端的平行安装面与光学相机相连。双脚架柔性减振支撑结构设有两个支腿，这两个支腿在顶端的相交处汇合，在垂直方向具有一定减振作用。但是，如果水平振动，支架就会倾倒。公开(公告)号：CN103912925A，公开了一种空调器室外机及其减振支撑装置。空调器室外机包括底盘和设在底盘上的压缩机，减振支撑装置包括橡胶垫本体和支撑结构。橡胶垫本体适于设在压缩机和底盘之间，支撑结构为金属套筒或弹簧，金属套筒或弹簧套设在橡胶垫本体上，且金属套筒或弹簧在上下方向上的高度小于橡胶垫本体的位于压缩机和底盘之间的部分的高度，通过在橡胶垫本体上设置支撑结构，降低压缩机的振动和噪声。适合弹簧轴向方向的减振，就是垂直方向的减振。但是，车辆运行过程中主要是水平振动，因此，这种减振支撑结构不适用。公开(公告)号：CN101363419A，公开了风力发电机组齿轮箱减振支撑方法及装置，采用一种浮动支撑方式，将风力发电机组齿轮箱伸出臂置于“回”字形框架式减振支撑座内，并固定于“回”字形框架式减振支撑座内的上下两个弹性体之间，使风力发电机组齿轮箱伸出臂上下处于两弹性体之间的浮动弹性支撑状态。风力发电机组齿轮箱减振支撑装置包括减振支撑座和减振弹性体，且减振弹性体安装在减振支撑座内，减振支撑座为框架式结构，由一个U形框和一个横梁形成一个“回”字形框架。在“回”字形框架内上下分别设有上减振弹性体和下减振弹性体，风力发电机组齿轮箱伸出臂安装于上减振弹性体和下减振弹性体之间，形成一种弹性浮动支撑。因此，对齿轮箱伸出臂的支撑方向具有一定减振作用，但是，对与支撑垂直的方向并不能够减振。公开(公告)号：CN104652259A，公开了一种阻尼弹簧盆式支座，包括顶板、钢盆、球冠钢板、球冠转动块、滑动板和减振支撑板。球冠钢板的顶面连接于顶板底面中心处，其底面为球形面，中心处具有柱形凹槽，凹槽内放置球冠转动块；球冠转动块的底面中部有向下突出的圆形凸台，实现与钢弹簧顶部的定位配合；球冠钢板的下方由滑动板支撑，滑动板的下方由减振支撑板支撑，滑动板和减振支撑板放置在钢盆内。该支座采用橡胶与钢弹簧、阻尼复合结构，对于振动和冲击载荷较大的物体，减振效果较好，但是对于录像过程中的小振幅振动，减振不明显。

6.7.2 一种减振防滑的行车记录仪支撑装置的设计

设计一种减振防滑的行车记录仪支撑装置，能够减小振动，改善录像质量，提高录像清晰度，能够阻止行车记录仪和支撑装置在车前台面滑动。

如图6-13所示，设计的一种减振防滑的行车记录仪支撑装置，该支撑装置包括：防滑层、底板、支撑架、横向减振器和纵向减振器。防滑层形状与底板下表面形状相同，紧固到底板的下表面。支撑架包括长横撑、短横撑、立柱和U形槽，两根长横撑与两根短横撑形成一个矩形框架。4根立柱一端固接在矩形框架角点，并与矩形框架所在平面垂直，4根立柱的另一端固接到底板上表面，并且与底板上表面垂直。横向减振器设置在横向的两根立柱之间，并且与横向的两根立柱固接；纵向减振器设置在纵向的两根立柱之间，并且与纵向的两根立柱固接。长横撑中央部位设置U形槽。

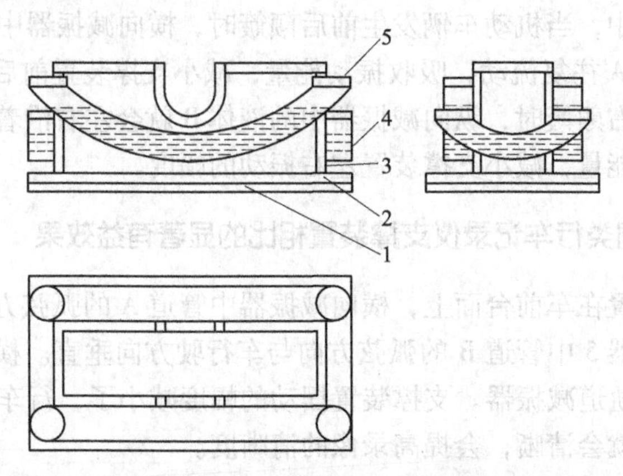

图6-13 一种减振防滑的行车记录仪支撑装置的结构示意图

1—防滑层；2—底板；3—支撑架；4—横向减振器；5—纵向减振器

6.7.3 行车记录仪支撑装置中的动力减振器设计

行车记录仪支撑装置中的动力减振器包括横向减振器和纵向减振器。

如图6-14所示，横向减振器由液体A、管道A和端盖A组成，管道A形状为圆弧形，液体A灌入管道A，两端用端盖A密封。当机动车辆发生前后颠簸摆动时，横向减振器中的液体就会前后振荡摆动吸收能量，减小支撑装置前后摆动的幅度。

如图6-15所示，纵向减振器由液体B、管道B和端盖B组成，管道B形状为圆弧形，液体B灌入管道B，两端用端盖B密封。支撑装置放置在车前台面上，纵向减振器的方向与车行驶方向垂直，此时，当机动车辆发生左右颠簸摆动时，纵向减振器中的液体就会左右摆动吸收能量，减小支撑装置左右摆动的幅度。

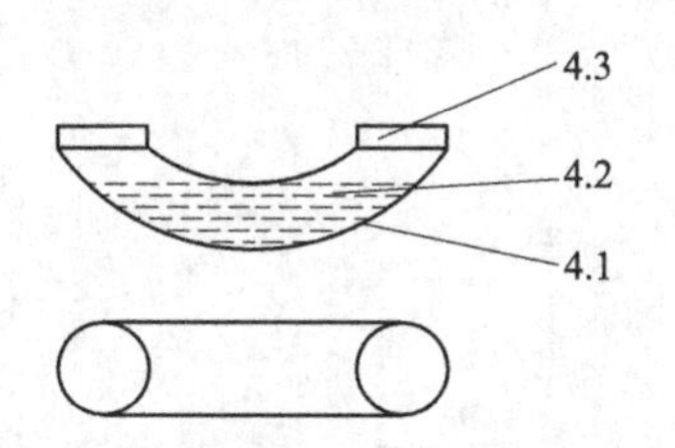

图6-14 横向减振器的结构示意图

4.1—管道A；4.2—液体A；4.3—端盖A

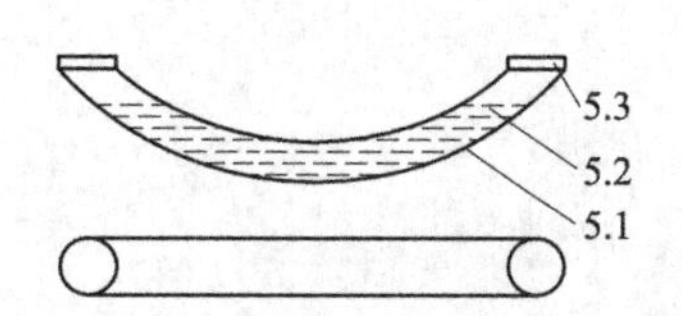

图6-15 纵向减振器的结构示意图

5.1—管道B；5.2—液体B；5.3—端盖B

管道A和管道B形状都为圆弧形，圆弧半径相当于摆的摆动半径。一旦振动，液体A在圆弧形管道A中就会产生反向流动，在横向垂直面内，就会形成陀螺力矩，也就是回复力矩，从而阻碍行车记录仪的横向水平移动和垂直方向移动；液体 B 在圆弧形管道 B 中也会反向流动，在纵向垂直面内，就会形成陀螺力矩，也就是回复力矩，从而阻碍行车记录仪的纵向水平移动和垂直方向移动。也就是说，在实际中，当机动车辆发生前后颠簸时，横向减振器中的液体 A 就会前后沿着圆弧管道 A 往复流动，吸收振动能量，减小支撑装置前后振动的幅度；当机动车辆发生左右颠簸时，纵向减振器中的液体 B 就会左右沿着圆弧管道 B 往复流动，吸收振动能量，减小支撑装置左右振动的幅度。

6.7.4 与现有同类行车记录仪支撑装置相比的显著有益效果

支撑装置放置在车前台面上，横向减振器中管道 A 的弧弦方向与车行驶方向一致，纵向减振器 5 中管道 B 的弧弦方向与车行驶方向垂直。横向减振器和纵向减振器都是圆弧轨道减振器。支撑装置摆动的幅度减小了，行车记录仪摆动幅度就会减小，录像就会清晰，会提高录像的清晰度。

支撑装置的底板下面紧固防滑层，会阻止支撑装置与车前台面产生滑动，防止支撑装置滑落。行车记录仪放置在支撑架内腔，防止行车记录仪脱离支撑装置。支撑架中的长横撑中央部位设置 U 形槽，行车记录仪的镜头卡到 U 形槽中，防止行车记录仪倾倒。这个行车记录仪的支撑装置结构简单、使用方便，利用此支撑装置支撑行车记录仪时，能够减小摆动式振动，防止滑动，不会造成倾翻，提高录像清晰度。

7 黏弹性阻尼减振理论及其应用

阻尼是结构损耗振动能量的一种能力，属于结构的固有特性。阻尼不但可以降低结构的共振振幅，避免结构因动应力达到极限所造成的破坏，提高结构的动态稳定性，而且还有助于减少结构振动所产生的声辐射，降低结构噪声。因此，适当增加结构的固有阻尼，可以抑制工程结构振动，特别是针对薄板或薄壁类壳体结构，减振效果更好。利用阻尼减振技术进行减振，根据增加阻尼方式的不同分为多种多样，通过给结构附加大阻尼黏弹材料来增加结构阻尼，是最常用的黏弹阻尼减振技术。黏弹阻尼减振技术具有结构简单、效果良好、使用方便等优点，因此，在很多工业领域中广泛应用。本章将以黏弹阻尼材料和附加阻尼结构为对象，对它们的耗能与减振机理以及工程设计要点等方面加以介绍，并在创新产品中应用。

7.1 黏弹性阻尼材料特性

7.1.1 阻尼的耗能机理

黏弹性材料是一种专门用作阻尼层的材料，是一种高分子聚合物，主要有橡胶类和塑料类。它是由小而简单的化学单元（链节）构成长链分子，分子与分子之间依靠化学键或物理缠结相互连接起来，在三维方向上如树枝状地联成三维分子网，成千上万个分子共聚或缩紧而形成。一块未拉伸的高分子聚合物像是一团长而不规则的长链分子缠结物，其分子之间很容易产生相对运动，分子内部的化学单元也能自由旋转，因此，受到外力时，曲折状的分子链会产生拉伸、扭曲等变形。另一方面，分子之间的链段会产生相对滑移、扭转。当外力除去后，变形的分子链要恢复原位，分子之间的相对运动也会部分复原，释放外力做功，这就是黏弹材料的弹性；但分子链段间的滑移、扭转不能完全复原，产生了永久性的变形，这就是黏弹材料的黏性。这一部分所做的功转变为热能，耗散于周围环境中，这就是黏弹材料产生阻尼的原因。由于这种材料微观结构上众多的耗能环节，使其在适当的温度及频率条件下，承受交变应力时会有很大的耗能效应，因此，它是目前应用最为广泛的一种阻尼材料，人们可以在相当大的范围内调整材料的成分及结构，从而在特定温度及频率下，获得所需的弹性模量和阻尼损耗因子。

7.1.2　性能指标及其影响因素

黏弹性材料主要特征与温度及频率有关。频率高到或温度低到一定的程度时，它呈玻璃态，失去阻尼性质；在低频或高温时，它呈橡胶态，阻尼也很小；只有在中频和中等温度时，阻尼最大，弹性取中等值。常用的黏弹性材料分为四类：沥青、水溶物、乳胶和环氧树脂，其中都要适当地添加填料和溶剂，加填料可以大大增加其阻尼。

黏弹性材料中添加填料，最好的填料是比重大的金属粉末，但成本较高；一般添加过筛的黄沙、锯末、碳酸钙、石墨等。沥青和水溶物的成本最低，可以在钢板上涂敷。沥青基材料可做成液体、粘胶体和胶带，涂在铝箔上或压在板上。水溶物可做成液体或机垫。乳胶在仪器制造工业上用得较多，最佳阻尼衰变率可达30~40dB/s。环氧树脂适用于高温、高湿等特殊环境，最佳阻尼衰变率可达45dB/s。乳胶剂与环氧树脂都直接用粘胶体，大都需很长的时间干燥。

黏弹阻尼材料的阻尼性能的指标主要为材料损耗因子，常用 η_m 表示。在材料受剪切变形时，它定义为材料的复剪切模量的虚部与实部之比，或材料的复杨氏模量的虚部与实部之比，主要受温度和频率的影响。振动系统增加阻尼的缺点是会降低机器效率，加速零件磨损，增加设备的热变形。特定频率下，黏弹阻尼材料损耗因子随温度变化，如图 7-1 所示。由图 7-1 可见，存在着三个温度区，在不同的区域内，材料的阻尼性能有着明显差别。第一区是玻璃态区，在此区内损耗因子较小；第三区是橡胶态区，在此区内损耗因子也不高；位于第一区和第三区之间的是过渡区，在此区内损耗因子达到最大值，即阻尼峰值。达到阻尼峰值的温度称为玻璃态转变温度，记为 T_g。

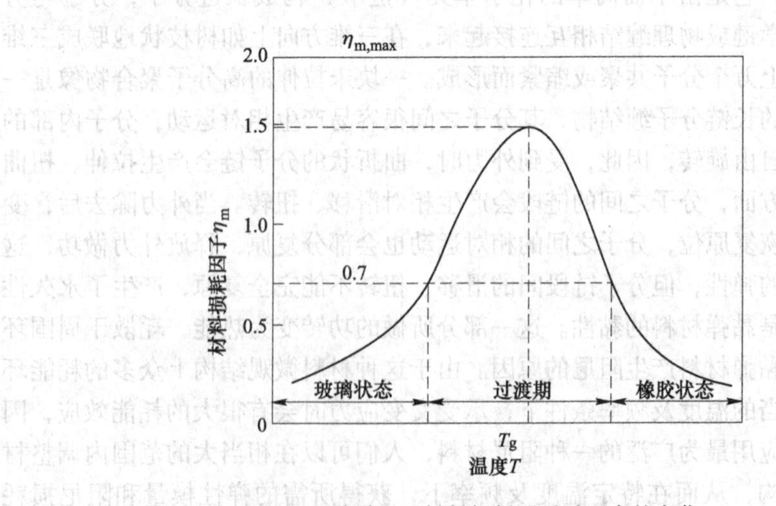

图 7-1　黏弹阻尼材料损耗因子随温度的变化

7.2 附加阻尼减振结构

黏弹阻尼减振技术是通过阻尼结构得以实施减振功能的，附加阻尼结构是提高结构固有阻尼的主要结构形式之一。在各种形状及用途的结构件上，特别是在金属构件表面，直接黏附的一种包括黏弹阻尼材料在内的结构层，可以增加结构件的阻尼性能，从而提高抗振性和稳定性。附加阻尼结构特别适用于梁、板、壳体的减振，在汽车外壳、飞机腔壁、舰船船身等薄壳结构的振动控制中被广泛采用。附加阻尼结构主要包括自由阻尼结构和约束阻尼结构。

7.2.1 自由阻尼结构

自由阻尼结构是将一层一定厚度的黏弹阻尼材料粘贴于基板表面的基本层上，当基板产生弯曲振动时，阻尼层随基本层一起振动，在阻尼层内部产生拉压变形而耗能，从而起到减振降噪的作用，如图 7-2 所示。具有这种功能的材料，称为自由阻尼材料，简称自由阻尼。根据阻尼材料的耗能机理，

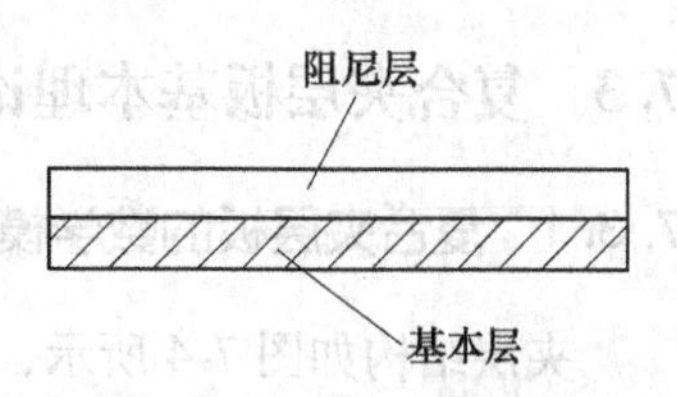

图 7-2 自由阻尼结构示意图

当阻尼材料内部产生交变应力时，阻尼材料就会将有序的机械能转化为无序的热能，起到耗能的作用。其损耗因子取决于选用的阻尼材料，和阻尼材料的厚度与金属板厚度之比也有关。目前技术含量比较高的水性自由阻尼涂料厚度比可达到 1.5~2 倍。比值过小，收不到应有的阻尼效果；比值过大，阻尼效果增加不显著，会造成材料浪费。

自由阻尼根据阻尼材料的形态不同，可以分为片材型自由阻尼材料和敷涂型自由阻尼材料。片材型自由阻尼涂料如沥青基阻尼片，敷涂型自由阻尼材料如多功能水性阻尼涂料。片材型自由阻尼涂料施工方便，适用于大面积的平整基面，尤其是在不规则基面及立面上施工时，附着力问题是一大关键挑战，片材型自由阻尼材料与金属基材应该相互吻合，粘贴牢固，边缘无翘起，中间无凸起。相比较而言，敷涂型自由阻尼材料则可以在各种复杂的基面上进行施工，水性自由阻尼涂料可以采用效率更高的机械化施工，而且与沥青基阻尼片相比，是一种更为环保的涂料。

自由阻尼结构更多地用于薄壳结构的减振，例如各种管道料斗、料仓、车辆、飞机船舶以及鼓风机的外壳等。由于其处理工艺简单，还特别适用于约束阻尼结构处理困难的复杂形状曲面。

7.2.2 约束阻尼结构

约束阻尼结构是将黏弹性阻尼材料黏合在本体金属板和刚度较大的约束层之

间的结构，当结构弯曲变形时，本体金属板与约束层产生相对滑移运动，黏弹性阻尼材料产生剪切应变，使一部分机械能损耗。如图 7-3 所示，在机件的基本层上粘贴一层黏弹性材料的阻尼层，再在阻尼层上粘贴一层弹性材料的约束层，从而形成约束阻尼结构。由于阻尼层与基本结构接触的表面所产生的拉延变形不同于约束层接触表面的拉延变形，从而在阻尼材料内部产生剪切变形，达到耗能的作用。通常选用的约束层弹性远大于阻尼层的弹性模量，厚度可与本体金属相同，也可谓本体金属的 1/2~1/4。约束阻尼结构比自由阻尼结构可耗散更多的能量，具有更好的减振效果。

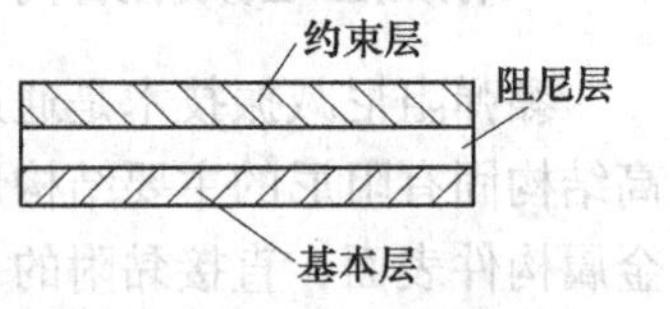

图 7-3　约束阻尼结构示意图

7.3　复合夹层板基本理论

7.3.1　复合夹层板的数学模型

夹层结构如图 7-4 所示，夹层材料属于黏弹性材料的范畴，工程界常用的黏弹性阻尼材料的数学模型主要有以下三种：有理分式导数模型、三参数 RT 模型和复刚度模型。

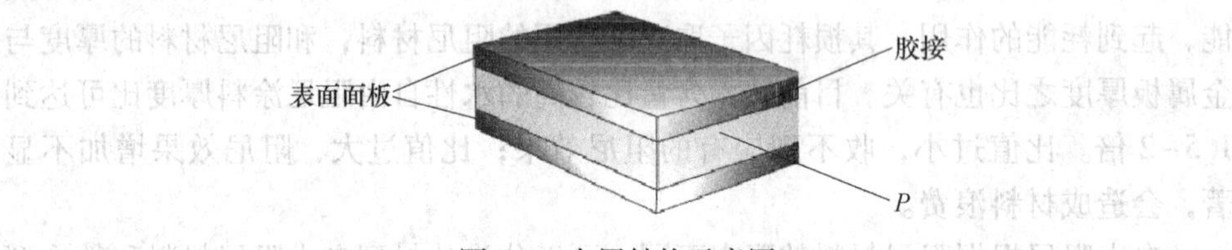

图 7-4　夹层结构示意图

7.3.1.1　有理分式导数模型

有理分式导数模型由线性黏弹性材料的基本方程导出，即：

$$\sum_{k=0}^{m} P_k \frac{\mathrm{d}^k \varepsilon(t)}{\mathrm{d}t^k} = \sum_{l=0}^{n} q_l \frac{\mathrm{d}^l \sigma(t)}{\mathrm{d}t^l},\quad m \leqslant n \tag{7-1}$$

式中，$\varepsilon(t)$，$\sigma(t)$ 分别为时域中应变函数和应力函数；$P_k(k=0,\ 1,\ \cdots,\ m)$，$q_l(l=0,\ 1,\ \cdots,\ m)$ 均为常系数；$\frac{\mathrm{d}^i}{\mathrm{d}t^i}(t)$ 为第 i 阶导数算符；m，n 为有限值的正整数。

经拉式变化后，有：

$$\sum_{k=0}^{m} P_k S^k \varepsilon(s) = \sum_{l=0}^{n} q_l S^l \sigma(s),\quad m \leqslant n \tag{7-2}$$

式中，$\varepsilon(s)$,$\sigma(s)$分别为时域中应变函数和应力函数；s 为拉式变量；$P_k(k=0,$

1，…，m），$q_l(l=0, 1, \cdots, m)$ 均为常系数，则上式可计为：

$$P(s)\varepsilon(s)=Q(s)\sigma(s) \tag{7-3}$$

其中：

$$P(s)=\sum_{k=0}^{m} P_k S^{Kk}, Q(s)=\sum_{l=0}^{n} q_l S^l \tag{7-4}$$

则黏弹性材料的复模量：

$$E(s)=\frac{\sigma(s)}{\varepsilon(s)}=\frac{P(s)}{Q(s)} \tag{7-5}$$

式（7-5）是一个有理分式表达式，故称为有理分式导数模型，它属于参数模型。实践表明，该模型虽然能较精确地描述黏弹性的动态性能，但往往需要确定的参数数目较多，给实际曲线的参数拟合增加困难，对工程计算也带来不便。

7.3.1.2 三参数 RT 模型

三参数 RT 模型的数学模型为：

$$\sigma(t)=E_0\varepsilon(t)+E_1 D^{\alpha}\varepsilon(t) \tag{7-6}$$

式中，三个参数分别为 E_0, E_1 和 α，它们满足：E_0，$E_1>0, 0<\alpha<1$，对式（7-6）进行傅式变化和拉式变化，可得三参数 TR 模型的应力-应变关系：

复频域：

$$\sigma(\mathrm{i}\omega)=(E_0+E_1(\mathrm{i}\omega)^{\alpha})\varepsilon(\mathrm{i}\omega)=E(\mathrm{i}\omega)\varepsilon(\mathrm{i}\omega) \tag{7-7}$$

拉式域：

$$\sigma(S)=(E_0+E_1 S^{\alpha})\varepsilon(S)=E(S)\varepsilon(S) \tag{7-8}$$

因此，在三参数广义分数导数模型描述下，黏弹性阻尼材料的复模量表达式为：

在复频域：

$$E(\mathrm{i}\omega)=E_0+E_1(\mathrm{i}\omega)^{\alpha} \tag{7-9}$$

在拉式域：

$$E(S)=E_0+E_1 S^{\alpha} \tag{7-10}$$

7.3.1.3 复刚度模型

复刚度模型直接根据黏弹性材料的动态性能给出，数学表达式为：

$$E(\omega)=E_{\mathrm{R}}(\omega)(1+\mathrm{i}\eta(\omega)) \tag{7-11}$$

式中，$E_{\mathrm{R}}(\omega)=a_E\omega^{b_E}$；$\eta(\omega)=a_\eta\omega^{b_\eta}$。其中，$a_E$，$a_\eta$ 及 b_E，b_η 均为拟合常数，E_{R} 是频变的，则上式变为：

$$E=E_{\mathrm{R}}+\mathrm{i}E_1=E_{\mathrm{R}}(1+\mathrm{i}\eta) \tag{7-12}$$

式中，E_{R} 为贮存模量；E_1 为损耗模量；i 为虚数单位；$\eta=E_1/E_{\mathrm{R}}$ 为损耗因子。这种复模量模型比较简单。

黏弹性材料的数学模型主要有以上 3 种，在研究中应用较多的是复模量模型。

7.3.2 复合夹层板单元有限元分析理论

三明治夹层板结构的振动有限元方程：

$$[M]\{\ddot{a}\} + [C]\{\dot{a}\} + [K]\{a\} = \{f\} \tag{7-13}$$

式中，$[M]$ 为质量矩阵；$[C]$ 为阻尼矩阵；$[K]$ 为刚度矩阵；$\{a\}$ 为位移向量；$\{f\}$ 为外力向量。

采用复刚度法将式（7-13）变换成无阻尼系统动力学进行求解，设作用在结构上的是简谐作用的激励力，即 $\{f(t)\} = \{F\}e^{j\omega t}$，系统的位移响应也满足：

$$\{a(t)\} = \{U\}e^{j\omega t}$$

则有：

$$\{-\omega^2[M] + [K^*]\}\{U\} = \{F\} \tag{7-14}$$

式中，$[K^*]$ 为复刚度矩阵。芯层黏弹性材料采用的弹性模量是常复数模量，因此，夹芯层单元的弹性阵为复数矩阵。

7.3.3 复合夹层板单元有限元分析方法

以夹层锯片的模态分析为例。

7.3.3.1 夹层锯片的建模方法

对于夹层板的研究，一般采用体单元和夹层复合板单元相结合的方法，这同样适用于夹层锯片的建模。夹层锯片的建模也可在 Workbench 软件中直接进行，赋予锯片弹性材料与黏弹性材料的物理属性，建立弹性层与黏弹性层之间准确的接触关系，有助于接下来进行的模态分析。

7.3.3.2 夹层锯片的模态分析

所选圆锯片为某公司设计生产的金刚石夹层锯片，圆锯片基体为 65Mn 钢，其基本参数为：外缘直径 $2R$ = 560mm，夹盘直径 $2r$ = 120mm，锯片总厚度为 T = 3.5mm，夹层选用黏弹性阻尼材料，厚度为 T_2 = 0.5mm。夹层为对称夹层，即最上层和最下层金属层厚度相等，都记为 T_1，锯片示意如图 7-5 所示。

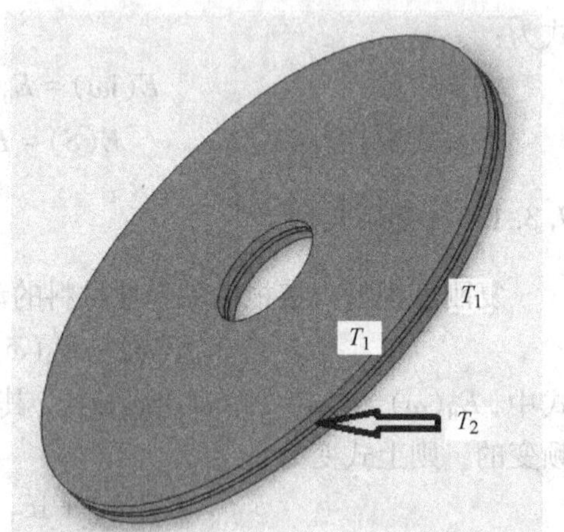

图 7-5　夹层锯片示意图

基体金属层与夹层材料物理性质见表 7-1。

表 7-1　夹层圆锯片各材料的基本物理性质

材料	弹性模量/Pa	泊松比	密度/kg · m^{-3}
65Mn 钢	2.06×10^{11}	0.3	7800
夹层阻尼材料	7.86×10^{6}	0.47	1300

建立有限元锯片模型图，如图 7-6 所示，在有限元软件中计算其动态特性。为了研究锯片中夹层对固有频率和模态振型的影响，改变夹层厚度，依次取厚度值为 0、0.25mm、0.5mm、1mm、1.5mm 和 2mm，分别进行模态分析，并提取前 20 阶固有频率见表 7-2，研究其各阶主振型的变化情况。

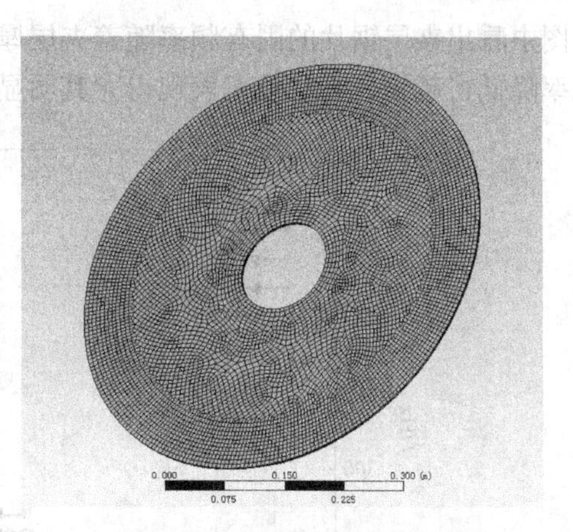

图 7-6 夹层锯片模型网格化分图

夹层不同厚度时，夹层圆锯片的固有频率分布如图 7-6 所示。

图 7-7 中，0、0.25、0.5、1、1.5、2.0 分别代表夹层锯片的夹层厚度。从

表 7-2 不同夹层厚圆锯片前 20 阶的固有频率

阶数	夹层厚度/mm					
	0	0.25	0.5	1	1.5	2
1	55.585	50.808	34.775	31.334	29.18	27.706
2	55.586	50.809	34.776	31.334	29.181	27.859
3	59.181	53.958	37.209	32.629	29.69	27.86
4	73.126	66.778	49.85	45.364	43.166	42.63
5	73.127	66.778	49.85	45.364	43.167	42.631
6	140.01	127.19	83.913	73.485	67.525	64.944
7	140.01	127.19	83.914	73.485	67.525	64.945
8	241.74	219.04	128.86	110.17	97.611	90.14
9	241.74	219.04	128.86	110.17	97.612	90.142
10	370.34	335.06	183.37	154.67	133.2	117.93
11	370.35	335.06	183.37	154.67	133.2	118.32
12	370.56	336.11	183.62	155.6	134.03	118.32
13	394.88	357.98	193.79	163.73	140.41	122.95
14	394.88	357.99	193.8	163.73	140.41	122.97
15	474.83	430.01	228.2	191.82	162.97	141.08
16	474.85	430.01	228.21	191.83	162.98	141.1
17	523.91	473.41	247.49	207.05	174.57	149.95
18	523.91	473.41	247.49	207.05	174.58	149.95
19	619.16	560.16	288.93	241.37	202.17	171.25
20	619.17	560.16	288.93	241.37	202.18	171.3

图中看出夹层锯片的固有频率随着夹层厚度的增大都有降低，夹层厚度越大，频率降低得越快，高阶频率表现得尤其明显。

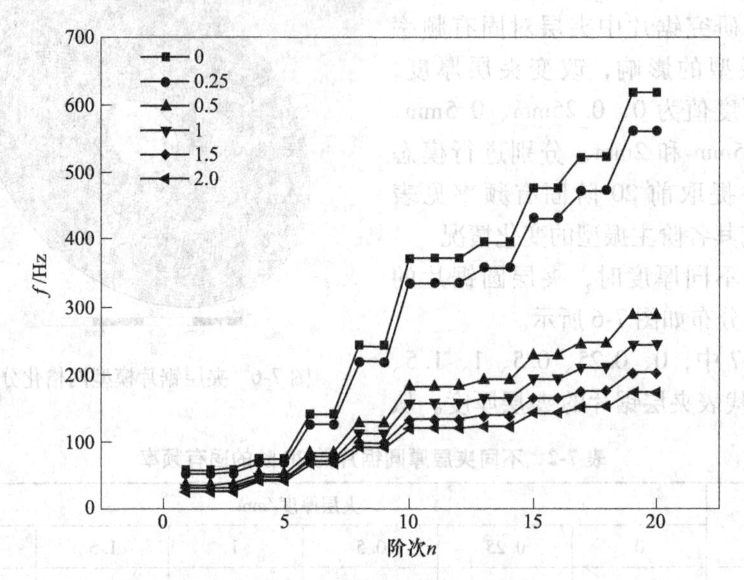

图 7-7　不同夹层厚度锯片的固有频率分布

观察每种夹层锯片的各阶振型变化，发现夹层锯片的振型图也发生模态分离现象，虽然不是很明显。更为重要的是，夹层锯片的各阶模态的相对振动幅值，随着夹层厚度的增大而减小，这说明夹层对锯片能够起到减振的效果。

随夹层厚度的增加，锯片的各阶固有频率会相互靠近，前几阶低阶频率的范围开始变窄，这不利于锯片的减振效果。黏弹性阻尼材料夹层的增加必然降低锯片整体的刚度、强度和稳定性，因此夹层厚度不能过大。

结果说明所建立的夹层锯片能够降低锯片的整体固有频率，改善其各阶主振型。开槽填充阻尼材料的圆锯片可以改变锯片的动态特性，而夹层锯片也能起到同样效果。但开孔开槽填充阻尼材料的方法减小振动毕竟有限，设计分析夹层锯片用于改善其频率振型，颇有研究意义。

7.4　约束阻尼结构在创新产品设计中应用实例一

7.4.1　减振降噪圆锯片的设计背景

在木工业、冶金、大理石、混凝土等原材料切割行业，圆锯片因为切削性能良好和加工效率高而得到广泛的应用。冶金圆锯片在工况作用下会高速旋转，所受到的振动较大，又由于其面积大，刚性差，受激振动极易辐射较大的噪声。圆锯片旋转速度越高，锯切时圆锯片所受的激励越剧烈，相对振动噪声也越大，产生的噪声污染越严重。减小圆锯片自身的振动是圆锯片降噪技术的一个主要研究方向。这是因为锯片噪声大部分来源于圆锯片振动时锯面辐射的噪声，另外圆锯片的振动会使锯路扩大，给锯件质量带来严重影响。研究圆锯片的振动与降噪技术，需要对其本身振动形式进行分析，寻找具有良好振动特性和低噪声辐射的圆锯片。目前，对圆锯片振动和噪声问题开展了广泛的理论与实验研究工作，先后发展了含槽孔圆锯片、层合阻尼圆锯片等具有低噪声辐射的圆锯片。由于圆锯片振动与噪声本身较为复杂，又涉及多学科综合知识，大多数研究者是依靠特定实验条件下得到的经验进行的。

查阅公开的专利文献，专利公开(公告)号：CN202963632U，公开了一种减振圆锯片；CN201175794Y 公开了一种降噪圆锯片，通过开槽且在曲线槽内填充减振材料，实现减振降噪的效果；专利公开(公告)号：CN1233202A 公开了一种具有凹坑的圆锯片，是通过在锯齿根部的基体上，加工三周凹坑实现减振。上述公开的锯片都具有一定的减振和降噪效果。但是，由于开槽的空间小，在槽内填充的减振阻尼材料有限，其降低振动和噪声的幅度受到限制。圆锯片的振动和噪声与多种因素有关，需要进一步深入理论和实践研究，推出能够减振降噪达到最佳效果的圆锯片。

7.4.2 一种减振降噪圆锯片的设计

设计的一种减振降噪圆锯片，能够大幅度减振降噪，提高工作效率，改善工作环境。如图 7-8 所示，一种减振降噪圆锯片包括：锯片基体、齿圈、流线形槽、矩形槽、复合阻尼材料、安装孔和轴孔。

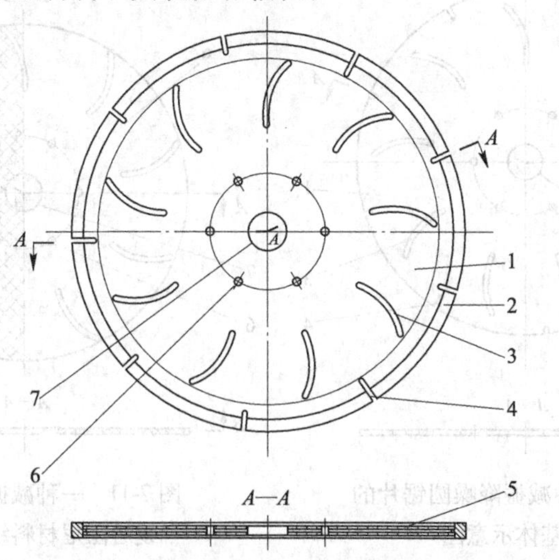

图 7-8 一种减振降噪圆锯片结构示意图
1—锯片基体；2—齿圈；3—流线形槽；4—矩形槽；5—复合阻尼材料；6—安装孔；7—轴孔

两片锯片基体和复合阻尼材料形成“三明治”结构，在“三明治”结构的圆形表面上开穿透的奇数流线形槽，流线形槽与矩形槽均匀分布在锯片基体上，其数量为5或7或9个。在“三明治”结构的圆形表面的中心开轴孔，轴孔周围是安装孔，在两片圆形钢板的边缘焊一个齿圈。如图7-9所示，齿圈呈环形，断面形状为T形，在齿圈的圆周上开与流线形槽同样数量的矩形槽，流线形槽与矩形槽的位置相互错开，齿圈上加工锯齿。

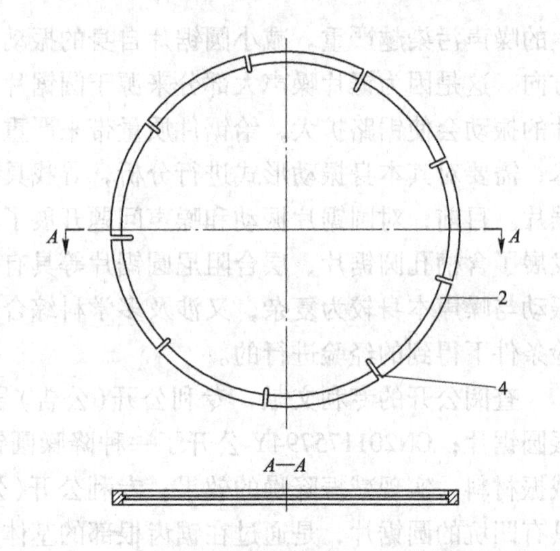

图7-9　一种减振降噪圆锯片的齿圈结构示意图
2—齿圈；4—矩形槽

7.4.3　圆锯片中的约束阻尼结构设计

圆锯片中的约束阻尼结构包括锯片和复合阻尼材料。

如图7-10和图7-11所示，锯片基体为两片圆形钢板，两片圆形钢板中间夹复合阻尼材料，形成一个“三明治”结构，复合阻尼材料由钢丝网与硅橡胶复合材料制成，钢丝网为骨架，布置成菱形网状，硅橡胶填充在其中。

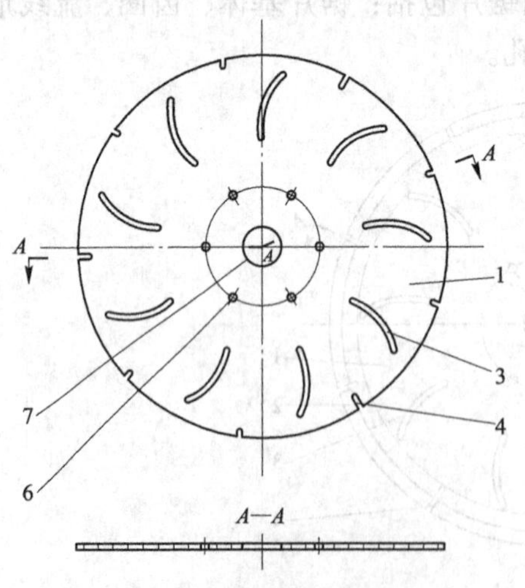

图7-10　一种减振降噪圆锯片的锯片基体示意图
1—锯片基体；3—流线形槽；4—矩形槽；6—安装孔；7—轴孔

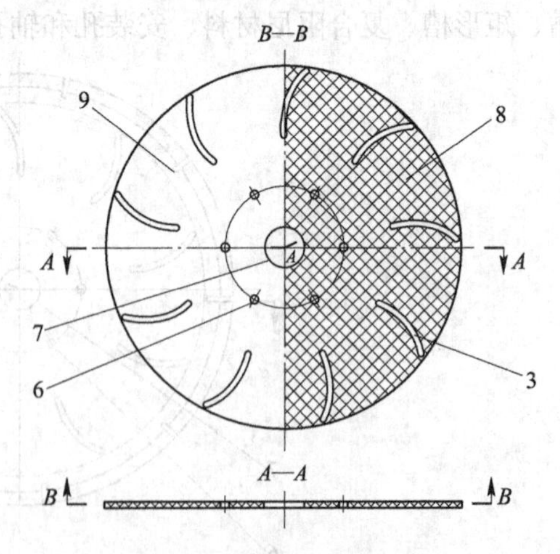

图7-11　一种减振降噪圆锯片复合阻尼材料结构示意图
3—流线形槽；6—安装孔；7—轴孔；8—钢丝网；9—硅橡胶

7.4.4 与同类圆锯片相比的有益效果

这个设计在满足承载能力的基础上，具有减小振动，降低噪声的效果，通过噪声实验表明：减振降噪圆锯片在相同工况下的噪声总声压级，比一般普通圆锯片要低 20dB 左右，达到了改善环境的目的。

7.5 约束阻尼结构在创新产品设计中应用实例二

7.5.1 减振手动果秧分离装置的设计背景

花生属豆科植物，开花受精之后，子房基部的部分细胞便开始分裂、伸长，形成了所谓的子房柄；随着其细胞分生，子房柄迅速伸长，顶端形成一个锥状的保护帽，人们形象地称之为“果针”。果针与根一样具有向地性，它扎入土中 3~10cm 后才停止伸长，而后子房开始膨大，长成花生荚角。花生荚角成熟后，形成花生果实，花生果实由子房柄连接在花生秧上。以往，农户都是手工将子房柄掐断，用手工一粒一粒的摘下花生果实，进行果秧分离。这样分离，不仅效率低，而且很容易损伤手上皮肤和指甲，作业时间长，也会感到手臂疲劳酸麻。现在有用自动化机械进行花生果秧分离的，但是，一是机械复杂庞大，并且自动化机械需要有电源才能工作，二是购买机械费用大，因此，对于那些小量种植花生的农家来说不适用。因此，为了解决花生果秧分离的难题，利用动力学理论、机械设计原理和人机工程学理论，设计一种便利的减振手动果秧分离装置，改善果秧分离的工作状态。在小量种植花生的情况下，并且在没有电源的田间地头，需要手工花生果秧分离时，这种装置具有很大的现实意义。

查阅公开的专利文献，公开(公告)号：CN207766930U，公开了一种落花生摘果多功能果秧分离机，包括：分离器、出料仓、风机；所述分离器设置在机体的内部，且分离器与机体通过轴承相连接；所述出料仓设置在机体的底部，且出料仓与机体通过螺栓贯通方式相连接；所述出秧口设置在机体的一侧，且出秧口与机体通过焊接方式相连接；所述风机设置在机体的一侧，风机与机体通过轴承相连接。公开(公告)号：CN202958186U，公开了一种花生果秧自动收割分离装置，在机架上设有脱粒仓，振动筛设在脱粒仓的底部，其驱动轮系与中转驱动轮、驱动轮通过皮带连接构成振动筛动力机构；脱粒仓中有脱粒绞龙，通过端部的链轮系、驱动轮系与中转驱动轮、驱动轮通过皮带连接构成绞龙动力传动机构；脱粒仓的后端为茎叶收集仓；在机架的尾端还设有料斗传送机构通过料斗支撑架支撑，花生秧通过输送通道直接送入脱粒仓中将花生果与秧脱离，在振动筛的振动作用下将花生果、秧及泥土碎渣筛出分离，泥土碎渣由振动筛底部漏出；绞碎的秧块由秧果分离风机吸引到茎叶收集仓中统一收集；花生果在振动筛的作用下落入料斗传送机构的料斗，装袋完成收获。公开(公告)号：CN106258235A，公开了一种花生摘果机，机架前端所装的果秧输送带尾端与果秧分离器入口对接，果秧分离器内装单组的笼形直齿分离辊，其网格出口下方设置倾斜向下的前滑板。前滑板出口下方悬空，一边设置吹向后上方的分离风机，另一边与风机出口相对设置风道，前滑板出口底部相对设置双层振动筛。所使用的果秧输送带整体为高低倾斜状态设置，较低一端输送带张紧辊使用齿形张紧辊的结构。使用时，果秧输送带将花生果秧送入果秧分离器进行果秧分离，再通过前滑板落入下方经分离风机向上后吹，在后吹过程中扬尘器吹出体积较大较轻的藤秧和杂质，由此留下细小结实的花生果实和泥块直接落入双层振动筛，分出泥土和果实，获取干净花生果粒。这些实用新型和发明，实现了花生果秧分离机械一体化，省力省时，提高了花生收获效率。但是，这些都需要电源才能进行工作，并且机械庞大复杂，购买机械费用大，不适合小量种植花生的农家果秧分离。

7.5.2　一种便利的减振手动果秧分离装置的设计

设计一种便利的减振手动果秧分离装置，这个装置结构简单、使用便利，进行果秧分离时，能够减小振动，防止手臂受振酸麻，防止手掌皮肤磨伤；不需要电源，适合小批量种植花生的农家对花生进行果秧分离。

如图 7-12 和图 7-13 所示，设计的一种便利的减振手动果秧分离装置包括：支撑框架、收集斗、圆形箱体、分离盘、长竖轴、滚动轴承、皮带传动系统、短竖轴、连杆和减振手柄。

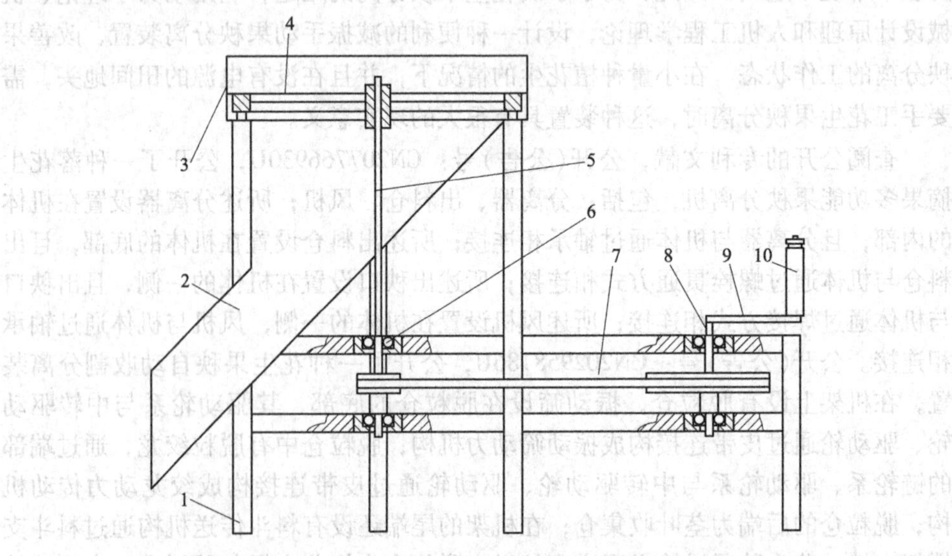

图 7-12　一种便利的减振手动果秧分离装置的主视方向结构示意图

1—支撑框架；2—收集斗；3—圆形箱体；4—分离盘；5—长竖轴；6—滚动轴承；7—皮带传动系统；8—短竖轴；9—连杆；10—减振手柄

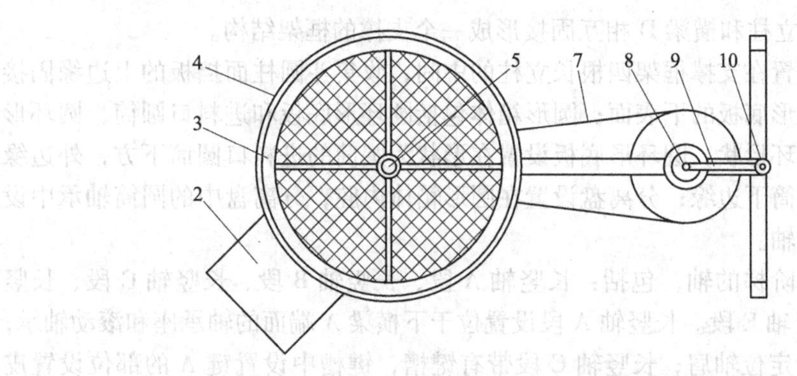

图 7-13 一种便利的减振手动果秧分离装置的俯视方向结构示意图
2—收集斗；3—圆形箱体；4—分离盘；5—长竖轴；
7—皮带传动系统；8—短竖轴；9—连杆；10—减振手柄

支撑框架包括：长立柱、下横梁 A、上横梁 A、轴承座、上横梁 B、下横梁 B、上横梁 C、下横梁 C、短立柱和横梁 D。长立柱总计有四根，分别铅垂均布设置在正方形的四个角点，正方形的中心铅垂线上设置轴承座。

轴承座包括座体、轴承沉孔和轴孔，座体为圆柱形结构，座体中心设置轴承沉孔和轴孔，轴承座总计有四个；滚动轴承总计有四个，分别设置在四个轴承座轴承沉孔中；一个轴承座与四根沿着正方形对角线方向水平设置的下横梁 A 端面固接，另一个轴承座与四根沿着正方形对角线方向水平设置的上横梁 A 端面固接；下横梁 A 总计有四根，均布水平设置在轴承座与四根长立柱中间，一端固接轴承座座体外表面，另一端分别固接四根长立柱内侧表面；上横梁 A 总计有四根，均布水平设置在轴承座与四根长立柱中间，一端固接轴承座座体外表面，另一端分别固接四根长立柱内侧表面，上横梁 A 设置在下横梁 A 的上方。

轴承座一个固接水平设置的上横梁 B 和水平设置的上横梁 C 端面，另一个轴承座固接水平设置的下横梁 B 和水平设置的下横梁 C 端面；上横梁 B 一端固接轴承座，另一端固接在长立柱外侧；下横梁 B 一端固接轴承座座体外表面，另一端固接在长立柱外侧表面，下横梁 B 设置在上横梁 B 的下方；上横梁 C 一端固接一个轴承座座体外表面，另一端固接在短立柱内侧表面，上横梁 C、上横梁 B 和正方形一条对角线上的两根上横梁 A 设置在一条直线上；下横梁 C 一端固接轴承座座体外表面，另一端固接在短立柱内侧表面，下横梁 C 设置在上横梁 C 的下方，下横梁 C、下横梁 B 和正方形一条对角线上的两根下横梁 A 设置在一条直线上。

短立柱总计三根，均布设置在垂直于上横梁 C 的直线上，位于中间的短立柱固接上横梁 C 和下横梁 C；横梁 D 总计 2 根，分别水平设置在短立柱中间，两端固接短立柱。

长立柱、下横梁 A、上横梁 A、轴承座、上横梁 B、下横梁 B、上横梁 C、下横梁 C、短立柱和横梁 D 相互固接形成一个支撑的框架结构。

收集斗设置在支撑框架四根长立柱的中间，收集斗圆柱面挡板的上边缘固接圆形箱体圆环形底板的下表面；圆形箱体包括圆环形底板和进料口圆筒，圆环形底板形状为圆环形状，圆环形底板设置在形状为圆筒的进料口圆筒下方，外边缘固接进料口圆筒下边缘；分离盘设置在圆形箱体内腔，分离盘中的圆筒轴承中设置转动的长竖轴。

长竖轴为阶梯的轴，包括：长竖轴 A 段、长竖轴 B 段、长竖轴 C 段、长竖轴 D 段和长竖轴 E 段。长竖轴 A 段设置位于下横梁 A 端面的轴承座和滚动轴承；长竖轴 B 段为定位轴肩；长竖轴 C 段带有键槽，键槽中设置键 A 的部位设置皮带传动系统中小皮带轮；长竖轴 D 段设置位于上横梁 A 端面的轴承座和滚动轴承；长竖轴 E 段上端设置在分离盘圆筒轴承中。

如图 7-14 所示，皮带传动系统设置在支撑框架中下横梁 A 和上横梁 A 中间，包括小皮带轮、皮带和大皮带轮。小皮带轮和大皮带轮都为三角皮带轮，皮带为三角带。

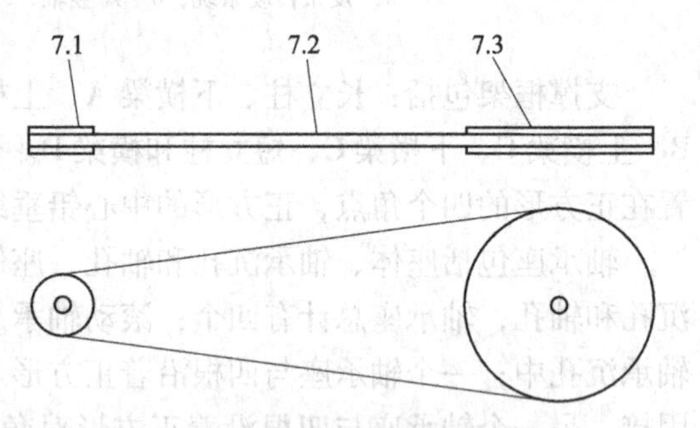

图 7-14　皮带传动系统的结构示意图

7. 1—小皮带轮；7. 2—皮带；7. 3—大皮带轮

短竖轴包括：短竖轴 A 段、短竖轴 B 段、短竖轴 C 段和短竖轴 D 段。短竖轴 A 段设置位于下横梁 B 端面的轴承座和滚动轴承，短竖轴 B 段为定位轴肩，短竖轴 C 段带有键槽，键槽中设置键 B 的部位设置皮带传动系统中大皮带轮，短竖轴 D 段设置位于上横梁 B 端面的轴承座和滚动轴承，上端面固接连杆一端。

连杆水平设置一端固接短竖轴 D 段上端面，另一端固接减振手柄芯轴的下端面；减振手柄铅垂设置在连杆一端。

收集斗包括：前挡板、后挡板、滑料板、上挡板和圆柱面挡板；前挡板、后挡板、滑料板和上挡板相互固接形成出料口，设置在支撑框架中远离皮带传动系统一侧的长立柱侧面；前挡板和后挡板平行，侧面固接圆柱面挡板外表面；上挡板设置在前挡板和后挡板上方，对边分别固接前挡板和后挡板的上边缘，内侧端面固接圆柱面挡板外表面；滑料板包括：滑料板 A 部分、滑料板 B 部分和长竖轴通孔，滑料板与水平面倾角 40°~50°，滑料板 A 部分位于出料口一侧的两边为直边，分别固接前挡板和后挡板的下边缘，滑料板 B 部分位于圆柱面挡板内腔的边缘为椭圆弧形，椭圆弧边缘固接圆柱面挡板的下边缘，滑料板 B 部分表面设置长竖轴通孔；圆柱面挡板为圆柱面结构，上边缘为圆形，下边缘为椭圆弧形。

分离盘包括：万向球、矩形环、钢板网、加强辐条和圆筒轴承。万向球为若干个，均布设置在矩形环的下表面，万向球在圆形箱体中的圆环形底板上表面滚动；矩形环为环形结构，截面为矩形；加强辐条若干根，水平均布在矩形环和圆筒轴承中间，一端固接矩形环的内侧表面，另一端固接圆筒轴承的外表面；圆筒轴承为圆筒形结构，设置在矩形环的中心位置；钢板网为用钢板冲压而成的菱形孔结构，菱形孔边缘具有切削作用的锐边，钢板网设置在加强辐条上方，下表面固接加强辐条上表面。

7.5.3 果秧分离装置中的约束阻尼结构设计

减振手柄是一个具有约束阻尼结构的手柄，能够减小振动，防止手握酸麻。

如图 7-15 所示，减振手柄包括：复合外套、芯轴、端盖和螺钉；复合外套包括：外壳、减振圆筒和内衬套。外壳为圆柱形结构，外表面带有防滑纹，外壳内侧设置减振圆筒；减振圆筒是弹性阻尼材料制成的圆筒结构，内侧设置内衬套；内衬套为圆柱形结构，内衬套外表面固接减振圆筒内表面；内衬套外边套装减振圆筒，减振圆筒外边套装外壳；芯轴设置在复合外套的内衬套内，芯轴为圆柱形的轴杆，下端固接连杆端部，上端面中心设置螺孔，芯轴圆柱外表面与复合外套中的内衬套内表面间隙为 1~3mm；端盖为中心带有通孔的圆形薄板，设置在芯轴上端面；螺钉通过端盖通孔，紧固到芯轴上端面螺孔。

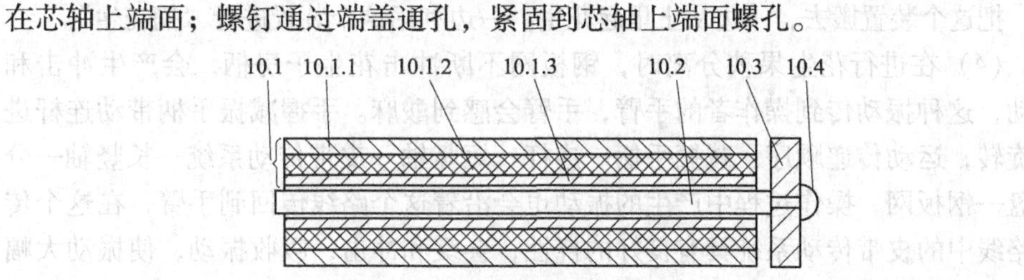

图 7-15 减振手柄的结构示意图

10. 1—复合外套；10. 1. 1—外壳；10. 1. 2—减振圆筒；
10. 1. 3—内衬套；10. 2—芯轴；10. 3—端盖；10. 4—螺钉

在实际中，应用这种装置对花生果秧分离时，花生果实通过子房柄连接花生秧，子房柄细而长，当手持花生秧离开地面时，花生果实悬空，花生果实由于自重就会下垂。当手持花生秧放到分离盘钢板网上面，花生果实就会顺着钢板网的菱形孔自动漏到钢板网的下方位置。操作者一手手持花生秧，另一只手手握减振手柄带动连杆进行旋转，运动传递顺序：减振手柄—连杆—短竖轴—皮带传动系统—长竖轴—分离盘—钢板网。钢板网在减振手柄控制下进行旋转，钢板网是由钢板冲压而成菱形孔的钢网，菱形孔边缘锋利，对花生果实上方的子房柄具有切割作用。并且，子房柄细而长，刚出土新鲜的子房柄嫩脆，即使是晾晒干枯的子房柄也干脆，在钢板网边缘冲击和切割作用下，子房柄容易折断。花生果实落到收集斗的滑料板上，然后滑落到出料口，在出料口可以用袋接着。由于手持花生秧，并且花生秧比较长，因此，不会落到钢板网下方。花生秧上的花生果实脱落之后，手持花生秧移开钢板网就可以了，完成花生果秧分离操作，也就是利用这种手动果秧分离装置进行“摘花生”。

7.5.4 与现有同类果秧分离装置相比的显著有益效果

与现有同类果秧分离装置相比，其显著的有益效果体现在：

(1) 整个分离装置由支撑框架支撑，支撑框架具有一定的强度和稳定性，不会因为分离过程中出现外力，而造成分离装置损坏或者倾翻。

(2) 钢板网是由钢板冲压而成菱形孔的钢网，菱形孔边缘锋利，对花生果实上方的子房柄具有切割作用，在钢板网边缘冲击和切割作用下，子房柄折断，使花生果实与花生秧分离，实现“摘花生”操作。钢板网不但会折断子房柄，还会隔离花生秧和花生果实，花生秧落不到钢板网下面，钢板网下面只有花生果实。

(3) 底部设置收集斗，花生果实落到收集斗的滑料板上，滑料板与水平面倾角40°~50°，花生很容易滑落到出料口，在出料口可以用袋接着，容易收集，减轻了劳动强度。整个装置是通过手握减振手柄带动连杆旋转提供的动力，是手动的，不需要电源，使用方便。这个果秧分离装置结构简单轻便，在没有电源的田间地头，把这个装置搬去，一边从土里起花生，一边利用这个装置进行“摘花生”。

(4) 在进行花生果秧分离时，钢板网不断冲击花生子房柄，会产生冲击和振动，这种振动传到操作者的手臂，手臂会感到酸麻。手握减振手柄带动连杆进行旋转，运动传递顺序：减振手柄—连杆—短竖轴—皮带传动系统—长竖轴—分离盘—钢板网，操作过程中产生的振动也会沿着这个路线传回到手臂，在这个传播路线中的皮带传动系统具有良好的挠性，会缓和冲击，吸收振动，使振动大幅度减弱。

(5) 手握的减振手柄是具有减振性的，当振动传到减振手柄的芯轴，芯轴接触减振手柄中的复合外套内衬套，内衬套就会撞击减振圆筒。减振圆筒是用弹性阻尼材料制成的，弹性阻尼材料的变形，能够大幅度吸收振动能量，这样复合外套中的外壳振动就会大幅度减小，手握外壳就不会感到振动，也就不会手臂酸麻。减振手柄中的复合外套内衬套内表面与芯轴具有间隙1~3mm，人手握着减振手柄，实际握着的是复合外套。在实际驱动旋转时，复合外套中的内衬套与芯轴具有相对运动，手掌表面与复合外套外壳的外表面没有相对运动，这样可以防止外壳的外表面磨伤手掌皮肤。

这个果秧分离装置结构简单，使用方便；利用此装置进行果秧分离时，能够减小振动，防止手臂受振动酸麻，防止手掌皮肤磨伤；不需要电源，适合小批量种植花生的农家对花生进行果秧分离；装置制造成本低，农家购买成本低，适合批量生产，实现专利转化。

8 冲击和颗粒阻尼减振理论及其应用

黏弹阻尼减振技术以其优良的减振效果以及便于实施等优点，近二十年来得到了发展和广泛的应用。但是，黏弹阻尼材料具有阻尼特性对温度异常敏感且易于老化以及大面积使用时附加质量较大等缺点，在特殊环境下使用的工程结构部件中，因低温、高温、高热、高压力等恶劣环境条件而不能采用黏弹阻尼材料。因此，研究和开发适应于极端恶劣环境条件下使用的阻尼减振技术就显得十分必要。在阻尼减振技术中，吸振技术以其优良的减振效果以及结构简单，成本低廉，易于实施，适用于恶劣环境等优点，在工程实际中得到了广泛应用，并取得了良好的效果。吸振技术包括冲击阻尼减振技术、颗粒阻尼减振技术，冲击阻尼减振技术主要指传统的单冲体减振技术，而颗粒阻尼减振技术则是由前者演化而来，在近十年里得到迅猛发展的一项新型减振技术。

8.1 单体冲击阻尼减振

冲击阻尼减振是一种传统的冲击减振技术，20 世纪 30 年代，国外学者 A. L. Paget 在研究涡轮机叶片减振问题时发明了单冲体冲击减振器，以刚性质量块为冲击体的单冲体，其动力学模型如图 8-1 所示，图中振动系统（主系统）由振动体质量 M、弹性元件 K 和阻尼器 C 组成，m 为冲击块质量，δ 为冲击块与振动体之间的间隙。单冲体冲击减振技术是利用两物体相互碰撞后动能损失的原理，在振动体上安装一个起冲击作用的刚性冲击块，当系统振动时，冲击块将反复地冲击振动体，消耗振动能量，达到减振的目的。冲击减振器具有结构简单，重量轻，体积小，实施方便，减振效果好等优点，因此，在工程减振中得到广泛应用。

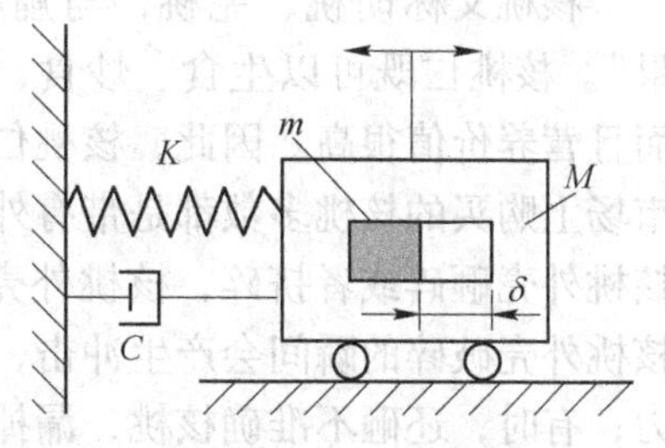

图 8-1 单体冲击减振的动力学模型

为了提高减振效果，在设计和使用冲击减振器时，应注意以下问题：

（1）要实现冲击减振，首先要使冲击块 m 对振动体 M 产生稳态的周期性冲击运动，即在每个振动周期内，m 和 M 分别左右碰撞一次。因此，通过实验选择合适的间隙 δ 是关键，因为 δ 在某些特定范围内才能实现稳态周期性冲击运动。

同时，希望 m 和 M 都在以最大速度运动时进行碰撞，以获得有力的碰撞条件，造成最大的能量损失。

（2）冲击块 m 质量越大，碰撞时消耗的能量就越大。因此，在结构空间尺寸允许的前提下，要选用质量比 $\mu = m/M$ 尽可能大的冲击块。若空间尺寸受限制，可在冲击块内部注入密度大的材料（如铅、钨等），以增加冲击质量。

（3）冲击块的恢复系数越小，减振效果越好，但是，影响周期运动的稳定性。因此，使用恢复系数基本稳定的材料制成冲击块，通常选用淬硬钢或硬质合金钢制造冲击块。

（4）将冲击块安装在振动体振幅最大的位置，可以提高减振效果。

（5）增加自由质量可以提高减振效果，但是，增加冲击质量，会增大噪声。因此，使用多自由质量冲击减振器，既不增加噪声，又能够提高减振效果。如图 8-2 所示，多自由质量减振系统的动力学模型。

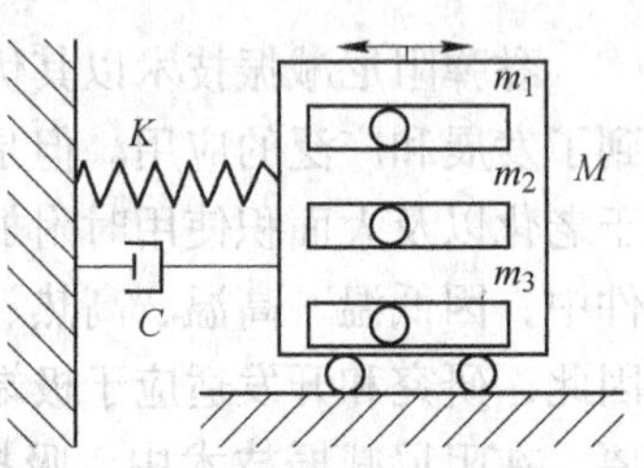

图 8-2　多自由质量减振系统的动力学模型

8.2　单体冲击阻尼减振在创新产品设计应用实例一

8.2.1　减振防漏核桃破壳装置的设计背景

核桃又称胡桃、羌桃，与扁桃、腰果、榛子并称为世界著名的“四大干果”。核桃仁既可以生食、炒食，也可以榨油、配制糕点、糖果等，不仅味美，而且营养价值很高。因此，核桃仁是人们日常生活中喜爱的食品。但是，人们在市场上购买的核桃多数都是带有外壳的，坚硬的外壳包裹着核桃仁，人们需要把核桃外壳砸碎或者挤碎，核桃外壳破碎之后取到核桃仁。在破壳取仁的过程中，核桃外壳破碎的瞬间会产生冲击，人的手臂会振酸麻，并且核桃外壳很硬，很费力；有时，还砸不准确核桃，漏掉了。这些是破壳取仁时遇到的难题，因此，利用动力学理论、机械设计原理和人机工程学理论进行研发，推出一种便利的减振防漏核桃破壳装置。在人们的日常生活中，经常购买核桃，每次虽然少量食用，但也要破壳取仁，因此，这个设计装置具有很大的现实意义。

查阅公开的专利文献，公开(公告)号：CN105747934A，公开了一种软包皮核桃夹，包括：手把、连接杆、活动栓、夹片、夹齿、包皮。手把呈圆柱体状，连接杆设在手把的前端，活动栓是连接两根连接杆的，两根连接杆可以在活动栓的作用下转动，夹片呈半弧形球状设在连接杆的前端，夹齿呈锯齿状设在夹片内的，包皮是由软性材料做成设在夹片的外层。这个发明结构简单、使用方便。公开(公告)号：CN105747935A，公开了一种核桃剥皮机，包括：底座、固定在底座上的第一夹紧机构、第二夹紧机构。第一夹紧机构、第二夹紧机构之间设有支撑机构；第一夹紧机构包括第一支撑座、平行于底座的第一套筒，位于套筒内，沿套筒轴线方向设置滑柱，滑柱在套筒内自由滑动，所述第一套筒通过第一支撑座与底座固定；第二夹紧机构包括第二支撑座、平行于底座的第二套筒，位于套筒内，沿套筒轴线方向设置螺柱，第二套筒设有内螺纹，螺柱与第二套筒螺纹连接；第一套筒与第二套筒的轴线位于同一直线上；滑柱包括压紧端、咬合端，螺柱包括咬合端，两咬合端对应。公开(公告)号：CN105615707A，公开了一种核桃破壳手钳夹，两个半圆夹头相对的内面均设有内凹的卡齿，两个半圆夹头外端通过铰轴活动连接，内端连接有柄把。使用时，将核桃放在内凹的卡齿中，手持柄杆，合拢柄把，即让两个半圆夹头形成挤压状态，挤破核桃。公开(公告)号：CN105595369A，公开了一种核桃去壳机，包括：本体，本体包括底座、盛放槽、支架、压壳、螺杆和摇柄。所述盛放槽固定在底座中心一侧上，支架固定在底座上，并位于盛放槽相对侧，支架的水平架位于底座上方，水平架开有带螺纹的孔，螺杆穿过支架的螺纹孔，螺杆下端和压壳连接，螺杆上端与摇柄连接，盛放槽、压壳和螺杆中心轴线共线。这个发明是一种核桃去壳机，结构简单，便于拆卸组装，通过摇柄转动使螺杆竖直向下移动，推动压壳压碎核桃外壳，具有省力的效果。但是，这些核桃破壳装置都不能够减小破壳过程中产生的振动，并且都是靠挤压力破壳，使用不安全，很容易夹手指。

公开(公告)号：CN105614806A，公开了一种全自动核桃加工设备，包括：进料机构、去皮清洗装置、去壳装置、控制装置。进料机构设置在去皮清洗装置的一侧；去皮清洗装置通过送料装置连接到去壳装置；送料装置输出端设有送料斗，送料斗将去皮后的核桃送入去壳装置内；去皮清洗装置一侧设有变速器，变速器连接于动力装置，动力装置连接于控制装置。出料口下侧设有第二传送带，第二传送带将敲碎后的核桃传送带分离机处。分离机内侧一端设有风机，风机连接于控制装置，分离机出料处连接有烘干机。这个发明采用多部分连接配合工作，既可单独工作，亦可连续性工作。公开(公告)号：CN105192853A，公开了一种核桃破壳机，该机由电动机、动力传动装置、偏心滚轮机构、导向装置以及破壳装置构成。当开关闭合通电时电动机转动，主动带轮通过同步带把动力传送到从动带轮，通过转轴带动偏心滚轮转动。当偏心滚轮大端一侧和挡板箱的左侧板接触时，撞锤通过连接杆与挡板箱连接，在导向套筒作用下向左移动实现核桃破壳，此时在装置右部进行填料；当偏心滚轮大端一侧和挡板箱的右侧板接触时，在导向套筒作用下连接杆和撞锤向右移动进行核桃破壳，此时在装置左部进行填料。这个发明可以对核桃实现自动化破壳，提高破壳效率，降低劳动强度，且结构简单。但是，这些核桃加工设备需要有电源，并且不适用家庭小批量核桃破壳。

8.2.2　一种便利的减振防漏核桃破壳装置的设计

设计一种便利的减振防漏核桃破壳装置，操作安全、省力，能够减小振动和噪声，防止手臂振得酸麻，防止漏砸。如图 8-3 所示，该核桃破壳装置包括：支撑装置、固定板、遮挡装置、漏斗、移动冲压板、减振器、齿条轴、螺钉、箱体、手摇传动系统、螺旋弹簧、轴端挡板和防漏装置。

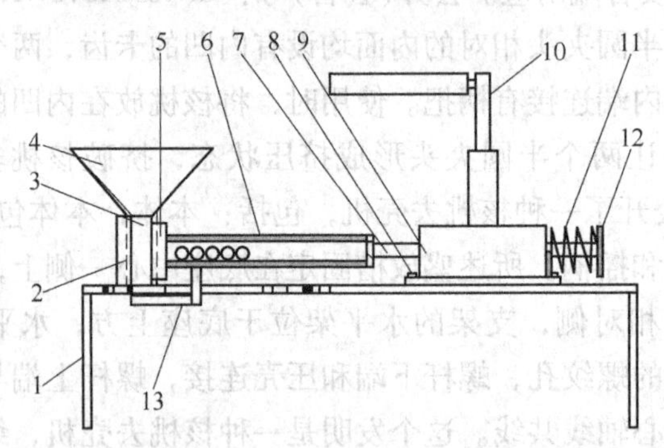

图 8-3　一种便利的减振防漏核桃破壳装置的结构示意图

1—支撑装置；2—固定板；3—遮挡装置；4—漏斗；5—移动冲压板；6—减振器；7—齿条轴；8—螺钉；9—箱体；10—手摇传动系统；11—螺旋弹簧；12—轴端挡板；13—防漏装置

如图 8-4 所示，支撑装置包括：立柱、台面板、出料口和滑道。立柱是 4 根，固接于台面板下表面的四角；台面板是中间开有出料口和滑道的前后对称的矩形结构面板；出料口为方形通孔，出料口的四个内表面分别与固定板上带网纹的表面，遮挡装置中后遮挡板、前遮挡板和连接板的三个内表面同面，出料口与防漏装置中支撑杆的滑道相通；滑道为出料口一侧的矩形槽。支撑装置上方设置固定板，固定板为矩形结构的厚板，承受冲压力的表面带有网纹结构。

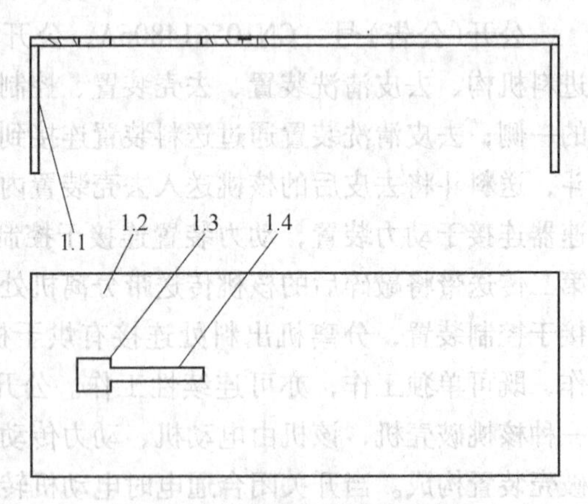

图 8-4　支撑装置的结构示意图

1. 1—立柱；1. 2—台面板；
1. 3—出料口；1. 4—滑道

遮挡装置包括后遮挡板、前遮挡板、连接板和通孔 A。后遮挡板为矩形结构的薄板，后遮挡板的一个竖直边缘与固定板的后面边缘固接；前遮挡板与后遮挡板结构形状相同，前遮挡板的一个竖直边缘与固定板的前面边缘固接；后遮挡板和前遮挡板的另一个竖直边缘上方部分，分别与连接板的前后两个竖直边缘固接，连接板为矩形结构的薄板。连接板下方是能够让移动冲压板来回移动不受阻挡的矩形通孔 A，连接板的上边缘与前遮挡板、后遮挡板、固定板的上边缘平齐，形成连接板下方带有通孔 A 的空腔结构。

遮挡装置上方设置投放原料的漏斗，漏斗包括底部出口、侧面板和上部入口。侧面板是梯形薄板，4 块侧面板的侧面边缘相互固接，形成整体壳体结构为：上部入口为正方形的大方口，下部出口形状为正方形的小方口，小口边缘与固定板、前遮挡板、后遮挡板和连接板的上边缘固接。

移动冲压板为矩形结构的厚板，用于冲压的表面带有网纹结构，另一个表面中心位置设置减振器。

齿条轴包括轴杆和轮齿，轴杆一端与减振器中的端盖固接，另一端与轴端挡板固接。齿条轴的中间部分设置轮齿，用箱体中的齿条轴支撑进行支撑。

箱体用螺钉紧固到支撑装置中台面板的上表面，箱体包括：底板、齿条轴支撑、齿轮箱和立轴支撑；底板、齿条轴支撑、齿轮箱和立轴支撑是铸造的整体结构；底板设置在最底部，底板的边缘设置若干个螺钉孔；齿条轴支撑是中间带有与齿轮传动通孔、两端带有齿条轴轴孔的 U 形结构；齿轮箱是圆柱形的壳体结构，内部是能够存放齿轮的空腔，空腔内表面的侧面带有与齿条轴传动的通孔；立轴支撑是圆筒形结构，圆筒内表面与齿轮箱顶面上的通孔同轴。在箱体与轴端挡板之间的齿条轴上套螺旋弹簧，螺旋弹簧外侧设置阻挡螺旋弹簧滑落的轴端挡板。

如图 8-5 所示，手摇传动系统包括：手柄、手柄轴杆、立轴、齿轮、轴承和

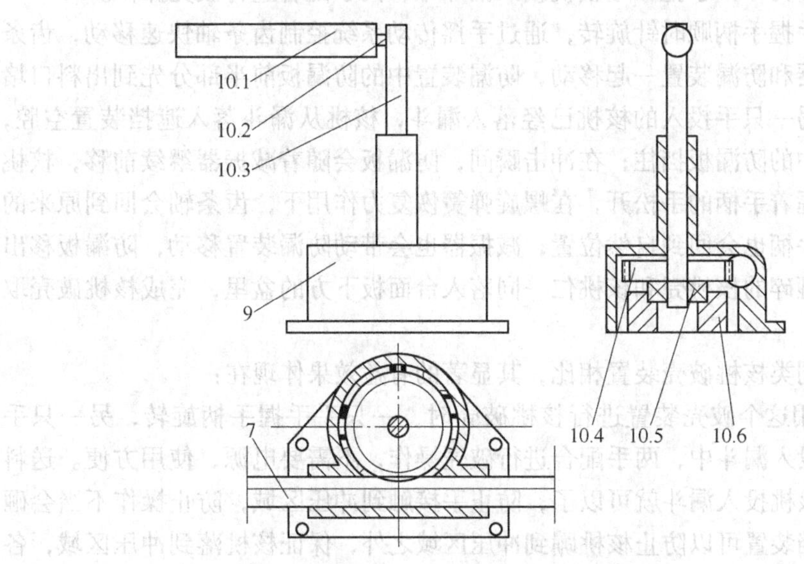

图 8-5　手摇传动系统的结构示意图

7—齿条轴；9—箱体；10. 1—手柄；10. 2—手柄轴杆；10. 3—立轴；
10. 4—齿轮；10. 5—轴承；10. 6—轴承座

轴承座。手柄轴杆一端固接到与手柄轴杆同轴线的手柄一端，另一端固接到与手柄轴杆垂直轴线的立轴上端；立轴为阶梯轴，由箱体中的立轴支撑进行支撑，立轴下方设置与齿条轴上轮齿相啮合的齿轮，齿轮下方设置轴承，轴承下方设置轴承座，轴承座固接到支撑装置中台面板的上表面。

防漏装置包括防漏板和支撑杆，支撑杆一端垂直固接到防漏板上表面，另一端垂直固接减振器中管道下表面，防漏板是用薄钢板制作的矩形结构。

8.2.3　核桃破壳装置中的单体冲击阻尼减振结构设计

这个装置中的减振器是改良型单体冲击阻尼减振结构。如图 8-6 所示，减振器包括：管道、钢球和端盖。管道用钢管制作，钢管内腔设置自由滚动的钢球，管道的一端固接密封的端盖；端盖是用钢板制作的圆形板。

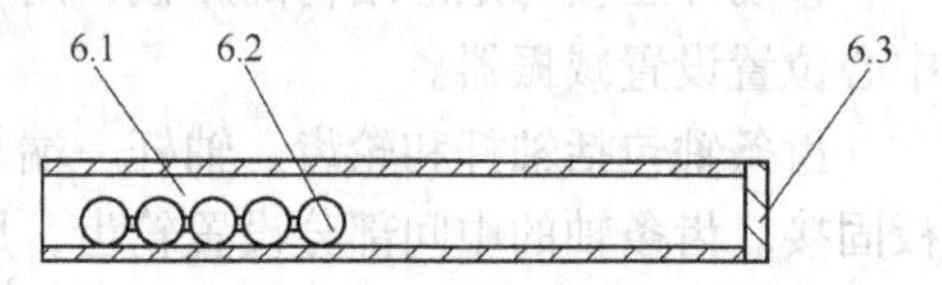

图 8-6　减振器的结构示意图
6. 1—管道；6. 2—钢球；6. 3—端盖

8.2.4　与现有同类核桃破壳装置相比的显著有益效果

在自然状态下，手柄处于外侧，螺旋弹簧处于自然张开状态，支撑装置台面板上的出料口处于开启位置。应用这个核桃破壳装置进行核桃破壳时，一只手手握手柄旋转，另一只手把一个核桃投入漏斗中，两手配合进行破壳操作。

一只手手握手柄顺时针旋转，通过手摇传动系统控制齿条轴快速移动，齿条轴带动减振器和防漏装置一起移动，防漏装置中的防漏板前半部分先到出料口堵住。此时，另一只手投入的核桃已经落入漏斗，核桃从漏斗落入遮挡装置空腔，被防漏装置中的防漏板挡住；在冲击瞬间，防漏板会随着减振器继续前移，核桃被击破壳；握着手柄的手松开，在螺旋弹簧恢复力作用下，齿条轴会回到原来的自然位置，手柄也会回到自然位置；减振器也会带动防漏装置移动，防漏板移出出料口，被砸碎的核桃壳和核桃仁一同落入台面板下方的盆里，完成核桃破壳取仁的操作。

与现有同类核桃破壳装置相比，其显著的有益效果体现在：

(1) 应用这个破壳装置进行核桃破壳时，一只手手握手柄旋转，另一只手把一个核桃投入漏斗中，两手配合进行破壳操作，不需要电源，使用方便。送料时，只是把核桃投入漏斗就可以了，防止手接触到冲压区域，防止操作不当会砸到手指。遮挡装置可以防止核桃蹦到冲压区域之外，保证核桃落到冲压区域，各个核桃都能够破壳取仁，防止漏砸。

(2) 在移动冲压板一侧设置了减振器，在冲压破碎的瞬间，会产生很大的冲击，这种冲击能量传到减振器，减振器中的钢球会剧烈滚动，吸收冲击能量。

这种冲击能量大大地被减振器吸收，传到齿条轴的振动能量就会减小，再通过手摇传动系统，传到手柄的振动能量也会减小，对操作者手臂的振动也会减小，手臂就不会感到酸麻。

(3) 在破壳取仁的过程中，手握手柄进行旋转，通过手摇传动系统控制齿条轴移动，冲向核桃，此时，螺旋弹簧会被压缩。当核桃壳破碎完毕，握着手柄的手可以松开，在螺旋弹簧恢复力作用下，齿条轴会回到原来的自然位置，手柄也会回到自然位置，不用手进行操作，这样不仅会省力，还会防止手柄在回程的过程中振到手臂。

(4) 防漏装置会随着减振器移动。在破壳取仁的过程中，由于防漏装置中的防漏板会在移动冲压板的前方，防漏板的前半部分会先到出料口，堵住出料口，防止落到冲压区域的核桃还没有砸，就从出料口掉下，出现漏砸现象；在冲压时，堵住出料口的是防漏板后半部分。在冲压完成，核桃破碎，减振器会带动防漏装置移动，防漏板移出出料口，被砸碎的核桃壳和核桃仁一同落入台面板下方的盆里，这样可以防止漏砸。

这个减振防漏核桃破壳装置结构简单，使用方便，利用此装置进行核桃破壳取仁时，操作安全、省力，能够减小振动和噪声，防止手臂振得酸麻，防止漏砸。

8.3 单体冲击阻尼减振在创新产品设计应用实例二

8.3.1 脚踏式减振药碾子的设计背景

药碾子是传统中药材粉碎的理想工具，在中药房、药店、诊所和家庭调剂饮片（俗称抓药）时，使用传统药碾子将果实、贝壳和矿物类等质地坚硬的中药碾碎，形成薄厚不同规格的中药饮片，用它们配置的中药饮片具有良好的药性作用。尽管如今新一代电动中药研磨机广泛应用，但是古老的中药碾子仍在发挥着它不可替代的作用，特别是在没有电源的地方。传统药碾子是由碾槽和碾盘组成，在碾碎过程中，双手握住手柄，推动碾盘在碾槽中来回碾压研磨，使药材饮片分解、脱壳，因此，要求手推动碾盘的力量很大，特别是推动大型药碾子，通常会累得满头大汗。由于碾压的中药材多数是果实、贝壳和矿物类等质地坚硬的药材，因此，在碾压的过程中，会出现碾盘与药材、碾槽之间的连续撞击，手柄出现连续振动，使人感到手臂疼痛。这些都是在使用传统药碾子碾药时遇到的难题，给手工碾药工作带来了困难。因此，利用人机工程学理论、静力学理论和动力学原理进行研发，推出一种脚踏式减振药碾子，具有很大的现实意义。

查阅公开的专利文献，公开(公告)号：CN103506202A，公开了一种手摇式药碾子，它包括碾槽、碾盘、碾盘轴、底座、导向板和压缩弹簧。碾槽为弧形长槽，碾盘为中心开孔的圆盘，在碾盘的开孔中穿装有碾盘轴，碾槽安装在一个底座上，底座两侧分别设有一块导向板，碾盘轴的两端分别穿装在两侧的弧形导向滑孔中，其中的一个端部上固接有手动摇把，碾槽的底端与底座之间连接有多个压缩弹簧。这个发明的碾盘转动是靠一侧手摇进行转动，很容易使碾盘失衡而倾斜，并且只靠一只手摇更费力；压缩弹簧对底座进行减振，没有对手动摇把进行直接减振，没达到最佳减振效果。公开(公告)号：CN203955318U，公开了中药碾子，它包括碾体、连接轴和盖体，盖体位于碾体上端；碾体由碾槽、吊耳和碾盘组成，碾体内设有碾槽，碾体上设有吊耳；碾槽内设有碾盘，碾盘分为主盘和副盘，主盘和副盘卡接，主盘内设有搅刀，主盘的中心位置处固定连接转动轴，转动轴穿过副盘通过轴承连接吊耳，转动轴的两端分别连接脚蹬。这个发明装置在碾压过程中，容纳物料的区域比较小，没有减振装置，并且用脚蹬工作时，没有固定人体的支撑位置，不可能像骑独轮车一样蹬踏。公开(公告)号：CN203329802U，公开了一种多槽道式中药碾子，它包括碾槽、碾盘和碾轴，碾槽体内槽底面上设有2~3道凹槽，碾盘的圆柱碾压面外缘设有与碾槽体内凹槽相配合的凸脊。这个装置没有考虑减振问题。公开(公告)号：CN203184080U，公开了便携式药碾子，它包括碾槽、手执柄和碾子。碾槽为圆筒状体，内壁设有向内弯曲的弧形凹面，两端接有透孔的端盖；碾子为鼓状体，手执柄固定在鼓状体的两端，碾子置于碾槽内，手执柄伸出端盖的透孔。这个装置具有结构简单，造价低，以及方便携带和使用的优点。但是，每次处理的中药量比较小，也没有考虑减振问题。公开(公告)号：CN103599834A，公开了一种电动药碾子，它包括碾槽、碾盘、碾盘轴、底座、滑台和电机，碾盘为中心开孔的圆盘，在碾盘的开孔中穿装有碾盘轴；底座上设有滑台，滑台上安装由电机驱动转动的丝杠，丝杠上安装有丝母，丝母上安装连接板，连接板固定安装在碾槽的侧壁上，碾槽由安装在滑台上的电机驱动来回滑动；碾槽的槽底面上沿碾槽的长度方向设有长条形的凸脊，碾盘的柱面上设有与上述凸脊的形状相配合的环形凹槽。公开(公告)号：CN103506201A，公开了一种双碾盘电动药碾子，它包括底座、碾槽、碾盘、碾盘轴、压缩弹簧和电机。碾盘共设置两个，两碾盘通过碾盘支架对称固装在一水平转动臂上，水平转动臂转动安装在一与底座固接的竖直侧板上，竖直侧板上安装有用于驱动水平转动臂转动的电机。公开(公告)号：CN203778141U，公开了一种转轴式中药碾子，它包括碾盘、主轴、碾轮、支架、压盘、弹簧、弹簧座、大螺母、齿轮变速机构和驱动装置。碾盘上表面设有以主轴为中心的环形碾槽，碾轮通过支架安装在压盘的下面，压盘套装在主轴上；主轴的下端通过齿轮变速机构与驱动装置连接，主轴的上端有弹簧和弹簧座，用大螺母紧固到主轴上。这些发明装置必须在有电源的地方才能使用。

8.3.2 一种脚踏式减振药碾子的设计

设计一种脚踏式减振药碾子，利用脚踏方式提供动力，碾压轻便，减小了振动。

如图 8-7 所示，设计的一种脚踏式减振药碾子包括：支撑腿、横撑、水平台面、碾槽、加强肋、支架、导向滑道、缓冲板、鞍座横梁、支柱、鞍座、扶手、碾盘、碾盘轴、滑轮、减振器、套筒、连接杆和脚踏板。支撑腿和横撑组成了下部支撑架，4 个支撑腿用角钢制作，横撑 2 用钢板制作，支撑腿与 2 个长横撑和 2 个短横撑焊接在一起，形成一个长方体框架，支撑整个药碾子上部结构和人体的重量。水平台面、碾槽和加强肋组成了承料主体，承料主体整体用铸铁铸造而成。水平台面是承载碾槽和物料的台面，水平台面上表面的四周带有凸起的边沿，防止物料外溢落到地上。台面中间部位嵌有碾槽，碾槽的内外表面为曲面，壁厚均匀。碾槽的内部是沿摆线方向形成的曲面凹槽，曲面凹槽的横断面轮廓是由圆弧线和抛物线组成的对称平面曲线，平面曲线底部是圆弧，侧面是抛物线的

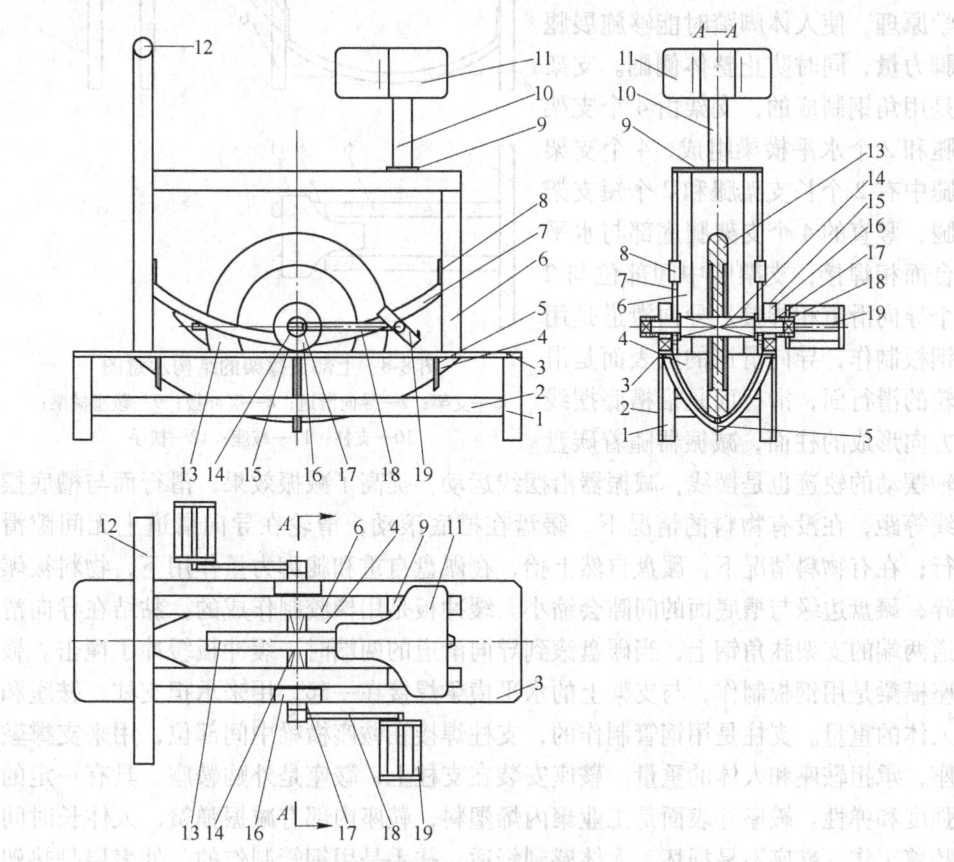

图 8-7　一种脚踏式减振药碾子的结构示意图

1—支撑腿；2—横撑；3—水平台面；4—碾槽；5—加强肋；6—支架；7—导向滑道；8—缓冲板；9—鞍座横梁；10—支柱；11—鞍座；12—扶手；13—碾盘；14—碾盘轴；15—滑轮；16—减振器；17—套筒；18—连接杆；19—脚踏板

一部分，圆弧与抛物线光滑相切，平面曲线沿摆线方向运动形成复杂空间曲面，这就是碾槽的内表面。碾槽的底面是圆弧面，圆弧线半径与碾盘边缘断面轮廓圆弧半径相等，在碾压时，碾盘边缘与碾槽底面的接触是圆弧线接触，碾压区是圆弧面，增大了碾压区面积，提高了碾压效率；内表面的两个侧面轮廓线是抛物线，断面轮廓更接近喇叭口形，在碾压时，被碾盘挤到侧面上的物料在碾盘过后会快速回落到槽底，等待下一次碾压，提高了碾压质量；碾槽的外表面有三处加强肋，防止碾压力太大，造成碾槽损坏。

如图 8-8 所示，支架、导向滑道、缓冲板、鞍座横梁、支柱、鞍座和扶手组成了上部支撑架。上部支撑架和下部支撑架符合人机工程学原理，使人体脚踏时能够施展腿脚力量，同时防止整体侧翻。支架是用角钢制成的，支架由 4 个支架腿和 2 个水平横梁组成，4 个支架腿中有 2 个长支架腿和 2 个短支架腿，竖直的 4 个支架腿底部与水平台面相焊接，支架腿中间部位与 2 个导向滑道相焊接。导向滑道是用钢板制作，导向滑道的上表面是滑轮的滑行面，滑行面是沿槽底摆线方向形成的柱面，减振器随着碾盘轴摆动的轨迹也是摆线，减振器沿摆线运动，提高了减振效果；滑行面与槽底摆线等距，在没有物料的情况下，碾盘在槽底滚动，滑轮在导向滑道上无间隙滑行；在有物料情况下，碾盘自然上抬，在碾盘自重和腿脚力量作用下，物料被碾碎，碾盘边缘与槽底面的间隙会缩小。缓冲板是用橡胶制作成的，黏结在导向滑道两端的支架腿角钢上，当碾盘滚到导向滑道的两端时，缓冲板缓冲了撞击。鞍座横梁是用钢板制作，与支架上的水平横梁焊接在一起，用来承担支柱、鞍座和人体的重量。支柱是用钢管制作的，支柱焊接在鞍座横梁中间部位，用来支撑鞍座，承担鞍座和人体的重量。鞍座安装在支柱上，鞍座是外购鞍座，具有一定的强度和弹性。鞍座外表面是工业聚丙烯塑料，鞍座内部有减振弹簧，人体长时间骑着工作，鞍座不易损坏，人体感到舒适。扶手是用钢管制作的，外表层是热塑性塑料，表面带有防滑纹。

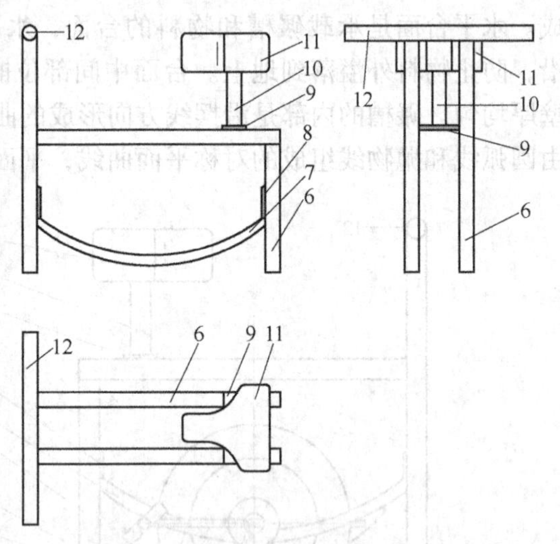

图 8-8　上部支撑架的结构示意图

6—支架；7—导向滑道；8—缓冲板；9—鞍座横梁；10—支柱；11—鞍座；12—扶手

碾盘是用铸铁铸造而成，是中间带有方孔的圆盘，圆盘的边缘断面轮廓是圆弧，圆弧半径与碾槽底部圆弧半径相同。碾盘在碾槽底部进行碾压时，在没有物料的情况下，保证碾盘与碾槽底部的接触是圆弧线接触，而不是点接触，这样可以提高碾压效率。碾盘轴是阶梯轴，用钢柱加工制作而成的；碾盘轴中间部分断面为正方形，插入碾盘上的方形中间孔，并且与碾盘焊接在一起，防止碾盘轴与碾盘有相对运动；碾盘轴与滑轮、减振器、套筒接触的断面轮廓为圆形，碾盘轴与连接杆接触的断面为矩形。滑轮是用钢管和环形钢板制作成的，2 个环形钢板与 1 个钢管焊接在一起，形成滑轮。滑轮总计有 2 个，分别套装在碾盘两侧，并且与碾盘轴焊接在一起，在导向滑道上滑动，带动碾盘前后摆动。

减振器安装在滑轮外侧，减小碾盘轴振动，由碾盘轴传到连接杆、脚踏板的振动也减小了，对腿脚振动也减小了，使人感到工作舒服，腿脚不被振痛。

环形钢板的外径与粗钢管外径相同，环形钢板的内径与细钢管内径相同。套筒是用钢管制作的，用来进行对减振器和连接杆轴向定位。

连接杆、脚踏板是外购件，把 2 个连接杆分别套装到碾盘轴两端，2 个脚踏板与 2 个连接杆相连接。当碾盘在碾槽底部的最低位置时，脚踏板和连接杆都处于水平状态，并且右侧的脚踏板和连接杆位于前侧，左侧的脚踏板和连接杆位于后侧。右脚主动用力顺时针蹬，碾盘向前滚动，左脚随着右脚顺时针被动转动，配合右脚进行左右平衡，保证碾盘顺利向前滚动；左脚主动用力逆时针蹬，碾盘向后滚动，右脚随着左脚逆时针被动转动，配合左脚进行左右平衡，保证碾盘顺利向后滚动。碾盘在自重和脚力作用下，在碾槽中来回滚动，实现对中药材碾碎。

8.3.3 药碾子中的单体冲击阻尼减振结构设计

如图 8-9 所示，减振器是由粗钢管、细钢管、环形钢板、润滑液和钢珠组成的。一个粗钢管和一个细钢管长度相同，先用一个环形钢板把它们焊接在一起，形成一个环形槽，把 20~50 个钢珠放入环形槽。然后，再用另一个环形钢板把它们焊接在一起，形成一个封闭的空腔。在碾压的过程中钢珠相互撞击，吸收振动能量，进行减振；加入适量润滑液，减小钢珠滚动出现的噪声。

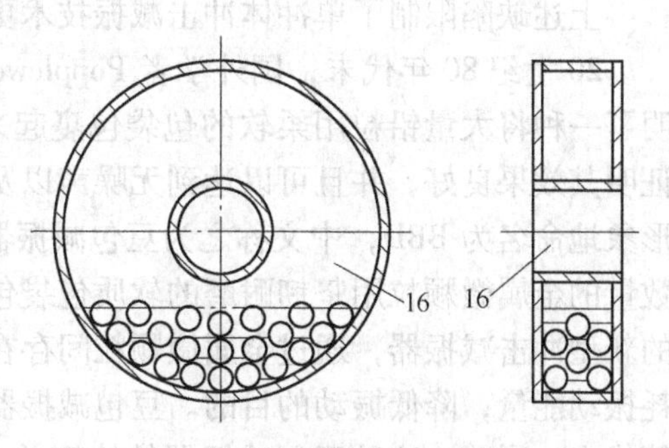

图 8-9 减振器的结构示意图

16—减振器

8.3.4 与现有同类药碾子相比的显著有益效果

应用脚踏式减振药碾子碾压中药材时，人骑在鞍座上，手扶扶手，脚蹬脚踏板，使碾盘在碾槽中来回滚动，对中药材进行碾压，腿脚力量比手臂力量大，不易疲劳；整个药碾子结构基于人机工程学和静力学理论设计，不会整体倾翻；碾槽的横断面轮廓是由圆弧线和抛物线组成的平面曲线，断面轮廓更接近喇叭口形，槽底碾压区是圆弧面，碾压区面积大，侧面是抛物线曲面，在碾压时，被碾盘挤到侧面上的物料在碾盘过后会快速回落到槽底，等待下一次碾压，提高了碾压效率和质量；两个减振器装在碾盘轴两端，减小了碾盘轴的振动，由碾盘轴传到连接杆、脚踏板的振动也会大大减小，对腿脚振动也减小了，使人感到工作舒服，腿脚不被振痛；减振器随着碾盘轴摆动的轨迹是摆线，减振器沿摆线运动，进一步提高了减振效果。利用此药碾子进行碾压中药材时，工作效率高，碾压质量好，既省力又不振腿脚，工作舒适。这个脚踏式减振药碾子结构简单，使用方便，使用不需要电源。

8.4　颗粒阻尼减振技术

8.4.1　颗粒阻尼减振机理和结构

颗粒阻尼减振技术是在传统的单冲体冲击减振技术上发展起来的一项新型减振技术。尽管传统的单冲体冲击减振技术可以满足在恶劣环境下使用的要求，但是存在着以下缺点：

（1）在多模态耦合状态下的减振效果不好。

（2）在减振的同时，由于冲击作用而产生较高的冲击噪声以及较大的接触应力。

上述缺陷限制了单冲体冲击减振技术更加广泛的应用。

20 世纪 80 年代末，国外学者 Popplewell 及其同事们在研究镗杆的减振时发明了一种将大量铅粒用柔软的包袋包裹起来以代替单冲体的减振器，通过实验，证明其效果良好，并且可以达到无噪声以及冲击力小的要求，他们将这种减振器形象地命名为 BBD，中文称之为豆包减振器或豆包阻尼器。豆包减振器是将一定数量的金属微颗粒用坚韧耐磨的软质包袋包起来的减振器，它是代替刚性质量块的新型冲击减振器，通过金属微颗粒间存在的大量碰撞、滑移和摩擦，以达到损耗振动能量，降低振动的目的。豆包减振器具有减振频带宽、冲击力小、无噪声等优点。同时，这种豆包减振器结构简单，设计方便，耐油污和高温，不老化，特别适用于工作环境恶劣的场合。目前，豆包减振器已成功应用在纺织机械、车床切削减振以及装甲运输车等结构的减振降噪中，并取得良好效果。其应用还可以扩展到航空发动机的减振、机翼颤振的抑制和飞机座舱的减振降噪等领域中。

如图 8-10 所示，豆包减振器的具体结构：把金属微颗粒装入具有一定弹性恢复力的软质包袋中，形成一个带有空腔的豆包，用以代替传统单冲体冲击减振器中的刚性冲击块。由于包袋材料采用了具有良好恢复性能的皮革或人造革等，因此，在冲击碰撞时，包袋层首先与振动体腔壁接触，起到了一种缓冲作用。继而，由于柔性约束的效应，带动包袋内的金属颗粒先后不一地参与碰撞接触，不但大大延长了总体接触时间，而且起到了一种使冲击力大大减小的非线性缓冲作用。包袋层的柔性约束作用，使其内部颗粒宏观上又表现为一个整体，在和振动体的碰撞过程中，体现为豆包减振器整体参与碰撞，而不是个别颗粒，因而，碰撞时和振动体有较大的动量交换。同时，又由于包袋层的柔性约束作用，加剧了颗粒间的相互碰撞、摩擦和剪切作用，消耗更多的能量，从而使豆包减振器表现出良好的减振效果。

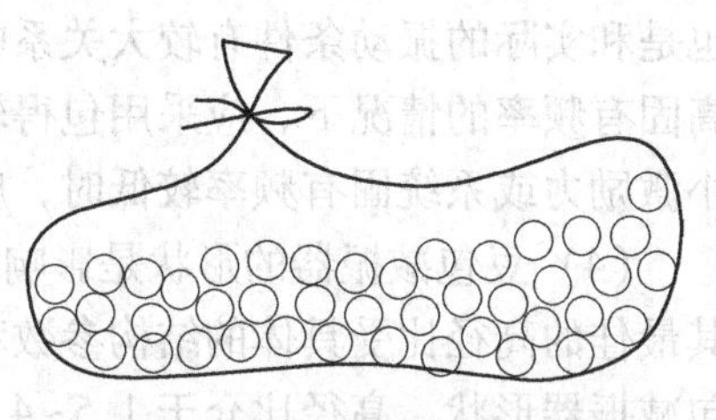

图 8-10 豆包减振器示意图

8.4.2 豆包减振器的减振特性

豆包减振器的结构特点和传统的单冲体冲击减振器有着本质的区别，豆包减振器采用柔性约束颗粒结构，使其减振机理中，除具有冲击阻尼的特征外，还包含了颗粒阻尼的内容。

豆包减振器的减振特性如下：

（1）改善了碰撞时的冲击力波形，使碰撞接触时间大大延长，冲击力大大减小，冲击噪声几乎为零。

（2）柔性约束颗粒结构本身所特有的柔顺性，在延长接触时间的同时，使得冲击块有更多的机会在振动体达到最大速度时与其发生碰撞，增加冲击力所做的功，从而使减振效率得到保证。

（3）在产生减振效应时，对间隙的敏感性大大降低。

（4）充分发挥颗粒阻尼的耗能作用，颗粒材料的耗能作用得到了充分的发挥。

8.4.3 豆包减振器的设计要点

（1）颗粒间的恢复系数和摩擦系数取较大值为好。增大恢复系数可增大豆包减振器的冲击阻尼，提高减振效率；在不影响豆包减振器冲击阻尼作用的情况下，提高颗粒间的摩擦系数还可增加颗粒阻尼作用，在增加减振系统运动稳定性的同时，可以提高减振效率。

（2）豆包减振器的质量在可能的情况下应取较大值。因为，大的质量可使豆包减振器的冲击阻尼作用和颗粒阻尼作用同时增加，但质量增大到一定程度后，减振效果已不明显。

（3）豆包减振器的松紧程度和包袋刚度是实际应用中很难控制的两个参数，

也是和实际的振动条件有较大关系的两个参数。在系统受较大的激励力或具有较高固有频率的情况下，应采用包得较紧和包袋刚度较大的豆包减振器；反之，在小激励力或系统固有频率较低时，应采用包得较松和包袋刚度小的豆包减振器。

（4）豆包减振器的形状是影响豆包减振器减振效率的一个较为重要的参数，其最佳的高径比受具体的结构参数和振动条件所影响。一般情况，应选细长的豆包减振器形状，高径比介于1.5~4.5之间。

（5）主系统阻尼较大时，豆包减振器的设计应取较大直径和较大密度的颗粒以及较大的豆包减振器质量，以增强豆包减振器的动量交换作用，提高豆包减振器的减振效果。

8.5 颗粒阻尼减振在创新产品设计应用实例一

8.5.1 捣碎装置的设计背景

人类传统的捣碎装置就是石臼和石杵，石臼和石杵是人类以各种石材制造的，用以砸、捣、研磨药材和谷物等食品的加工工具。在电气化生产以前，人类的谷物粮食主要是以这种生产工具加工成食品，可以说，石臼和石杵是古代人类生活的必需品。在人类进入电气化时代以后，石臼和石杵逐渐被淘汰，但是，现在，一些没有电气化设备的边远地区仍旧被使用。简单的捣碎装置是由石臼和石杵组成的，用来捣碎少量的蒜泥、辣椒面、中草药药材等，工作量较小，用力不大。较复杂的捣碎装置是由石臼、石杵、杠杆、脚踏板、转轴支架和扶手组成的，用石材和木材制作，材料不耐用，传动不灵活，用来捣碎大量的食用谷物、中草药药材等，工作量较大，需要大量的人力。其在使用过程中，用双脚踏上杠杆一端，利用重力压下，使锤头抬到最高点，此时杠杆撞到限位杆会产生振动，双脚会感到麻木或疼痛，更不适合老人和小孩作业；锤头与石臼、杠杆与限位杆产生撞击，产生振动噪声，也会对作业人员产生伤害。因此，利用动力学理论、机械设计原理和人机工程学理论，对于捣碎装置进行减振设计和传动方式设计，推出一种减振便利的捣碎装置，对于没有电气化设备的边远地区具有很大的现实意义。

查阅公开的专利文献，公开(公告)号：CN204685198U，公开了一种小型中草药捣碎装置，包括：壳体、轴承、转轴、固定杆、活动杆、销轴和转盘。所述壳体的上端面开口，壳体的中间形成一圆形空腔，空腔中间处固定安装轴承、转轴和固定杆；所述固定杆的外侧端安装弹簧、活动杆、销轴和转盘。本实用新型结构简单，利用转轴转动转盘，利用转盘捣碎放置于壳体内的中草药，整体体积小，携带方便，捣碎安全，捣碎效率更高。公开(公告)号：CN201366365Y，公开了一种中药原料捣碎装置，包括：罐体和内套。所述装置具有结构简洁、使用方便、省时省力的特点。公开(公告)号：CN205128042U，公开了一种中药捣碎装置，包括：底座、药钵和“T”形捣碎棒。药钵设置在底座上，底座的上方设有工作台，底座与工作台之间设有支柱，工作台的中心处设有第一圆柱孔和第二圆柱孔，第一圆柱孔的直径大于第二圆柱孔，且第一圆柱孔与第二圆柱孔同轴。“T”形捣碎棒设置在第一圆柱孔和第二圆柱孔中，第一圆柱孔中设有压缩弹簧，压缩弹簧设置在“T”形捣碎棒上。工作台上设有固定座，固定座上设有电机，所述电机的主轴设有凸轮，凸轮与“T”形捣碎棒相接触，药钵、“T”形捣碎棒和凸轮同轴。此设计结构简单，效率高，成本低，极大地降低了劳动力。但是，这些捣碎装置不能减振，一次捣碎数量小，并且只能把小体积中等硬度的颗粒捣碎，对于大量捣碎大体积小硬度的秧类中草药并不适用，例如捣碎艾叶成艾绒。查阅公开的专利文献，以上装置多数都是用电机驱动，在没有电源的场合，都不能够使用。

8.5.2 一种减振便利的捣碎装置的设计

设计一种减振便利的捣碎装置，能够减小捣碎过程中产生的振动，减小振动噪声对人体的伤害，使用时能够轻盈省力。

如图 8-11 所示，设计的一种减振便利的捣碎装置包括：石臼、捣锤、锤杆、支撑架 A、固定板 A、限位架、钢丝绳、定滑轮、脚蹬、支撑架 C、固定板 C、扶手架、螺母、垫片和双头螺柱。

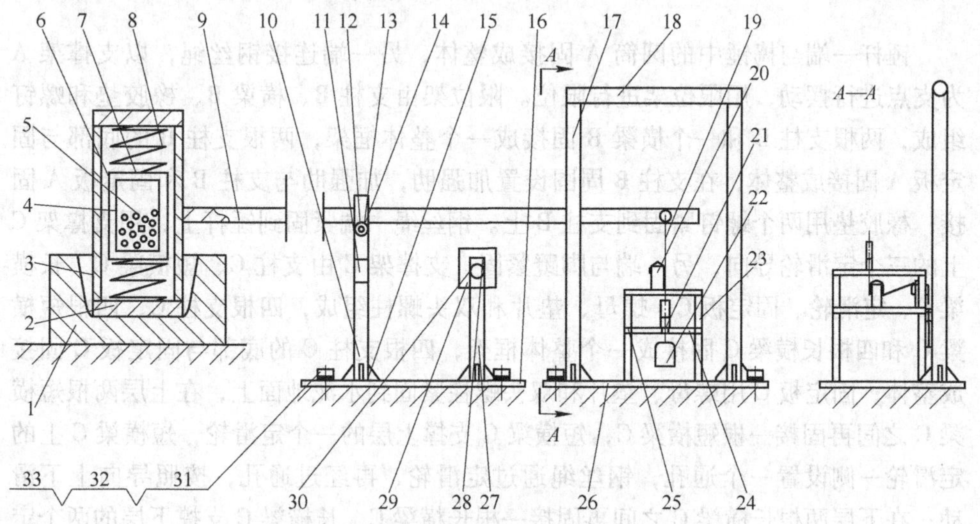

图 8-11 一种减振便利的捣碎装置结构示意图

1—石臼；2—底板 A；3—圆筒 A；4—减振袋；5—钢珠；6—圆筒 B；7—底板 B；8—压簧；9—锤杆；10—支柱 A；11—横梁 A；12—滚动轴承；13—小轴；14—开口销；15—加强肋；16—固定板 A；17—支柱 D；18—横梁 D；19—钢丝绳；20—定滑轮；21—导向环；22—脚蹬；23—支柱 C；24—短横梁 C；25—长横梁 C；26—固定板 C；27—支柱 B；28—横梁 B；29—橡胶垫；30—螺钉；31—螺母；32—垫片；33—双头螺柱

如图 8-12 所示，石臼由石料制成，外表面为圆柱形，内表面为圆锥形，底小口大。

如图 8-13 所示，捣锤由底板 A、圆筒 A、压簧和豆包减振器组成，圆筒 A 与底板 A 固接成整体，豆包减振器置于内腔，形成一个封闭的整体捣锤。

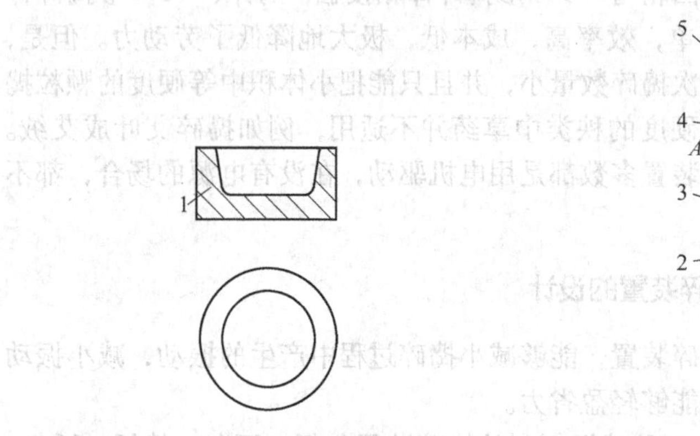

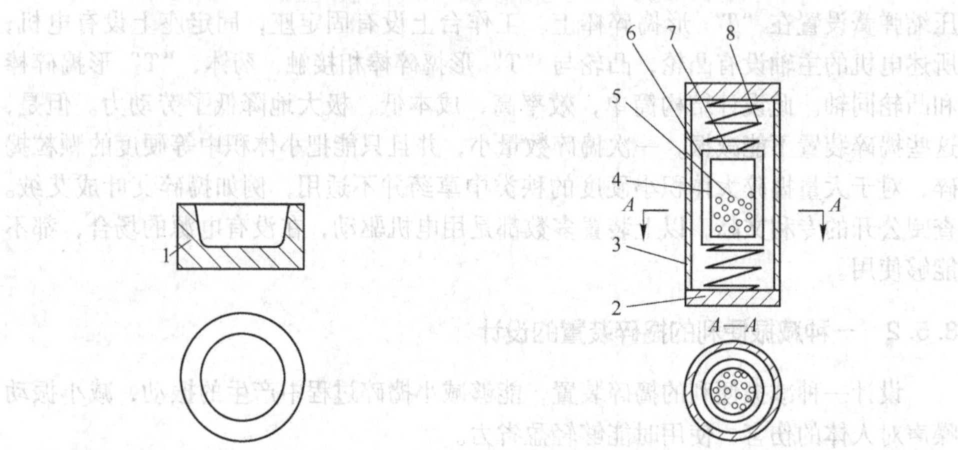

图 8-12　石臼的结构示意图

图 8-13　捣锤的结构示意图

2—底板 A；3—圆筒 A；4—减振袋；5—钢珠；6—圆筒 B；7—底板 B；8—压簧

锤杆一端与捣锤中的圆筒 A 固接成整体，另一端连接钢丝绳，以支撑架 A 为支点进行摆动，用限位架进行限位。限位架由支柱 B、横梁 B、橡胶垫和螺钉组成，两根支柱 B 和一个横梁 B 固接成一个整体框架，两根支柱 B 的底部与固定板 A 固接成整体，在支柱 B 周围设置加强肋，加强肋与支柱 B 和固定板 A 固接；橡胶垫用两个螺钉紧固到支柱 B 上。钢丝绳一端紧固到锤杆上，用支撑架 C 上的三个定滑轮导向，另一端与脚蹬紧固；支撑架 C 由支柱 C、短横梁 C、长横梁 C、定滑轮、固定板 C、螺母、垫片和双头螺柱组成，四根支柱 C、四根短横梁 C 和四根长横梁 C 固接成一个整体框架，四根支柱 C 的底部与固定板 C 固接成整体；固定板 C 用螺母、垫片和双头螺柱紧固到水泥地面上，在上层两根短横梁 C 之间再固接一根短横梁 C，短横梁 C 支撑上层的一个定滑轮，短横梁 C 上的定滑轮一侧设置一个通孔，钢丝绳通过定滑轮，再经过通孔，按照导向上下滑动；在下层两根长横梁 C 之间再固接一根长横梁 C，长横梁 C 支撑下层的两个定滑轮，在下层定滑轮一侧固接一个导向环，钢丝绳通过两个定滑轮和一个导向环导向，上下滑动；脚蹬与钢丝绳紧固到一起，在锤杆一侧设置扶手架。扶手架由支柱 D 和横梁 D 组成，横梁 D 的两端分别与两根支柱 D 上端固接，两根支柱 D 下端与固定板 C 固接成整体。

支撑架 A 由支柱 A、横梁 A、滚动轴承、小轴、开口销和加强肋组成，两根支柱A和一个横梁A固接成一个整体框架；两根支柱A的底部与固定板A固接成整体，支柱A周围设置加强肋，加强肋与支柱A和固定板A固接；两根支柱A的另一端各设置一个轴孔，轴孔内设置滚动轴承，滚动轴承支撑小轴，小轴的两端设置开口销进，锤杆放在两根支柱A之间，与小轴固接成整体。

8.5.3 捣碎装置中的颗粒阻尼减振结构设计

捣碎装置捣锤中的豆包减振器是颗粒阻尼减振结构，如图8-14所示，豆包减振器由减振袋、钢珠、圆筒B和底板B组成。减振袋内腔设置钢珠，钢珠填充率是圆筒B内腔体积的60%~80%，减振袋封好口后放到圆筒B中；上下底板B与圆筒B固接成一个整体。豆包减振器中的钢珠在减振袋中沿各个方位滚动，吸收能量进行多方位吸振。

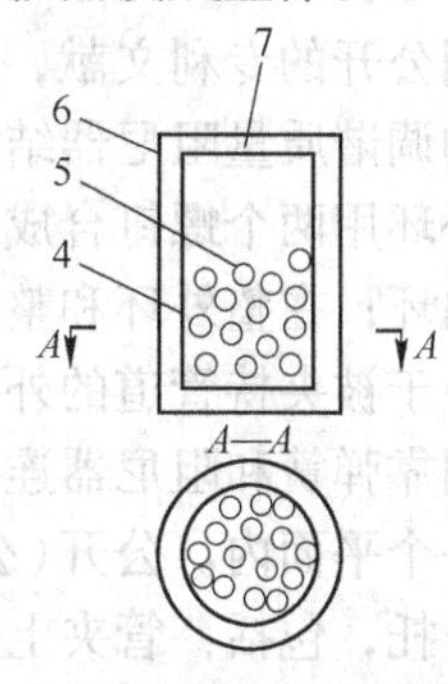

图8-14 豆包减振器的结构示意图
4—减振袋；5—钢珠；6—圆筒；7—底板

8.5.4 与现有同类捣碎装置相比的显著有益效果

在捣碎过程中，锤杆以小轴为支点进行摆动，支撑架A中的滚动轴承支撑小轴，小轴在滚动轴承中转动灵活，非常省力。限位架上的橡胶垫，在钢丝绳一侧进行锤杆限位，一是防止了锤杆落地，控制了捣锤高度，二是减小了限位撞击中的振动。支撑架C上的三个定滑轮和导向环对钢丝绳导向，使钢丝绳上下滑动灵活。脚蹬与钢丝绳紧固到一起，作业人员手扶扶手架，站在固定板C上，一只脚蹬入脚蹬，控制钢丝绳上下移动，用一只脚就可以轻盈地控制锤杆摆动，非常安全地进行捣碎作业。

应用减振便利的捣碎装置进行捣碎时，豆包减振器中的钢珠在减振袋中沿各个方位滚动，吸收能量进行多方位吸振，进行减小多模态振动。

这个捣碎装置结构简单，使用方便，在没有电力的场合，利用此捣碎装置进行捣碎中草药和谷物，减小了捣碎过程中产生的振动，使捣碎作业轻盈便利，改善了作业环境，提高了生产率。

8.6 颗粒阻尼减振在创新产品设计应用实例二

8.6.1 输送流体管道的多方位减振装置的设计背景

管道运输流体是一种经济、方便的运输方式，在冷热水、石油、天然气以及其他流体输送中占有重要的地位，广泛应用于各种工业装置和生活设施中。流体在管道内流动会产生复杂的振动现象，特别是管道内流动的热介质，如北方供暖热水，液体和气体混合存在，冷热温度变化大，更会诱发管道振动，另外，在管道管径变化部位容易产生流固耦合共振现象，使振动迅速增大。受建筑或地理位置影响，管网复杂，管道的连接部位很多，振动会引起连接部位开裂，出现管道接头滴水漏气现象，会严重影响人们的工作和生活。因此，应用动力学理论和机械设计原理，设计一种输送流体管道的多方位减振装置，具有很大的现实意义。

查阅公开的专利文献，公开(公告)号：CN102052518A，公开了一种降低管道振动的调谐质量阻尼器结构，包括可剖分结构的外环和内环，由两只相同且对称的半外环用两个螺钉合成整外环，由两只相同且对称的半内环用另外两个螺钉合成整内环；在整外环和整内环之间周向对称安装多个弹簧和阻尼器，整内环的内径要小于被夹持管道的外径。这个发明，如果安装到垂直管道上，整外环和整内环之间靠弹簧和阻尼器连接，整外环会由于重力作用下垂，不能够与整内环保持在同一个平面内。公开(公告)号：CN103470861A，公开了一种纵向管道用振动减振管托，包括：管夹上连接有若干组箍紧圈，各箍紧圈通过紧固螺栓相连抱紧在竖直管道上，挡块焊接在竖直管道上；管夹的两侧各连接有一个固定板，每个固定板均连接有滑动支腿，滑动支腿的下端通过铰轴铰装在底座上；上垫板安装在固定板的上部，上减振垫块安装在上垫板和固定板之间，下减振垫块安装在下垫板和固定板之间，下垫板安装在固定板的下部，上减振垫块和下减振垫块均通过各自的紧固件实现定位。这个发明，只能在能够安装底座的地方应用，并且只适用于垂直管道支撑减振。公开(公告)号：CN202091710U，公开了一种控制管道振动的非连接可调式装置，包括：限位管夹、连接座、固定底座和可调螺纹顶杆，限位管夹安装在管道上，并与连接座相连，连接座安装在预埋件上的固定底座上，固定底座上有可调螺纹顶杆。这个实用新型专利也要有地方安装固定底座，否则就无法应用。公开(公告)号：CN2624020Y，公开了一种双向控制管道振动装置，包括管夹装置和限位框架。管夹装置包括管夹和限位碰块，管夹装置在管道的圆周外表面夹紧管道，限位框架固定在限位碰块的外周；管夹装置为上下两块弧形夹板，夹板的两边有孔，螺栓穿过夹板的孔连接上、下夹板；限位框架用于立管时，固定在管道的外周，为矩形框架；限位框架用于水平管时，固定在管道的下部，为盒形框架。这个实用新型专利仍然要有地方安装限位框架，否则就无法应用。这些减振装置都是通过限位进行减小移动范围，实现减振。

8.6.2　一种输送流体管道的多方位减振装置的设计

设计一种输送流体管道的多方位减振装置，能够减小管道径向和轴向振动，适用于空间任何方向、任何位置布置的管道减振。

如图 8-15 所示，设计的一种输送流体管道的多方位减振装置包括：外壳、端盖 A、微型减振器、内壳、盖板、连接板、螺栓、螺母和垫圈。外壳形状为半个圆筒，内腔装有多个并联的微型减振器，微型减振器用两个端盖 A 支撑，能够减小多个模态的振动。

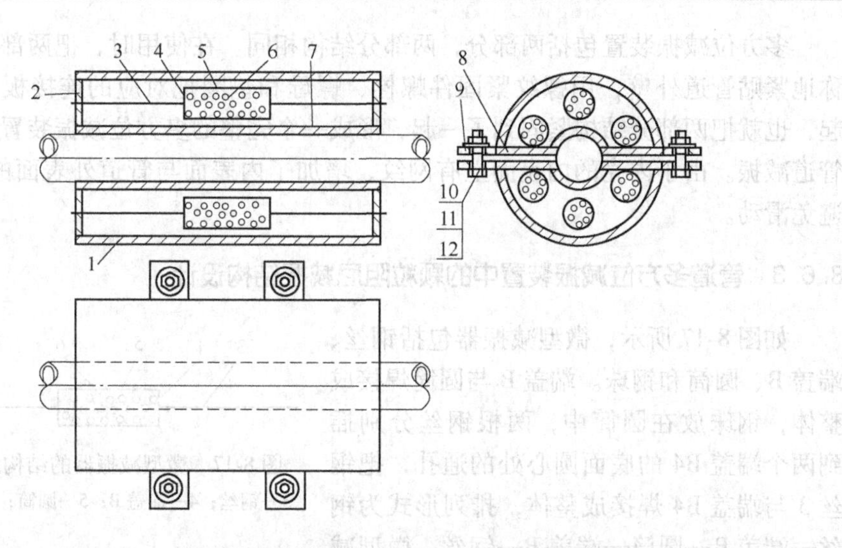

图 8-15 一种输送流体管道的多方位减振装置的结构示意图

1—外壳；2—端盖 A；3—钢丝；4—端盖 B；5—圆筒；6—钢珠；7—内壳；8—盖板；9—连接板；10—螺栓；11—螺母；12—垫圈

如图 8-16 所示，微型减振器中的钢丝两端，插入两个端盖 A 上的通孔中，钢丝与端盖 A 焊接成整体。把微型减振器和两个端盖 A 放到外壳内腔，端盖 A 外底面与外壳端面平齐，并焊接成整体；内壳形状为半个圆筒，内壳端面与端盖 A 外底面平齐，并焊接成整体。盖板密封由端盖 A、内壳和外壳形成的内腔，盖板的端面与端盖 A 外底面平齐，盖板上带有连接板的一个侧面与外壳的外表面平齐，盖板的另一个侧面与内壳的内表面平齐，并且，盖板与端盖 A、内壳和外壳焊接成整体。连接板与盖板是一个整体，在每个盖板外侧边缘有两个连接板，连接板上有一个螺栓通孔。

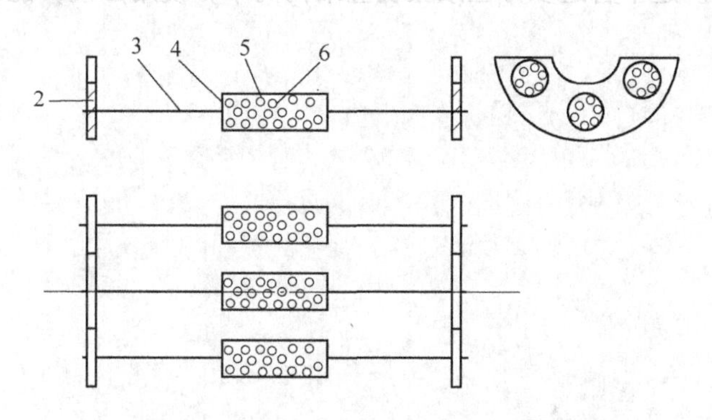

图 8-16 微型减振器与端盖 A 连接的结构示意图

2—端盖 A；3—钢丝；4—端盖 B；5—圆筒；6—钢珠

多方位减振装置包括两部分，两部分结构相同。在使用时，把两部分内壳对称地紧贴管道外壁，用螺纹紧固件螺栓、螺母和垫圈把对应的连接板紧固到一起，也就把两部分结构紧固到了一起，形成一个完整的多方位减振装置，进行对管道减振。由于内壳的内表面上有网纹，增加了内表面与管道外表面的摩擦力，避免滑动。

8.6.3　管道多方位减振装置中的颗粒阻尼减振结构设计

如图 8-17 所示，微型减振器包括钢丝、端盖 B、圆筒和钢珠。端盖 B 与圆筒焊接成整体，钢珠放在圆筒中，两根钢丝分别插到两个端盖 B4 的底面圆心处的通孔，把钢丝 3 与端盖 B4 焊接成整体，排列形式为钢丝—端盖 B—圆筒—端盖 B—钢丝。微型减振器发生振动时，圆筒中的滚珠相互碰撞，摩擦耗能，吸收径向振动能量，使微型减振器更好地进行减振。特别是发生流固耦合共振时，管道振动较大，更能体现这种微型减振器的减振效果。当管道发生轴向振动时，圆筒中的滚珠相互碰撞，摩擦耗能，吸收轴向振动能量，进行减小管道轴向振动。

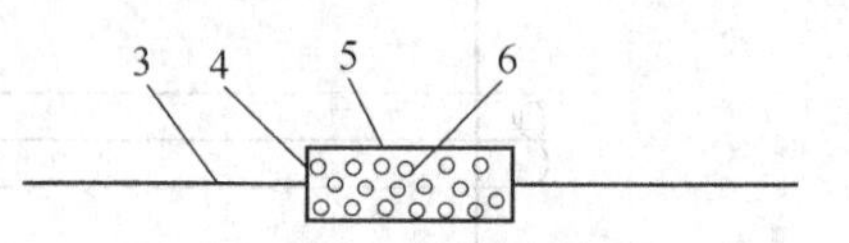

图 8-17　微型减振器的结构示意图
3—钢丝；4—端盖 B；5—圆筒；6—钢珠

8.6.4　与现有同类管道多方位减振装置相比的显著有益效果

应用多方位减振装置进行管道减振时，当管道发生径向振动时，微型减振器就会发生振动，吸收能量，进行减小径向振动；多个微型减振器并联，能够减小多个模态的振动；水平管道、垂直管道和倾斜管道都可以应用多方位减振装置进行减振，使用时，只要用螺纹紧固件把减振装置紧紧地把到管道上就可以了，不需要支撑附件。这个管道多方位减振装置结构简单，使用方便，能够减小管道的振动。

9　连续体振动及减振方法

9.1　杆的纵向振动

杆的纵向振动，如图 9-1 所示。假设所研究的杆是均质的细长杆，由于轴向力 N 的作用而产生轴向位移 u，u 是位置 z 及时间 t 两者的函数。设 t 瞬时 x 及 $x+\mathrm{d}x$ 点处的轴向位移为 $u(x,t)$ 及 $u(x,t)+\frac{\partial u(x,t)}{\partial x}\mathrm{d}x$，并设杆的单位体积的质量为 ρ，截面抗拉刚度为 $EA(x)$，E 为弹性模量，$A(x)$ 为杆的横截面积。

现取单元微段 $\mathrm{d}x$ 来研究，微段 $\mathrm{d}x$ 的脱离体图，如图 9-2 所示，则微段 $\mathrm{d}x$ 的应变为 ε。

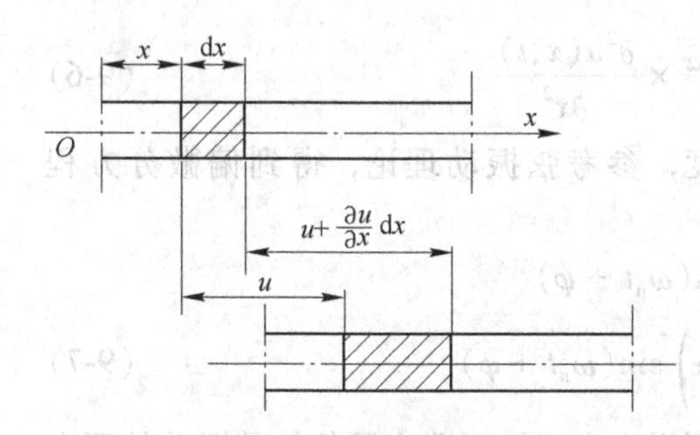

图 9-1　杆的纵向振动示意图

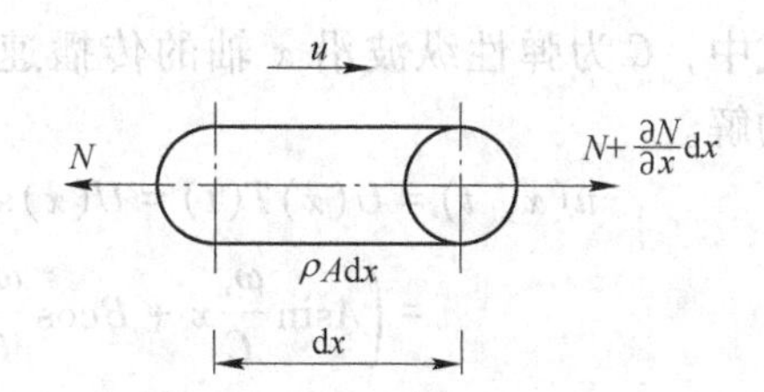

图 9-2　单元微段示意图

$$\varepsilon = \frac{\Delta \mathrm{d}x}{\mathrm{d}x}$$

$$= \frac{u(x,t) + \frac{\partial u(x,t)}{\partial x}\mathrm{d}x - u(x,t)}{\mathrm{d}x}$$

$$= \frac{\partial u(x,t)}{\partial x} \tag{9-1}$$

在 x 及 $x+\mathrm{d}x$ 两个截面上的内力分别为 N 及 $N+\frac{\partial N}{\partial x}\mathrm{d}x$，对于细长杆的 N 可以近似地认为：

$$N = EA(x) \cdot \varepsilon = EA(x) \frac{\partial u(x,t)}{\partial x} \tag{9-2}$$

根据牛顿第二定律，可得：

$$\begin{aligned} \rho A(x) \mathrm{d}x \frac{\partial^2 u(x,t)}{\partial^2 t} &= N + \frac{\partial u(x,t)}{\partial x}\mathrm{d}x - N \\ &= \frac{\partial N}{\partial x}\mathrm{d}x \\ &= \frac{\partial}{\partial x}\left[EA(x) \frac{\partial u(x,t)}{\partial x} \right] \mathrm{d}x \end{aligned} \tag{9-3}$$

即：

$$\frac{\partial^2 u(x,t)}{\partial^2 t} = \frac{1}{\rho A(x)} \times \frac{\partial}{\partial x}\left[EA(x) \frac{\partial u(x,t)}{\partial x} \right] \tag{9-4}$$

当杆为均质、等截面时，式（9-4）便成为：

$$\frac{\partial^2 u(x,t)}{\partial^2 t} = \frac{E}{\rho} \times \frac{\partial^2 u(x,t)}{\partial x^2} \tag{9-5}$$

令 $C = \sqrt{\dfrac{E}{\rho}}$，则得到运动微分方程：

$$\frac{\partial^2 u(x,t)}{\partial^2 t} = C^2 \times \frac{\partial^2 u(x,t)}{\partial x^2} \tag{9-6}$$

式中，C 为弹性纵波沿 x 轴的传播速度，参考弦振动理论，得到偏微分方程的解。

$$\begin{aligned} u(x,\ t) &= U(x)T(t) = U(x)\sin(\omega_n t + \varphi) \\ &= \left(A\sin \frac{\omega_n}{C}x + B\cos \frac{\omega_n}{C}x \right) \sin(\omega_n t + \varphi) \end{aligned} \tag{9-7}$$

式中，A、B、ω 及 φ 为四个待定常数，同样决定于杆两端边界条件及振动的两个初始条件。边界条件对杆的固有频率及主振型的影响很大，而且边界条件各不相同，因此必须根据具体情况相应地列出各种边界条件。

9.2 杆类创新产品的纵向振动控制实例

9.2.1 小气泡鱼池供氧装置的设计背景

渔民在养鱼池养鱼时，当养殖密度大时，特别是小养鱼池的水面面积小，鱼在水下就会缺氧，这样不仅会影响鱼生长，甚至会造成大批鱼死亡，因此，要对水下的鱼进行供氧。在供氧的过程中，供氧机通过总输氧管和各个分支输氧管进行水下供氧，但是由于输氧管中氧气流动具有一定的冲压力，输氧管会产生不断地振动；氧气冲出输氧管的出口具有一定压力，周围气泡很大，引起水很大波动。这些不仅会影响供氧装置的寿命，也会影响鱼的生活，影响鱼的生长速度。为了解决鱼池供氧遇到的难题，利用动力学理论和建筑设计原理设计一种减振的小气泡鱼池供氧装置，在养鱼池供氧时，能够减振降噪，减小气泡，减小水泛花，能够对不同的水层进行供氧，对于养殖业具有很大的现实意义。

查阅公开的专利文献，公开(公告)号：CN205623931U，公开了一种养鱼池供氧装置，包括：储氧容器、管道、压缩机、供氧盘管和支撑架。储氧容器通过管道与压缩机相连，压缩机出气管连接着各输氧管，各输氧管与各供氧盘管相连。供氧盘管上打有出气小孔，供氧盘管螺旋盘绕固定放置于支撑架上，吊绳一头连接着支撑架，另一头连接着浮球上的伸缩环。公开（公告）号：CN205946933U，公开了一种鱼池供氧系统，包括供氧机和与其相互连通的输氧管。所述供氧机位于养鱼池底部的中心位置；所述输氧管围绕所述供氧机并设置在所述养鱼池底部；所述输氧管整体彼此相互交叉连通呈蜘蛛网形状；所述输氧管相互交叉的位置设置有短垂直管；所述短垂直管上部设置有管盖，所述短垂直管与所述管盖之间为可拆卸的螺纹连接；所述输氧管最外圈的相互交叉位置设置有长垂直管；所述管盖和所述长垂直管上均设置有排氧孔；所述长垂直管顶部设置有堵头，所述堵头与所述长垂直管之间为可拆卸的螺纹连接。公开(公告)号：CN205993406U，公开了一种鱼池的供氧装置，包括：供氧机、输氧管、排气孔以及过滤网。所述输氧管包括主输氧管和次输氧管；所述供氧机安装在鱼池外部；所述主输氧管的一端与所述供氧机相连通，另一端延伸入所述鱼池底部，连接所述次输氧管；所述次输氧管由若干管道相互交叉连接，组成网状结构，安装在所述鱼池内的底部；所述管道之间互相连通；所述次输氧管上开设有所述排气孔，所述排气孔上设置有防止渣质堵塞的所述过滤网。这些实用新型专利都没有减振装置，整个鱼池供氧装置经常振动容易损坏，并且出氧口的氧气气泡较大，很容易泛起水花，影响鱼儿的生活。

9.2.2 一种小气泡鱼池供氧装置的设计

设计一种减振的小气泡鱼池供氧装置，能够减小振动和噪声，减小水花，进行小气泡供氧，延长供氧装置的使用寿命，给鱼儿一个好的生活环境。

如图 9-3 和图 9-4 所示，设计的一种减振的小气泡鱼池供氧装置。该供氧装置包括：供氧机、软管、总输氧管、三通接头 A、三通接头 B、分氧管、弯头、水平支管、三通接头 C、平衡管、浮球、竖直支管、抱箍、减振装置和破泡装置。

软管一端紧固供氧机出氧管口，另一端紧固总输氧管一端；总输氧管两侧设置用三通接头 A 紧固的分氧管；分氧管上设置若干个三通接头 B 和弯头；水平

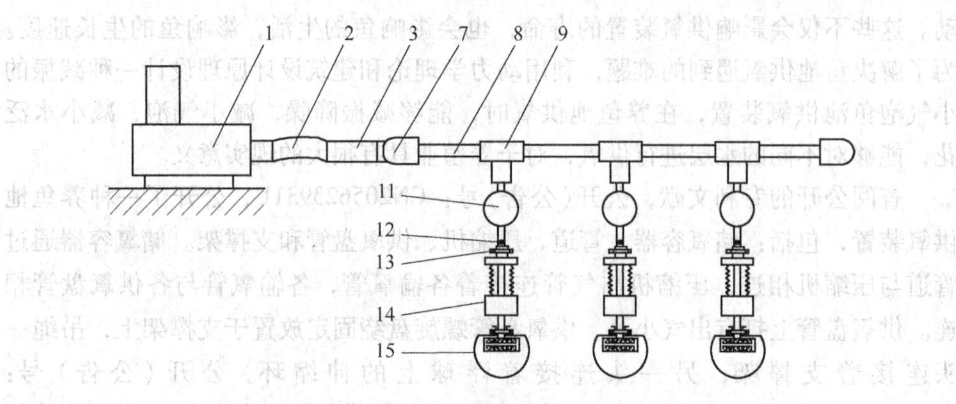

图 9-3　一种减振的小气泡鱼池供氧装置的正立面结构示意图

1—供氧机；2—软管；3—总输氧管；4—三通接头 A；5—三通接头 B；6—分氧管；7—弯头；8—水平支管；9—三通接头 C；10—平衡管；11—浮球；12—竖直支管；13—抱箍；14—减振装置；15—破泡装置

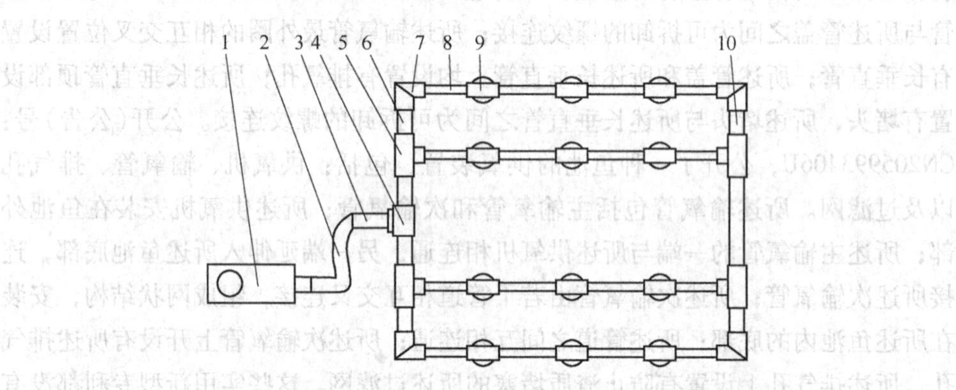

图 9-4　一种减振的小气泡鱼池供氧装置的平面结构示意图

1—供氧机；2—软管；3—总输氧管；4—三通接头 A；5—三通接头 B；6—分氧管；7—弯头；8—水平支管；9—三通接头 C；10—平衡管

支管若干个平行排布，中间的水平支管一端用三通接头 B 紧固分氧管，另一端用三通接头 B 紧固到平衡管，两边的水平支管一端用弯头紧固分氧管，另一端用弯头紧固到平衡管；水平支管上设置若干个三通接头 C，三通接头 C 下端紧固竖直支管上端；分氧管、水平支管和平衡管相互连接，形成结构稳定的框架式结构；竖直支管上设置可以调整位置的浮球，浮球下方设置可以调整位置的减振装置，竖直支管穿过浮球通孔和减振装置中承重盘和质量块的通孔；减振装置用抱箍紧固到竖直支管上；竖直支管下端为出氧口，在出氧口设置破泡装置。竖直支管下端出氧口外表面设置外螺纹，与破泡装置中喷头本体上底面的内螺孔旋合紧固。

如图 9-5 所示，破泡装置包括：破泡网、氧气喷头、压盖和螺钉。破泡网是用丝线织成的密集孔网，内部设置氧气喷头，破泡网包围空间为氧气喷头体积的 1.5~5 倍；氧气喷头包括：喷头本体、喷头通孔和螺纹通孔 A 和螺纹通孔 B，喷头本体为圆柱形壳体结构，圆柱面和下底面上设置若干个喷头通孔，上底面的中心位置设置螺纹通孔 A，上底面周向均布设置若干个螺纹通孔 B；压盖包括压盖本体和压盖通孔，压盖本体为圆柱形柱体，周向均布设置若干个压盖通孔；破泡网边缘设置在压盖与喷头本体上底面之间；螺钉通过压盖通孔和破泡网边缘紧固到喷头本体上底面的螺纹通孔 B。

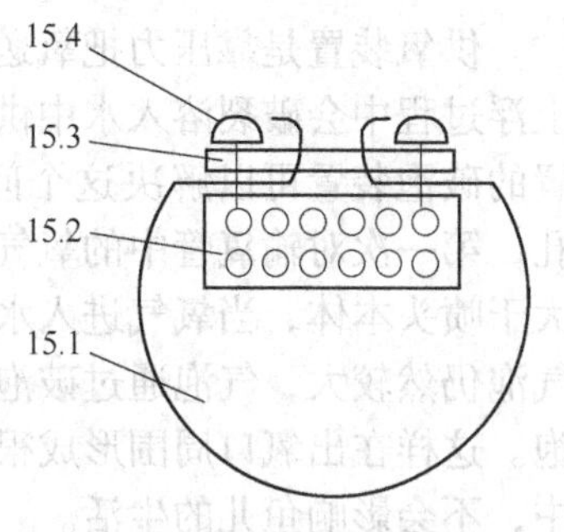

图 9-5 破泡装置的结构示意图

15. 1—破泡网；15. 2—氧气喷头；15. 3—压盖；15. 4—螺钉

9.2.3 鱼池供氧装置中的杆类纵向振动控制设计

如图 9-6 所示，减振装置包括：质量块、弹簧和承重盘，质量块为内径大于竖直支管外径的圆筒形不锈钢钢柱，上方设置若干个周向均布的弹簧；弹簧下端紧固质量块上底面，上端紧固承重盘的下底面；承重盘包括：承重盘本体、伸出端和抱紧口。承重盘本体为圆筒形的不锈钢钢柱，上底面上方设置用于抱箍紧固的伸出端，伸出端上开有矩形的抱紧口。竖直支管下端出气口冒出氧气时，就会引起竖直支管上下纵向振动，此时，用抱箍紧固到竖直支管上的减振装置，质量块在弹簧的作用下，上下振动，吸收振动能量，减小竖直支管的纵向振动。

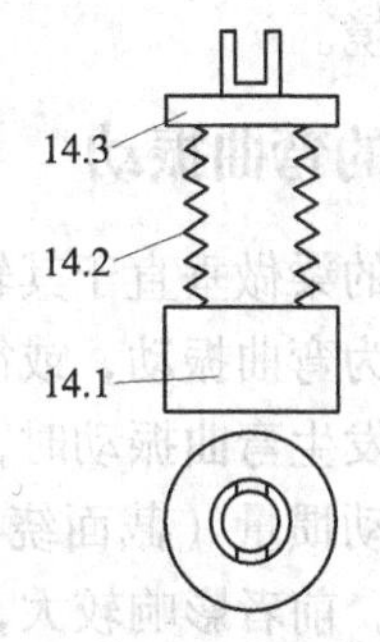

图 9-6 减振装置的结构示意图

14. 1—质量块；14. 2—弹簧；14. 3—承重盘

9.2.4 与现有同类鱼池供氧装置相比的显著有益效果

这个设计与现有同类鱼池供氧装置相比，其显著的有益效果如下。

鱼池利用这套供氧装置进行供氧时，各个供氧管道输氧产生振动，出氧口也产生振动，此时减振装置也会随着振动，减振装置中的质量块会在弹簧作用下激烈振动，吸收振动能量，这样就会促使供氧管道和出氧口振动减小，使整个供氧装置振动减小，整个装置的各个连接部位不会开裂，整个装置不会损坏，延长整个装置的使用寿命。减振装置减小了整个供氧装置的振动，也减小了噪声，保护了环境。

供氧装置是靠压力把氧送到出氧口，在出氧口会形成大气泡进入水中，气泡上浮过程中会破裂溶入水中供氧，会造成水泛花，影响鱼儿的生活。这套供氧装置的破泡装置可以解决这个问题。破泡装置中的氧气喷头上设置若干个喷头通孔，第一次对输氧管中的氧气流细化，使进入水中的气泡减小；破泡网包围空间大于喷头本体，当氧气进入水中，位于喷头本体外表面和破泡网之间时，形成的气泡仍然较大，气泡通过破泡网会被割裂，变成小泡溶入水中，进行了第二次破泡。这样在出氧口周围形成很小的气泡，不会泛起大的水花，并且氧很快溶入水中，不会影响鱼儿的生活。

在这套供氧装置中，各个竖直支管上都有浮球，浮球位置可以调节，通过调节位置调节竖直支管的水下深度，调节供氧的所在水层，可以对不同水层供氧。水平支管在水平方向均匀布置，竖直支管在垂直方向均匀布置，这样可以对鱼池水域均匀供养。分氧管、水平支管和平衡管相互连接，形成一个框架式结构，使整体供氧装置结构稳定。

这个设计结构简单，使用方便，利用该鱼池供氧装置供氧时，能够减小振动和噪声，减小水花，进行小气泡供氧，延长供氧装置的使用寿命，给鱼儿一个好的生活环境。

9.3　梁的弯曲振动

细长的梁做垂直于其轴线方向的振动时，其主要变形形式是梁的弯曲变形，所以称之为弯曲振动，或简称为梁的振动。

当梁发生弯曲振动时，在一般情况下对梁的影响有由弯曲引起的变形、剪切变形及转动惯量（截面绕中性轴的转动）等。对于横截面尺寸与长度之比较小的细长梁，前者影响较大，后两种情况的影响可以忽略不计。但对于横截面尺寸与长度之比不是很小，或者在分析高阶振型时，就需要考虑剪切变形及转动惯量的影响。如果梁上还有轴向拉力作用，显然，梁的挠度将减小，相当于增加了梁的刚度，导致梁的固有频率提高；反之，作用的是轴向压力，则最终导致梁的固有频率降低。

下面我们首先讨论横截面尺寸与长度之比较小的特殊情况，做如下假设：

（1）梁的中心轴线及其振动都在同一个平面之内；

（2）在振动过程中始终满足平面假设，忽略剪切变形的影响；

（3）梁上各点的运动只需用轴线的横向位移来描述，忽略了截面绕中性轴转动的影响。

9.3.1　运动微分方程

如图 9-7 所示，在梁上离原点 O 为 z 处，取一单元微段 dx 来研究，dx 微段的脱离体，如图 9-8 所示。

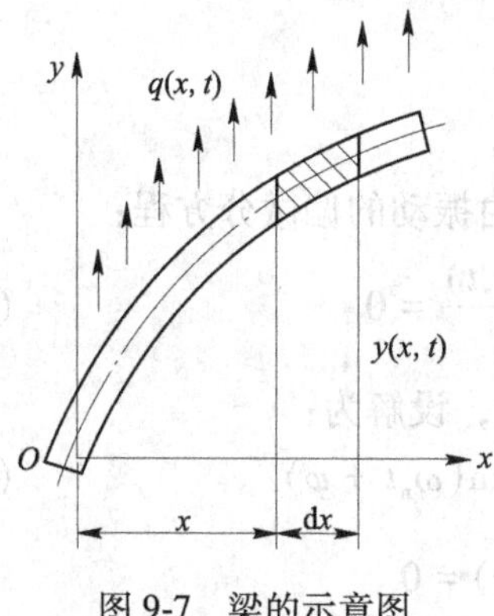

图 9-7 梁的示意图

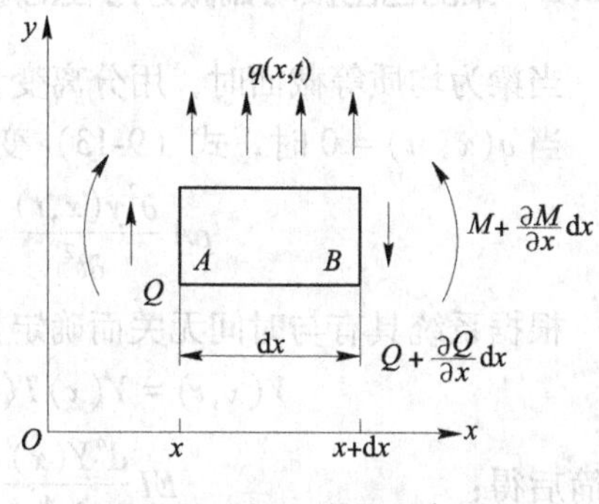

图 9-8 梁上微段示意图

假设在 t 瞬时，梁上 z 点处的单位体积的质量为 $\rho(x)$，截面积为 $A(x)$，弯曲刚度为 $EI(x)$，其中 E 为纵向弹性模量，$I(x)$ 为截面惯性矩，剪力为 $Q(x,t)$，弯矩为 $M(x,t)$，分布干扰力为 $q(x,t)$，挠度为 $y(x,t)$。

按牛顿第二定律，微段 dx 沿 y 方向的运动方程为：

$$\rho(x)A(x)\mathrm{d}x\frac{\partial^2 y(x,t)}{\partial t^2}$$

$$= Q(x,t) - \left[Q(x,t) + \frac{\partial Q(x,t)}{\partial x}\mathrm{d}x\right] + q(x,t)\mathrm{d}x$$

$$= q(x,t)\mathrm{d}x - \frac{\partial Q(x,t)}{\partial x}\mathrm{d}x \tag{9-8}$$

忽略截面的转动影响，可以依平衡条件：

$$M(x,t) + \frac{\partial M(x,t)}{\partial x}\mathrm{d}x - M(x,t) - Q(x,t)\mathrm{d}x - q(x,t)\mathrm{d}x\frac{\mathrm{d}x}{2} = 0 \tag{9-9}$$

略去式中的高阶项，得：

$$\frac{\partial M(x,t)}{\partial x} = Q(x,t) \tag{9-10}$$

由材料力学中的平面假设条件，可以得到弯矩与由之产生的挠度关系：

$$EI(x)\frac{\partial^2 y(x,t)}{\partial^2 t} = M(x,t) \tag{9-11}$$

$$\rho(x)A(x)\frac{\partial^2 y(x,t)}{\partial t^2} + \frac{\partial^2}{\partial x^2}\left[EI(x)\frac{\partial^2 y(x,t)}{\partial x^2}\right] = q(x,t) \tag{9-12}$$

这就是梁弯曲振动的偏微分方程，又称为欧拉方程。

如果梁为均质和等截面时，$\rho(x)$、$EI(x)$ 和 $A(x)$ 均为常量，式（9-12）得：

$$\rho A\frac{\partial^2 y(x,t)}{\partial t^2} + EI\frac{\partial^4 y(x,t)}{\partial x^4} = q(x,t) \tag{9-13}$$

9.3.2 梁的自由振动偏微分方程的解

当梁为均质等截面时，用分离变量法求解。

当 $q(x, t)=0$ 时，式（9-13）变成梁的自由振动的偏微分方程：

$$\rho A \frac{\partial^2 y(x,t)}{\partial t^2} + EI \frac{\partial^4 y(x,t)}{\partial x^4} = 0 \tag{9-14}$$

根据系统具有与时间无关而确定振型的特性，设解为：

$$Y(x,t) = Y(x)T(t) = Y(x)\sin(\omega_n t + \varphi) \tag{9-15}$$

化简后得：

$$EI \frac{d^4 Y(x)}{dx^4} - \omega_n^2 \rho A Y(x) = 0$$

或者

$$\frac{d^4 Y(x)}{dx^4} - k^4 Y(x) = 0 \tag{9-16}$$

式中，

$$k^4 = \frac{\rho A}{EI}\omega_n^2 \quad 或 \quad \omega_n = k^2\sqrt{\frac{EI}{\rho A}} = Ck^2$$

$$C = \sqrt{\frac{EI}{\rho A}}$$

设式（9-16）的基本解为：$Y(x) = e^{Sx}$

$$S^4 - k^4 = 0 \tag{9-17}$$

其特征根为：

$$S_{1,2} = \pm k, \qquad S_{3,4} = \pm ik$$

由于

$$e^{\pm kx} = \mathrm{ch}kx \pm \mathrm{sh}kx$$

$$e^{\pm ikx} = \cos kx \pm i\sin kx \tag{9-18}$$

因此，方程的基本解为 $\sin kx$、$\cos kx$、$\mathrm{sh}kx$ 及 $\mathrm{ch}kx$，其通解就可以表示为这些基本解的线性组合。

设式（9-18）的通解为：

$$Y(x,t) = A\sin kx + B\cos kx + C\mathrm{sh}kx + D\mathrm{ch}kx \tag{9-19}$$

将式（9-19）代回式（9-15），即得到方程（9-14）的解：

$$Y(x,t) = (A\sin kx + B\cos kx + C\mathrm{sh}kx + D\mathrm{ch}kx)\sin(\omega_n t + \varphi) \tag{9-20}$$

式中，有 A、B、C、D、ω_n 及 φ 六个待定常数，可以由梁的每端两个，共四个边界条件及两个振动的初始条件来确定。

9.4 梁类创新产品的弯曲振动控制实例一

9.4.1 减震大锤的设计背景

锤子主要用来敲打物体，使其移动或变形，是我们日常生活和工作中经常使用的工具。锤子是由锤头和锤柄组成，锤子按照功能分为除锈锤、奶头锤、机械锤、羊角锤、检验锤、扁尾检验锤、除锈锤、八角锤、德式八角锤和起钉锤等。锤子的重量应与工件、材料和作用相适应，太重和过轻都会不安全。锤子质量增加1倍时，能量增加1倍；速度增加1倍时，能量增加4倍。所以，为了安全，使用锤子时，必须正确选用锤子和掌握击打时的速度，由于锤子能量增加，会对手臂产生很大的震动，会使手臂疼痛或酸麻。尤其是我们在敲击金属、混凝土以及石块时，一般使用大锤进行臂挥，两个手臂紧握锤柄打击目标物，力量较大。大锤在击打时释放出的能量很大，如果锤头在重击下能量再成倍增加，更会对手臂造成更大的震动，通过锤柄传导到手臂上的震动力会更大，手臂受到的伤害和不适感会更加强烈。锤子生产厂家为了减轻锤柄的震动，进行减轻锤子重量，使用木质锤柄。虽然工作状态有所改善，但对于手臂还具有不良影响，危害没有降到最低。因此，研究大锤减震，具有很大的现实意义。

查阅公开的专利文献，公开(公告)号：CN103507036A，公开了一种新型缓冲减震锤子结构，锤把上设置有楔形头与硅胶套。硅胶套具有涩滞防滑与弹力缓冲作用，锤头与锤把不容易松脱，锤头敲击工作的时候其震动状况大为减轻，不易震手。这种只靠硅胶套减震对于大锤减震具有一定作用，但不能达到最佳减震状态。公开(公告)号：CN203185295U，公开了一种减震防脱锤子，锤头和手柄之间设有两条弹性钢片，起减震作用。这种靠弹性钢片结构减振方法对于大锤并不适用，大锤打击力太大，会对钢片起破坏作用。公开(公告)号：CN203141451U，公开了一种减震锤子，锤头的凹槽内设有固定块，固定块上、下端面均设有液压升级杆，靠液压升级杆减震，降低锤子带来的反作用力。这个锤子打击力不能太大，打击力太大会破坏液压升级杆，这种结构不适合大锤。这些关于减震锤子的专利都是关于小锤减震的专利，锤子承受打击力比较小。

公开(公告)号：CN201020703Y，公开了一种能有效缓解反震力的防震大锤：锤头与锤柄之间用弹性钢丝绳连接，利用钢丝弹性形变减少大锤使用时的惯性载荷，从而达到防震的目的。公开(公告)号：CN201586963U，公开了一种减震大锤：锤柄为管状，在锤头和锤柄之间固定安装有柔性钢丝绳连接，柔性连接的钢丝绳上套有防护弹簧，起到减振和防护作用。但是，钢丝绳与锤头和锤柄的连接工艺复杂，连接不牢固，会使锤头工作时甩出，造成事故。公开(公告)号：CN2143546Y，公开了一种减振式大锤手柄，柄套是由橡胶材料制成，具有弹性；柄芯由聚氯乙烯硬质塑料制成，起到减振作用。这个锤柄设计没有考虑整个锤柄振动的振幅分布情况，根据理论研究和实践证明，锤柄振动的振幅大小沿着锤柄长度方向分布是不一样的。

9.4.2 一种减震大锤的设计

一种减震大锤，使用减震大锤敲打物体使其发生移动或变形时，锤头产生的巨大震动能量会在锤柄手握处大大减小，不会使人手臂感到疼痛或酸麻。

如图 9-9 所示，设计的一种减震大锤包括：楔形块、锤头、锤柄、小型动力减振器、柄套和螺钉。

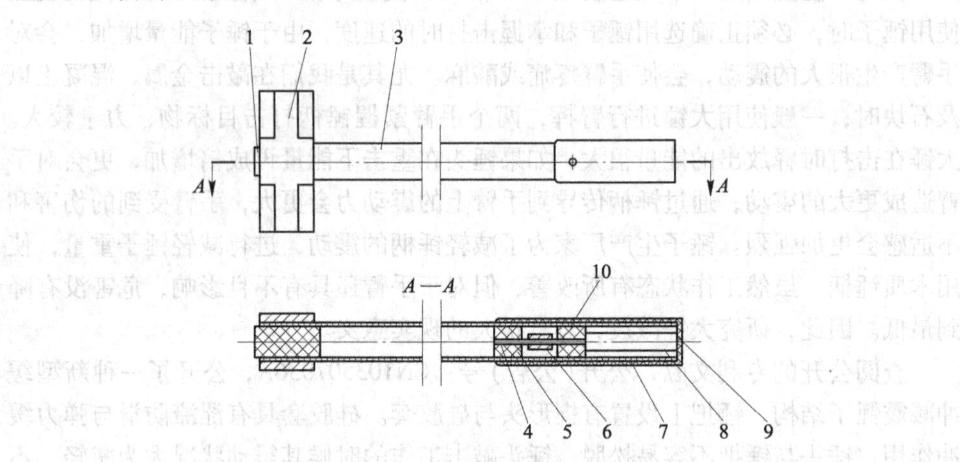

图 9-9　一种减震大锤的结构示意图

1—楔形块；2—锤头；3—锤柄；4—铜丝绳；5—硅胶块；6—铜块；7—铜管；8—塑料管；9—柄套；10—螺钉

锤柄用 PVC 塑料管做成，把小型动力减振器装入锤柄 PVC 塑料管中。锤柄外面套上柄套，用柄套对铜管和塑料管进行轴向定位，采用螺钉把柄套、锤柄、铜管和硅胶块固定到一起，将铜管周向定位；锤头带有内螺纹安装孔，锤柄旋入锤头的安装孔中，楔形块打入到安装孔中的锤柄管道，进一步防止锤头脱落。

楔形块采用酚醛塑料制作，横截面为圆形，纵截面带有锥度，楔形块打入安装孔的深度为孔深的 2/3。

9.4.3 大锤中的梁类零件锤杆的弯曲振动控制设计

锤杆属于梁类零件，在使用大锤时，锤杆会出现弯曲振动。为了减小锤杆的弯曲振动，应用有限元法计算出锤杆上的振动模态节点位置，在振动模态节点位置设置小型动力减振器。如图 9-10 所示，小型动力减振器由铜丝绳、硅胶块、铜块、铜管和塑料管组成，两块硅胶块与铜块用铜丝绳串联在一起，并且具有一定间隙。把它们一起装入铜管，铜管的底部有通孔，铜块位于大锤振动模态节点附近区域，用塑料管压住硅胶块，对硅胶块进行轴向定位。当产生振动时，小型动力减振器中的铜块会振动，吸收弯曲振动能量，使手握区域锤杆振动减小。

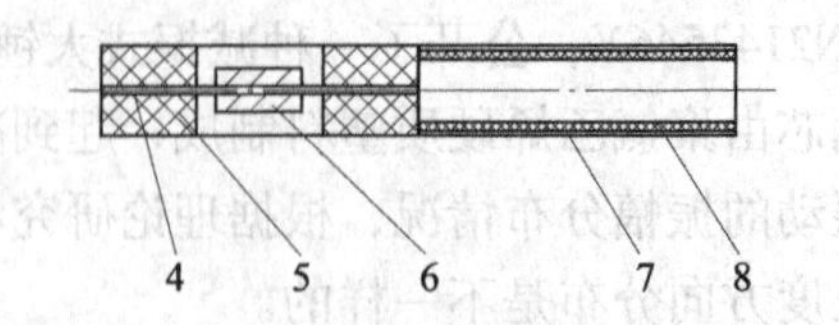

图 9-10　小型动力减振器的结构示意图

4—铜丝绳；5—硅胶块；6—铜块；7—铜管；8—塑料管

9.4.4 与现有同类大锤相比的显著有益效果

应用有限元方法对大锤进行整体振动模态分析，得到大锤振动模态，找到大锤锤柄上靠近锤柄头部的振动模态节点，在振动模态节点附近区域安装小型动力减振器。小型动力减振器是根据振动理论设计的，能够起到很好的减振作用。振动模态节点附近区域设定为人们臂挥大锤时手握的区域，振动模态节点附近区域振动比其他部位振动小；小型动力减振器不仅使大锤整体的振动减小，也会使振动模态节点附近区域的振幅进一步减小。锤柄材料采用PVC塑料管材，具有很好的吸震性；锤柄的外表面旋入到锤头的内螺纹中，使锤柄与锤头更加紧固连接，防止了锤头松动飞出。

9.5 梁类创新产品的弯曲振动控制实例二

9.5.1 抗震防倾翻长廊的设计背景

长廊是园林中供游人停留休息、赏景、遮阳和避雨的场所，有了长廊，整个园林空间层次丰富多变。长廊多数都采用钢结构或者木质结构，主要包括立柱、主梁、支撑和屋面板。细而高的立柱支撑整个屋顶，长廊属于“头重脚轻”的建筑，“头部”屋顶一旦摆动过大，就会造成整体侧向倾斜。但是，在设计的过程中并没有考虑抗震防倾翻问题，一旦发生强烈震动，震动方向为横向（垂直于长廊道路的方向）时，就会造成长廊沿着横向方向倾斜，甚至倒塌而损坏，就像一面墙一样向侧面倾倒，这样不仅会造成经济损失，也会威胁处于园林中休闲人们的生命安全。因此，为了解决长廊受震容易倾翻问题，利用动力学理论和建筑设计原理设计一种抗震防倾翻的长廊，提高长廊的抗震性，对于人们的休闲生活具有很大的现实意义。

查阅公开的专利文献，公开(公告)号：CN202509802U，公开了一种休闲长廊，包括两支柱、固定在两支柱之间的座椅以及固定在支柱顶部的人字形屋顶。所述的支柱由钢支架和包裹在钢支架外的木塑立柱构成；所述的屋顶由前后搭接的木塑板构成。这个实用新型采用木塑材料防水，防潮，防腐不变形，安装方便，综合成本降低，节约木材，适合工业化生产，增加了广告栏可以方便放置广告；将支柱设置成空心可将电线由支柱内侧引入。公开（公告）号：CN202100024U，公开了一种景观长廊，包括多根底杆、多根支撑柱和多根支撑梁组成的一个或多个连续六面体的长廊本体。所述的底杆、支撑柱、支撑梁之间通过连接点组接，在长廊本体上还设有藤蔓植物的生长架，包括固定设置在长廊本体的两端支撑梁之间的多根攀爬杆和多根贯穿设置在多根攀爬杆之间的加强杆；生长架上还设置一层或多层与藤蔓植物生长架面积相匹配的网格架，网格架的四角处设有连接杆；连接杆与藤蔓植物生长架上方设置的槽孔之间套接。公开

(公告)号：CN206418584U，公开了一种主题景观长廊，包括走廊区和休息区。休息区位于走廊区内，走廊区包括支撑装置和透视玻璃，支撑装置包括架体一、架体二以及架体三，架体一的一端和地面固定连接，另一端和架体二固定连接，架体二沿其长度方向上开有若干固定槽，架体三嵌在架体二的固定槽内；透视玻璃固定在架体二的顶端和架体三的顶端，架体一开有若干连接口，连接口竖直方向处于同一高度，相邻连接口固定有用于雕刻属于该主题景观的图案的主题板。公开(公告)号：CN207348211U，公开了一种带有折叠座椅的钢结构避雨长廊，包括若干钢支架，相邻所述钢支架之间设置有固定板，所述固定板顶壁设置有定位板，所述定位板铰接有座椅板；所述固定板侧壁开设有支脚槽，所述支脚槽内放置有两个支脚；所述固定板和座椅板上分别开设有与支脚配合的第一支槽和第二支槽。但是，这些发明和实用新型专利都只能够遮阳挡雨，一旦发生强烈震荡，很容易横向倾斜而坍塌。

9.5.2 一种抗震防倾翻长廊的设计

设计的一种抗震防倾翻的长廊，整体为钢结构框架，具有抗风抗震性，当大地震发生时，能够防止长廊倾翻，而造成人员伤亡和经济损失。

如图 9-11 和图 9-12 所示，抗震防倾翻的长廊包括：螺栓、螺母、下底板、立柱、减摆装置、主梁、屋面支架、屋脊梁、屋面檩条、屋面板和螺钉。

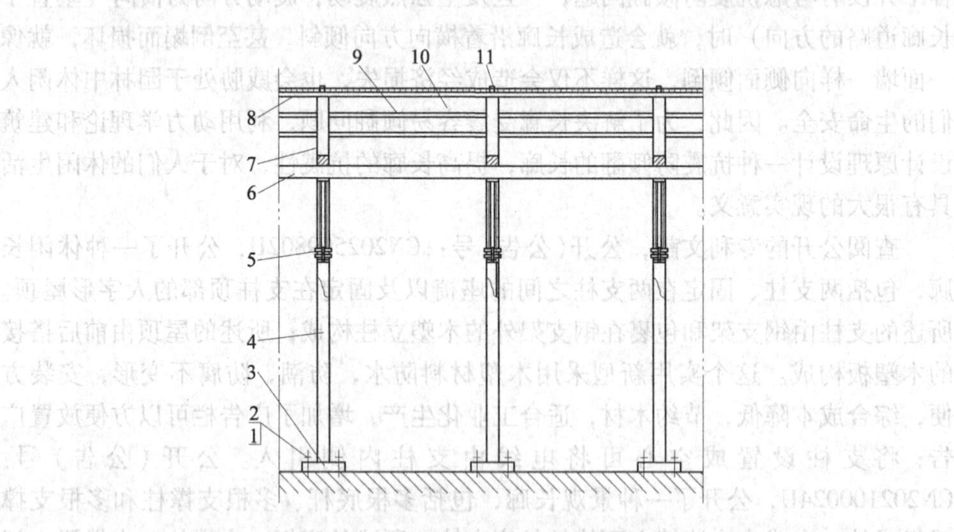

图 9-11　一种抗震防倾翻的长廊正立面的结构示意图

1—螺栓；2—螺母；3—下底板；4—立柱；5—减摆装置；6—主梁；
7—屋面支架；8—屋脊梁；9—屋面檩条；10—屋面板；11—螺钉

下底板用螺栓和螺母紧固到地基上，下底板上方固接立柱。如图 9-13 所示，

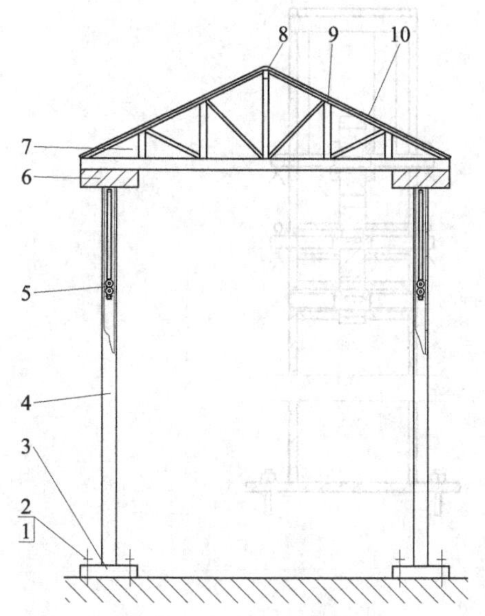

图 9-12 一种抗震防倾翻的长廊侧立面的结构示意图

1—螺栓；2—螺母；3—下底板；4—立柱；5—减摆装置；6—主梁；7—屋面支架；8—屋脊梁；9—屋面檩条；10—屋面板

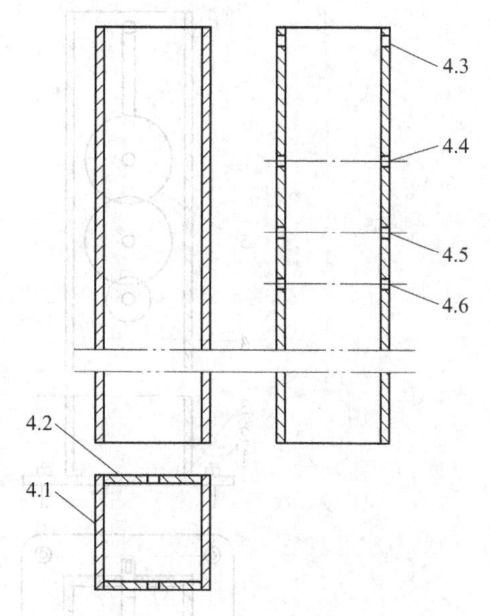

图 9-13 立柱的结构示意图

4.1—侧面板 A；4.2—侧面板 B；4.3—拨杆孔；4.4—轴孔 A；4.5—轴孔 B；4.6—轴孔 C

立柱包括：侧面板 A、侧面板 B、拨杆孔、轴孔 A、轴孔 B 和轴孔 C。两块矩形侧面板 A 的长边分别与两块矩形侧面板 B 的长边固接，排列顺序为：侧面板 A—侧面板 B —侧面板 A—侧面板 B，形成截面为矩形的柱体结构；侧面板 B 上设置通孔拨杆孔、轴孔 A、轴孔 B 和轴孔 C，圆柱形的拨杆孔、轴孔 A、轴孔 B 和轴孔 C 的轴线相互平行，并且全部在同一个铅锤面内，从立柱上端到下端排列顺序为：拨杆孔—轴孔 A—轴孔 B—轴孔 C；立柱上端内腔设置减摆装置，立柱上方设置承重的主梁（图 9-14）。

如图 9-15 所示，主梁上方设置若干个屋面支架，屋面支架包括：次梁 A、次梁 B、支柱 A、支撑 A、支柱 B、支撑 B、支柱 C 和连接板。次梁 B 与两根次梁 A 端点固接，形成等边三角形框架结构，次梁 B 与两根次梁 A 之间对称设置两根支柱 A 和两根支柱 B，次梁 B 中心位置设置支柱 C；支柱 A 与支柱 B 之间设置支撑 A，支撑 A 一端与支柱 A 的顶部固接，另一端与支柱 B 的根部固接；支柱 B 与支柱 C 之间设置支撑 B，支撑 B 一端与支柱 B 的顶端固接，另一端与支柱 C 的根部固接；连接板为等腰梯形的连接板，连接板固接支柱 C 的顶端和两根次梁 A 的顶端。采用钢结构屋顶具有一定的强度和稳定性，能够抗风、抗震。

屋脊梁设置在屋面支架支柱 C 的上方，固接连接板顶端；屋面檩条若干根，

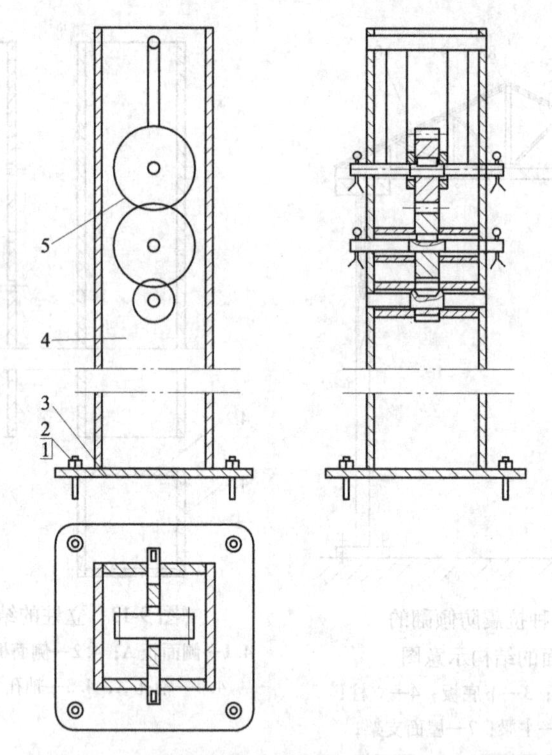

图 9-14　减摆装置与立柱位置关系的结构示意图

1—螺栓；2—螺母；3—下底板；4—立柱；5—减摆装置

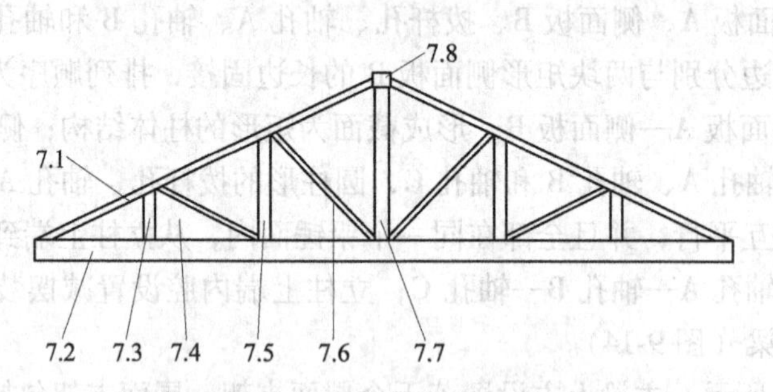

图 9-15　屋面支架的结构示意图

7.1—次梁 A；7.2—次梁 B；7.3—支柱 A；7.4—支撑 A；7.5—支柱 B；
7.6—支撑 B；7.7—支柱 C；7.8—连接板

设置在相邻两个屋面支架之间，屋面檩条两端分别固接相邻两个屋面支架次梁 A；屋面板用彩色钢板制作，用螺钉紧固到屋面檩条和屋脊梁上。

9.5.3　长廊中的梁类零件弯曲振动控制设计

长廊中立柱底部与地面紧固，立柱上端与屋面支架紧固，当地震的时候，屋面支架和屋面会随着立柱的上端摆动，当摆动大时，屋面支架和屋面就会被甩出原有位置，失去平衡，使整个长廊倾翻。立柱相当于一个梁，为了减小立柱上端摆动，在立柱上端内腔设置减摆装置。

如图9-16所示，减摆装置包括：拨杆、连杆、齿轮A、键、定位套A、轴A、开口销、齿轮B、定位套B、轴B、轴C和齿轮C。拨杆两端分别在拨杆孔处固接立柱的两块侧面板B，连杆为两根，两根连杆的上端与拨杆固接，两根连杆的下端与轴A固接，两根连杆对称设置在齿轮A两侧；轴A是阶梯轴，直径大的中间部位设置键槽；齿轮A设置在轴A带键槽的中间部位，用设置在键槽中的键联结，齿轮A与连杆之间设置定位套A；轴A两端分别插入立柱侧面板B上的轴孔A，外伸的轴端设置销孔，销孔中设置开口销；轴B是阶梯轴，直径大的中间部位设置键槽；齿轮B设置在轴B带键槽的中间部位，用设置在键槽中的键联结，齿轮B两侧设置定位套B；轴B两端分别插入立柱侧面板B上的轴孔B，外伸的轴端设置销孔，销孔中设置开口销；轴C是阶梯轴，直径大的中间部位设置键槽；齿轮C设置在轴C带键槽的中间部位，用设置在键槽中的键联结，齿轮C两侧设置定位套B；轴C两端分别在轴孔C固接立柱的两块侧面板B。减摆装置中的拨杆、轴A、轴B和轴C轴线为纵向（长廊的道路方向）方向，产生恢复力方向为横向。

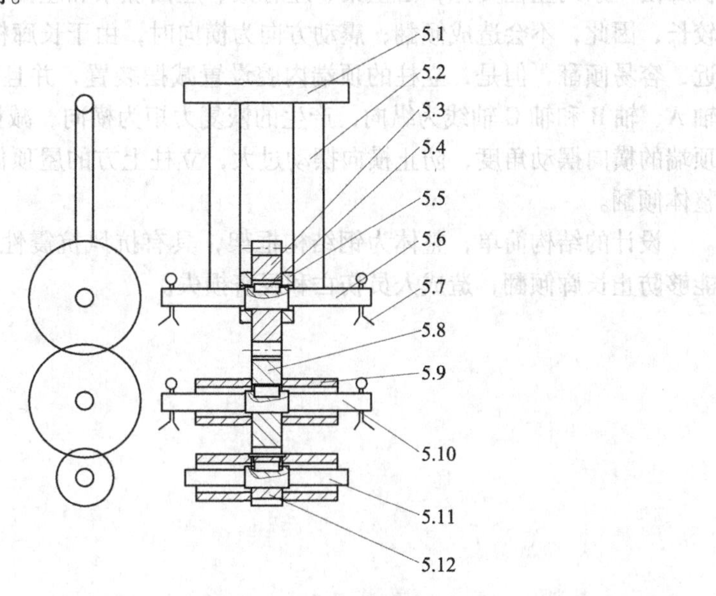

图9-16 减摆装置的结构示意图

5.1—拨杆；5.2—连杆；5.3—齿轮A；5.4—键；5.5—定位套A；5.6—轴A；5.7—开口销；5.8—齿轮B；5.9—定位套B；5.10—轴B；5.11—轴C；5.12—齿轮C

长廊中的减摆装置，拨杆两端分别固接立柱顶端，当发生大地震时，立柱顶端在立柱根部的带动下就会激烈摆动，对拨杆就会施加惯性力 F1，拨杆与连杆固接，对轴 A 就会施加力矩 M_A；轴 A 带动齿轮 A，齿轮 A 会带动齿轮 B，产生力矩 M_B，M_B 与 M_A 大小相等、方向相反，记为 $M_B=-M_A$；齿轮 B 会带动齿轮 C，产生力矩 M_C，M_C 与 M_B 大小相等、方向相反，记为 $M_C=-M_B$；齿轮 C 的轴 C 两端固接立柱中间部位，因此，轴 C 两端固接的立柱中间部位会产生一个恢复力矩 M_0，记为 $M_0=-M_C$。因此，$M_A=-M_B=M_C=-M_0$，也就是，轴 C 两端固接的立柱中间部位产生恢复力矩 M_0，M_0 与 M_A 大小相等、方向相反，会传到拨杆，对拨杆产生横向（垂直于长廊的道路方向）水平方向的恢复力 F_2，恢复力 F_2 与惯性力 F_1 方向相反，会减小拨杆摆动，拨杆就会减小立柱顶端摆动。立柱顶端摆动减小了，立柱上方设置的屋顶就会减小偏心距离，就会阻止长廊整体横向倾翻。

9.5.4　与现有同类长廊相比的显著有益效果

这个长廊全部是钢结构框架，具有一定的强度和稳定性，能够抗风、抗震。

减小立柱顶端摆动不是人为施加外力减小的，而是靠减摆长廊自身结构实现的。当大地震发生时，震动方向为水平方向，可以把震动分解为纵向（长廊的道路方向）震动和横向（垂直于长廊的道路方向）震动。震动方向为纵向震动时，长廊由一系列立柱支撑，由主梁、屋脊梁、屋面檩条和屋面板连接，长度方向比较长，因此，不会造成倾翻；震动方向为横向时，由于长廊横向的两个立柱比较近，容易倾翻，但是，立柱的顶端内腔设置减摆装置，并且减摆装置中的拨杆、轴 A、轴 B 和轴 C 轴线为纵向，产生的恢复力矩为横向，减摆装置能够减小立柱顶端的横向摆动角度，防止横向摆动过大，立柱上方的屋顶偏心，造成长廊横向整体倾翻。

设计的结构简单，整体为钢结构框架，具有抗风抗震性，当大地震发生时，能够防止长廊倾翻，造成人员伤亡和经济损失。

参考文献

[1] 樊勇．开槽夹层圆锯片的振动研究及优化设计［D］．鞍山：辽宁科技大学，2014.
[2] 孙传涛．开槽圆锯片振动的研究［D］．鞍山：辽宁科技大学，2016.
[3] 王艳天．开槽和夹层圆锯片的振动与稳定分析［D］．鞍山：辽宁科技大学，2018.
[4] 孙艳平，康庄，张琦，孙艳秋．隔振前后振动筛对基础动负荷的理论研究［J］．鞍山科技大学学报，2006，29（5）：467-470.
[5] 张德臣，孙艳平．大型振动筛动态仿真和模态分析实验综述［J］．鞍山科技大学学报，2003，26（1）：1-3.
[6] 张德臣，孙艳平，李增栋，刘勇．六种椭圆振动筛基础的动力分析［J］．鞍山科技大学学报，2004，25（2）：84-86.
[7] 张德臣，孙艳平，李增栋，刘勇．椭圆振动筛基础设计及动力分析［J］．矿山机械，2002，30（7）：53-55.
[8] 张德臣，孙艳秋，薛福国．大型圆弧形拱管稳定和振动分析［J］．辽宁科技大学学报，2008，31（3）：291-293.
[9] 孙传涛，张德臣，代爽．圆孔锯锯片的模态分析［J］．辽宁科技大学学报，2015（5）：358-362.
[10] 樊勇，张德臣．圆盘冷锯机圆锯片的有限元模态分析［J］．辽宁科技大学学报，2013，6（5）：465-469.
[11] 张德臣，樊勇，董超文，孙艳平．PCF1420高效反击锤式破碎机转子系统的模态分析［J］．河南理工大学学报（自然科学版），2014，33（3）：318-322.
[12] 张德臣，樊勇，董超文，白楠．PYGD-1804型多缸液压圆锥破碎机整机模态分析［J］．矿山机械，2013，41（9）：80-83.
[13] 肖旭，张德臣，李鑫．采用等效阻尼法分析带有摩擦阻尼振动筛的振动特性［J］．辽宁科技大学学报，2009，32（4）：369-371.
[14] 陈颖，唐丽艳，项颖鑫，张德臣．共振阶段带隔振台振动筛基础的动负荷［J］．辽宁科技大学学报，2008，31（2）：145-147.
[15] 张德臣，杨冶，于健哲．停车和稳态阶段振动筛对基础动负荷比值的研究［J］．矿山机械，2007，35（1）：87-88.
[16] 张德臣，杨冶，张东．鞍钢烧结厂大型振动筛对基础动负荷的计算［J］．矿山机械，2006，34（4）：75-76.
[17] 孙艳平，马学东，杨彦宏．一种洗衣机的隔振装置［P］．中国，CN107475994B，2019-05-07.
[18] 孙艳平，张双翼．一种减小摆动的升降晾衣架［P］．中国，CN104195799B，2014-12-10.
[19] 孙艳平，王普斌，徐广普．一种减振防滑的行车记录仪支撑装置［P］．中国，CN107458320A，2017-12-12.
[20] 孙艳平，孙成生，赵金鑫，张德臣．一种便利的减振手动果秧分离装置［P］．中国，CN109392474A，2019-03-01.
[21] 孙艳平，李宏伟，赵金鑫，张德臣．一种便利的减振防漏核桃破壳装置［P］．中国，

CN109288415A，2019-02-01.

[22] 孙艳平. 一种脚踏式减振药碾子 [P]. 中国，CN104826717B，2015-08-12.

[23] 孙艳平，李宏伟，孙成生，张德臣. 一种减振的小气泡鱼池供氧装置 [P]. 中国，CN109329190A，2019-02-15.

[24] 张德臣，张国际. 一种减振轻便的碾碎装置 [P]. 中国，CN104785327B，2015-07-22.

[25] 张德臣. 一种减振冰钏子 [P]. 中国，CN106812113B，2017-06-09.

[26] 张德臣. 一种减振降噪圆锯片 [P]. 中国，CN104084640B，2016-08-24.

[27] 张德臣，王艳天，徐东涛. 一种减振便利的捣碎装置 [P]. 中国，CN106902915B，2017-06-30.

[28] 张德臣. 一种输送流体管道的多方位减振装置 [P]. 中国，CN106678485B，2017-05-17.

[29] 张德臣，赵金鑫，孙成生，孙艳平. 一种抗震防倾翻的长廊（梁）[P]. 中国，CN109488048A，2019-03-19.

[30] 张德臣. 一种减震大锤 [P]. 中国，CN104191418B，2016-01-20.

[31] 张德臣. 一种切割大孔的减振孔锯 [P]. 中国，CN201410663750. 7.

[32] 严允进. 冶炼机械 [M]. 北京：冶金工业出版社，2009：40-50.

[33] 马富强，刘大瑛. ZK1445 直线振动筛机械性能测试分析 [J]. 矿山机械，1989，11：23-25.

[34] 吴成军. 工程振动与控制 [M]. 西安：西安交通大学出版社，2008.

[35] 欧珠光. 工程振动 [M]. 武汉：武汉大学出版社，2010.

[36] 屈维德，唐恒龄. 机械振动手册 [M]. 北京：机械工业出版社，2000.